红茄苳和红海榄

内生真菌多样性分析及其生物活性代谢产物研究

◎ 周 婧 等著

中国农业科学技术出版社

图书在版编目（CIP）数据

红茄苳和红海榄内生真菌多样性分析及其生物活性代谢产物研究 / 周婧等著. --北京：中国农业科学技术出版社，2021.10

ISBN 978-7-5116-5489-2

Ⅰ.①红… Ⅱ.①周… Ⅲ.①红树科—内生菌根—多样性—研究 ②红树科—内生菌根—生物活性—代谢物—研究 Ⅳ.①Q949.761.7 ②Q949.32

中国版本图书馆 CIP 数据核字（2021）第 187067 号

责任编辑	李 华　崔改泵
责任校对	李向荣
责任印制	姜义伟　王思文

出 版 者	中国农业科学技术出版社
	北京市中关村南大街12号　邮编：100081
电　　话	（010）82109708（编辑室）（010）82109702（发行部）
	（010）82109709（读者服务部）
传　　真	（010）82106650
网　　址	http://www.castp.cn
经 销 者	各地新华书店
印 刷 者	北京建宏印刷有限公司
开　　本	170 mm×240 mm　1/16
印　　张	12.25　彩插8面
字　　数	242千字
版　　次	2021年10月第1版　2021年10月第1次印刷
定　　价	85.00元

版权所有·翻印必究

《红茄苳和红海榄内生真菌多样性分析及其生物活性代谢产物研究》著者名单

主 著：周 婧
副主著：杨小波 徐 静 饶晓东
著 者：杨 琦 邓 勤 徐志勇 邹仁建
　　　　张 旭 吴 希 郑东钥 汪 涛

前　言

红树林是生长于热带和亚热带海岸和河口潮间带的特殊海洋生态类群，其生境具有盐胁迫、高矿物组成、强还原性、频繁的潮汐等特征，也使得植物对营养、空间的竞争异常激烈，而特殊生境使得红树林植物内生真菌多样性丰富，必然会造就不同于其他生态系统的良好生物活性、独特化学结构的活性功能分子。天然产物的生物活性一直是吸引天然产物化学家、药理学家和生物学家进行研究的主要动力，活性卓越的天然来源代谢产物可以直接用于医药行业。

红树属植物内生真菌具有复杂的多样性，宿主植物所产生的化合物丰富度和新颖性远不能与其内生真菌相媲美，截至2017年红树属内生真菌产生次级代谢产物197个，部分化合物表现出显著生物活性，是广泛应用和产生新化合物的重要对象，也使它们成为创新性新药物的重要来源，深入分析红树属内生真菌的多样性以及与宿主的构成关系，是有效开发和利用红树属内生真菌的必要前提。正确使用灵敏的生物活性模型，运用于红树属植物中快速筛选到具有强生物活性的内生真菌，是挖掘潜在药物先导化合物的重要手段。

本专著研究两种红树属植物内生真菌的多样性，并对生物进化关系进行比较研究，构建红茄苳和红海榄46株内生真菌的系统发育树。首次采用抗氧化、抗菌和抗肿瘤多种生物活性为导向，成功筛选出具有强生物活性的内生菌，*Pestalotiopsis* sp.（KX631742）和 *Pestalotiopsis microspora*（KX631718），活性追踪分离出具有强抗氧化活性的flufuran（8）和显著细胞毒活性的demethylincisterol A3（3）。首次采用流式细胞技术，探讨了demethylincisterol A3（3）对Hela、A549和HepG2的抗肿瘤作用机制。研究发现可能是细胞停滞于G_0/G_1期而抑制肿瘤细胞的增殖，并随着处理时间的延长，与Annexin V-FTIC结合（Annexin V阳性）的细胞也越多。本研究为红树林内生真菌天然产物和药用先导化合物的研究开发提供了微生物资源，并为微生物次级代谢产物抗肿瘤活性机制研究奠定基础。

本专著的出版在海南大学博士科研启动基金［KYQD（Zr）20001］、海南省自然科学基金（221RC453）、海南省重点研发计划项目（ZDYF2021SHFZ108）、国家自然科学基金项目（81973229/82160675）和海南省重大科技项目（ZDKJ202008/ZDKJ202018）共同资助下完成，在此表示诚挚的感谢。

正所谓"站在巨人的肩膀上"，本著作的研究思路与构架设计，主体内容研究与撰写，得到了硕士和博士期间的两位导师，海南大学园艺学院杨小波教授、材料学院徐静教授的悉心指导。在本著作撰写过程中也得到了杨琦博士、饶晓东博士的热心帮助，在此表示深深的感谢。

本书的重点是将红树林内生真菌多样性与其次级代谢产物药理作用相连接，可供海洋药物研究以及相关专业的科研工作者参考阅读，希望能为从事中国红树林天然药物研究的工作者提供有意义的帮助。

著 者

2021年5月

目 录

1 绪论 1
1.1 植物内生真菌概述 1
1.2 红树属内生真菌研究概况 1
1.2.1 红树属植物的分布 2
1.2.2 红树属内生真菌多样性 3
1.2.3 红树属内生真菌与宿主之间的关系 7
1.3 红树属内生真菌代谢产物的研究进展 8
1.3.1 生物碱类 9
1.3.2 萜类化合物 11
1.3.3 香豆素类化合物 12
1.3.4 色酮类化合物 12
1.3.5 醌类化合物 13
1.3.6 肽类化合物 14
1.3.7 酚酸类化合物 14
1.3.8 内酯类化合物 14
1.3.9 其他类化合物 16
1.4 研究目的和意义 17
1.5 研究的技术路线 18

2 红茄苳和红海榄内生真菌分离鉴定及多样性分析·················· 19
2.1 材料与方法·················· 19
2.1.1 研究仪器·················· 19
2.1.2 研究试剂·················· 20
2.1.3 样品的采集和处理·················· 20
2.1.4 内生真菌的分离·················· 21
2.1.5 内生真菌的分离鉴定·················· 21
2.1.6 内生真菌多样性分析·················· 23
2.2 研究结果与分析·················· 25
2.2.1 红海榄和红茄苳内生真菌的分离·················· 25
2.2.2 红海榄和红茄苳内生真菌的鉴定·················· 26
2.2.3 红海榄和红茄苳内生真菌多样性分析·················· 41
2.3 讨论与结论·················· 49
2.3.1 红海榄和红茄苳内生真菌的分离和鉴定·················· 49
2.3.2 红海榄和红茄苳内生真菌多样性分析·················· 50

3 红茄苳和红海榄内生真菌的活性筛选·················· 52
3.1 研究材料与方法·················· 52
3.1.1 研究仪器·················· 52
3.1.2 研究试剂·················· 53
3.1.3 样品的制备·················· 54
3.1.4 抗氧化活性筛选·················· 54
3.1.5 抗菌活性筛选·················· 55
3.1.6 抗肿瘤活性筛选·················· 56
3.2 研究结果与分析·················· 57
3.2.1 抗氧化活性筛选·················· 57
3.2.2 抗菌活性筛选·················· 76
3.2.3 抗肿瘤活性筛选·················· 84

3.3 讨论与结论 ·· 105
　　　　3.3.1 抗氧化活性筛选 ··· 105
　　　　3.3.2 抗菌活性筛选 ·· 106
　　　　3.3.3 抗肿瘤活性筛选 ··· 107

4 两种内生真菌代谢产物的提取和分离　　109
　　4.1 研究材料与方法 ··· 109
　　　　4.1.1 研究仪器 ··· 109
　　　　4.1.2 研究试剂 ··· 110
　　　　4.1.3 目标菌株的发酵和提取 ··· 110
　　　　4.1.4 单体化合物的分离 ·· 110
　　4.2 研究结果与分析 ··· 110
　　　　4.2.1 目标菌株发酵产物的提取 ·· 110
　　　　4.2.2 红茄苳目标菌株 Pestalotiopsis sp. 发酵产物的分离 ············ 110
　　　　4.2.3 红海榄目标菌株 Pestalotiopsis microspora 发酵产物的分离 ··· 121
　　4.3 讨论与结论 ·· 129

5 化合物生物活性评价以及相关活性作用的机制研究　　131
　　5.1 研究材料与方法 ··· 131
　　　　5.1.1 研究仪器 ··· 131
　　　　5.1.2 研究试剂 ··· 131
　　　　5.1.3 内生真菌代谢产物生物活性评价 ····································· 131
　　　　5.1.4 内生真菌代谢产物抗肿瘤机制研究 ································· 132
　　5.2 研究结果与分析 ··· 135
　　　　5.2.1 内生真菌代谢产物生物活性评价 ····································· 135
　　　　5.2.2 内生真菌代谢产物抗肿瘤机制研究 ································· 136
　　5.3 讨论与结论 ·· 138
　　　　5.3.1 内生真菌代谢产物生物活性评价 ····································· 138

5.3.2　内生真菌代谢产物抗肿瘤机制研究 …………………………… 139

6　总结、问题与展望 ……………………………………………………… **141**

6.1　研究结论 …………………………………………………………… 141
　　6.1.1　对两种植物内生真菌的分离 ………………………………… 141
　　6.1.2　对两种植物内生真菌的筛选 ………………………………… 142
　　6.1.3　对两种植物内生真菌的提取 ………………………………… 143
　　6.1.4　对两种植物内生真菌代谢产物生物活性的鉴定 …………… 144

6.2　创新之处 …………………………………………………………… 145

6.3　建议与展望 ………………………………………………………… 145

参考文献 ……………………………………………………………………… **146**

1 绪论

1.1 植物内生真菌概述

植物内生真菌是栖息在植物内部，尤其是叶、茎、根而对寄主无明显危害的微生物（Azevedo et al., 2000）。到目前为止，研究发现几乎所有的维管束植物和禾本科植物中都具有微生物（Zhang et al., 2006）。内生真菌的研究历史悠久，在植物中的内生真菌类群丰富，每种植物中至少含有一种内生真菌（Verma et al., 2007；Kharwar et al., 2008）。近20年来，植物内生真菌受到相当大的关注，发现内生真菌次生代谢产物具有防治植物病虫害、生物抗菌活性、抗肿瘤活性等作用（Azevedo et al., 2000）。研究发现内生真菌不是完全具有专一性，同一种内生真菌可以侵染到多种宿主中，并且同一种内生真菌可以分离于宿主不同部位，其对物质利用存在着差异性（Carroll et al., 1983；Cohen et al., 2006）。因此，从不同植物间，或者是在不同环境下的同一种植物间分离内生真菌均有差异（Jalgaonwala et al., 2011）。内生真菌和宿主之间的作用受到它们基因控制和生长环境的影响（Moricca et al., 2008）。当内生真菌存在于恶劣的生长环境下时，为了抵御外界环境或者宿主的作用，可能代谢出结构新颖和生物活性强的物质，那么来自药用或者是恶劣生长环境下的植物，尤其是红树林植物，它们的内生真菌可能是产生丰富活性或者新颖结构化合物的重要资源（Sappapan et al., 2008；Ding et al., 2016；Huang et al., 2016a；Zheng et al., 2016）。

1.2 红树属内生真菌研究概况

红树林分布于热带和亚热带30°N和30°S的纬度范围内（Spalding et al., 1997），是热带和亚热带地区的潮间带森林湿地。它是陆地和海洋生境之间动态过渡的重要生态系统（Gopal et al., 2006）。红树林真菌构成了海洋真菌的第二大生态群（Sridhar et al.，2004）。自1995年Schmit首次报道从澳大利红树林中分离出内生真菌，关于红树林内生真菌的研究也就拉开了帷幕（Schmit et al.，1995）。

1.2.1 红树属植物的分布

根据国际红树林生态系统的研究，全球有61种真红树植物，隶属于14个科，21个属（Wang et al.，2014），其中，中国有26种真红树植物，海南有26种真红树植物（廖宝文等，2014）。全球范围内红树属植物一共有8个种，分别是红海榄（*Rhizophora stylosa*）、红树（*Rhizophora apiculata*）、红茄苳（*Rhizophora mucronata*）、美洲红树（*Rhizophora mangle*）、*Rhizophora harrisonii*、*Rhizophora racemosa*、*Rhizophora annanalayana*、*Rhizophora samoensis*（表1-1）。在我国大陆只有红海榄、红树、红茄苳和美洲红树，其中红茄苳和美洲红树为引进种，本地种红海榄和红树主要分布于我国的广东、广西和海南等沿海地带（中国植被志，2004）。

表1-1 全球红树属植物的分布

Tab. 1-1 The distribution of *Rhizophora genera* in the world

红树属植物	主要分布地点	参考文献
红海榄 （*R. stylosa*）	中国（海南、广东、广西等）；菲律宾；新喀里多尼亚；斐济（维提岛）；澳大利亚等	中国植物志，2004；Kohlmeyer et al.，1991；Chen et al.，2009；Tyagi et al.，2004；Arfi et al.，2011；Xing et al.，2011；Villamayor et al.，2016；Dangan et al.，2016；Morton et al.，2016
红树 （*R. apiculata*）	中国（海南、广东、广西）；印度；印度尼西亚；菲律宾；越南；泰国；新加坡；马来西亚等	中国植物志，2004；Tan et al.，1997；Clough et al.，2000；Piapukiew et al.，2010；Xing et al.，2011；Klaiklay et al.，2012；Rukachaisirikul et al.，2012；Dangan et al.，2016；Selvaraj et al.，2016；Villamayor et al.，2016；Rossiana et al.，2016
红茄苳 （*R. mucronata*）	中国（台湾）；越南；南非；菲律宾；印度尼西亚；印度；泰国；日本；新加坡；巴基斯坦等	中国植物志，2004；Tan et al.，1997；Suryanarayanan et al.，1998；Tariq et al.，2006；Rukachaisirikul et al.，2012；Shiono et al.，2013；Tarman et al.，2014；Dangan et al.，2016；Osorio et al.，2016；Rani et al.，2016；Trinh et al.，2016；Villamayor et al.，2016

(续表)

红树属植物	主要分布地点	参考文献
美洲红树 (*R. mangle*)	巴西;委内瑞拉;美国;多米尼加共和国;瓜德罗普;墨西哥;美国(佛罗里达州、夏威夷);塞内加尔;加蓬;法属圭亚那;澳大利亚等	Ball et al., 1980; Kohlmeyer, 1991; Afzal et al., 1999; Dourado, 2012; Wanderley et al., 2012; Godoy et al., 2015; Barreto et al., 2016; Boehm et al., 2016; Ferreira et al., 2016
R. harrisonii	尼日利亚(哈科特港);厄瓜多尔;美国;西非;赤道几内亚;塞内加尔;加蓬等	Breteler, 1969; Twilley et al., 1997; Afzal et al., 1999; Cerónsouza et al., 2010; Cornejo et al., 2013; Hemphill et al., 2016
R. racemosa	尼日利亚;厄瓜多尔;法属圭亚那;冈比亚;塞内加尔;加蓬;多哥;美国(夏威夷);墨西哥等	Afzal et al., 1999; Duke et al., 2006; Xavier et al., 2006; Ukoima et al., 2013; Osorio et al., 2016
R. annanalayana	印度等	Elavarasi et al., 2012
R. samoensis	斐济(维提岛);美国西海岸;西南太平洋岛屿(喀里多尼亚、赫布里底群岛);萨摩亚;马绍尔群岛等	Tyagi et al., 2004; Duke et al., 2006; Duke et al., 2010

红树属植物分布范围广泛,其主要分布于从非洲东海岸经过亚洲到西北太平洋,经过密克罗尼西亚到马绍尔群岛,从澳大利亚北部延伸到南太平洋(Duke et al., 2010)。

1.2.2 红树属内生真菌多样性

内生真菌的丰富度和多样性受到各种因素的影响,主要包括环境因素(湿度、温度和光度等)、地理因素(地理位置、气候类型等)、寄主因素(植物种类和植物组织部位)(吴令上,2012;Rodrigues et al., 1994;Suryanarayanan et al.，2000；Arnold et al.，2003；Kuklinskysobral et al.，2004；Higgins et al.，2007；Cheng et al.，2009；Gazis et al.，2010；Stuart et al.，2010；Botella et al.，2011；González et al.，2011）。自1995年Schmit首次报道从澳大利红树林中分离内生真菌，后续可见中国、美国、泰国、越南、印度尼西亚、巴西和印度等国家，发表关于红树林内生真菌分离鉴定及多样性报道，目前已超过280种红树林内生真菌被分离鉴定（徐静，2014）。这些报道充分说明，红树林内生真菌已成为研究热点。红树属植物分布地域广泛，势必带来红树属植物内生真菌的丰富度和多样性。

近几年关于红树属植物内生真菌的研究越来越多（表1-2），以印度、巴西、中国、泰国、越南的红树属植物研究为主，红树属内生真菌主要都是曲霉属（*Aspergillus*）、枝孢属（*Cladosporium*）、毛壳属（*Chaetomium*）、镰孢菌属（*Fusarium*）、毛色二孢属（*Lasiodiplodia*）、青霉属（*Penicillium*）、拟盘多毛孢属（*Pestalotiopsis*）、拟茎点霉属（*Phomopsis*）、茎点霉属（*Phoma*）、叶点霉属（*Phyllosticta*）、木霉属（*Trichoderma*）等（表1-2）。Piapukiew对越南红树林内生真菌的研究发现，红茄苳和红树的优势内生真菌分别是叶点霉属（*Phyllosticta*）、拟盘多毛孢属（*Pestalotiopsis*）和枝孢属（*Cladosporium*）（Piapukiew et al.，2010）。还有更早些年关于对其他国家的红树属内生真菌分离及多样性报道（Suryanarayanan et al.，1998；Ananda et al.，2002）。被研究的大部分红树属植物都分布在东南亚（高剑，2013；Piapukiew et al.，2010；Xing et al.，2011；Klaiklay et al.，2012；Rukachaisirikul et al.，2012；Osorio et al.，2016），尤其是分布于中国、印度（刘爱荣等，2010；高剑，2013；Suryanarayanan et al.，1998；Kumaresan et al.，2002；Xing et al.，2011），巴西也有报道关于红树属内生真菌的分类研究（Wanderley et al.，2012；FLDS et al.，2013）。红树属内生真菌与宿主之间具有一定专一性和普遍性，内生真菌的分离率受植株部位（根、茎、叶、花、胚轴），或者季节变化，或者生长年龄的影响（高剑，2013；Suryanarayanan et al.，1998；Kumaresan et al.，2002；Xing et al.，2011；FLDS et al.，2013）。

表1-2 红树属植物内生真菌的分布
Tab. 1-2 The *Rhizophora* genera of Endophytic Funal

参考文献	采样地	宿主	内生真菌
刘爱荣等, 2010; 高剑, 2013; Xing et al., 2011	中国（海南）	红海榄（*R.stylosa*）	曲霉属（*Aspergillus*）；短柄霉属（*Aureobasidium*）；生赤壳属（*Bionectria*）；枝孢属（*Cladosporium*）；毛壳属（*Chaetomium*）；棒孢属（*Corynespora*）；腐皮壳属（*Diaporthe*）；镰刀菌（*Fusarium*）；曲梗霉属（*Geniculosporium*）；小丛壳属（*Glomerella*）；黑腐菌属（*Guignaedia*）；椭圆黑盘菌属（*Melanconium*）；茎点霉属（*Phoma*）；拟盘多毛孢属（*Pestalotiopsis*）；青霉属（*Penicillium*）；拟茎点霉属（*Phomopsis*）；瓶霉属（*Phialophora*）；篮状菌属（*Talaromyces*）；痂圆孢属（*Sphaceloma*）；木霉属（*Trichoderma*）
高剑, 2013	中国（广东）	红海榄（*R.stylosa*）	顶孢霉属（*Acremonium*）；链格孢属（*Alternaria*）；曲霉属（*Aspergillus*）；炭疽菌属（*Colletotrichum*）；附球菌属（*Epicoccum*）；黑孢菌属（*Nigrospora*）；青霉属（*Penicillium*）
Xing et al., 2011	中国（海南）	红树（*R.apiculata*）	曲霉属（*Aspergillus*）；枝孢属（*Cladosporium*）；同座壳属（*Diaporthe*）；镰刀菌（*Fusarium*）；透孢黑团壳（*Massarina*）；青霉素（*Penicillium*）；拟盘多毛孢属（*Pestalotiopsis*）；拟茎点霉属（*Phomopsis*）
Suryanarayanan et al., 1998; Kumaresan et al., 2002; Piapukiew et al., 2010; Klaiklay et al., 2012; Rukachaisirikul et al., 2012	泰国, 印度	红树（*R.apiculata*）	顶孢霉属（*Acremonium*）；链格孢属（*Alternaria*）；短柄霉属（*Aureobasidium*）；毛壳属（*Chaetomium*）；枝孢属（*Cladosporium*）；弯孢属（*Curvularia*）；德氏霉属（*Drechslera*）；小丛壳属（*Glomerella*）；Nodulisporium；青霉属（*Penicillium*）；瓶霉属（*Phialophora*）；拟盘多毛孢属（*Pestalotiopsis*）；叶点霉属（*Phomopsis*）；茎点霉属（*Phoma*）；假埃希氏菌属（*Pseudeuotium*）；*Phyllosticta*；*Pithomyces*；*Sporormiella*；*Sporothrix*；梭孢壳属（*Thielavia*）

（续表）

参考文献	采样地	宿主	内生真菌
Suryanarayanan et al., 1998; Ananda et al., 2002; Piapukiew et al., 2010; Tarman et al., 2013; Osorio et al., 2016	南非、泰国、印度、印度尼西亚	红茄苳（*R.mucronata*）	顶孢霉属（*Acremonium*）；链格孢属（*Alternaria*）；曲霉属（*Aspergillus*）；*Botrytrichum*；毛壳属（*Chaetomium*）；枝孢属（*Cladosporium*）；*Diplodia*；*Glomerella*；*Neofusicoccum*；黑孢菌属（*Nigrospora*）；拟盘多毛孢属（*Pestalotiopsis*）；瓶霉属（*Phialophora*）；茎点霉属（*Phoma*）；拟茎点霉属（*Phomopsis*）；叶点霉属（*Phyllosticta*）；*Sporomiella*；木霉属（*Trichoderma*）
Wier et al., 2000; Wanderley et al., 2012; FLDS et al., 2013	巴西、美国（夏威夷、佛罗里达州）	美洲红树（*R.mangle*）	曲霉属（*Aspergillus*）；*Arthothelium*；葡座腔菌属（*Botryosphaeria*）；炭疽菌属（*Colletotrichum*）；鬼伞属（*Coprinellus*）；壳囊孢属（*Cytospora*）；间座壳属（*Diaporthe*）；内座壳属（*Endothia*）；附球霉属（*Epicoccum*）；镰孢菌（*Fusarium*）；赤霉属（*Gibberella*）；小从壳属（*Glomerella*）；黑腐菌属（*Guignardia*）；肉座菌属（*Hypocrea*）；小球腔菌属（*Leptosphaeria*）；*Neofusicoccum*；多节孢属（*Nodulisporium*）；青霉属（*Penicillium*）；拟盘多毛孢属（*Pestalotiopsis*）；黑团孢属（*Periconia*）；拟茎点霉属（*Phomopsis*）；毕赤酵母属（*Pichia*）；叶点霉属（*Phyllosticta*）；*Sphaerosporium*；木霉属（*Trichoderma*）；黑腐皮壳属（*Valsa*）；炭角菌属（*Xylaria*）
Hemphill et al., 2016	尼日利亚	*R.harrisonii*	拟盘多毛孢属（*Pestalotiopsis*）
Ukoima et al., 2013	尼日利亚	*R.racemosa*	曲霉属（*Aspergillus*）；毛二色孢属（*Lasiodiplodia*）；青霉属（*Penicillium*）；*Paecilomyces*
Elavarasi et al., 2012	印度	*R.annanalayana*	镰孢菌（*Fusarium*）

Arfi对红海榄根、茎、叶内生真菌的多样性进行研究，发现无论是地上部分枝叶还是地下部分根的内生真菌类群主要属于子囊菌纲（Ascomycetes），而担子菌纲（Basidiomycetes）的真菌在红海榄植株中分布极少（Arfi et al.,2011）。红树属内生真菌中子囊菌比担子菌丰富，主要是因为大多数担子菌都属于腐生菌（Agrios et al., 2005; Mohapatra et al., 2008）。红树属内生真菌的多样性随着年龄的增长而增加，Kumaresan将红树植物的叶分为幼年期、中年期和老年期3个时期，并对不同时期的叶片进行内生真菌的分离分析，发现老年期的内生真菌多样性高于幼年时期（Kumaresan et al., 2002）。红树属内生真菌的多样性和丰富度也受到降水量的影响，Wanderley研究不同时节美洲红树内生真菌的变化，发现在旱季叶点霉属（*Phyllosticta*）是美洲红树的优势菌种，其优势指数为44.3%，然而在雨季黑腐菌属（*Guignardia*）是美洲红树的优势种，优势指数为29.4%（Wanderley et al., 2012）。红树属内生真菌在宿主中生长具有专一性和广谱性，Ananda对4株印度红树林植物内生真菌研究发现，从中分离出30种内生真菌，没有同一种内生真菌同时来自4种植物（Ananda et al., 2002），海南和广东两个地方的红海榄中都含有曲霉属（*Aspergillus*）和青霉属（*Penicillium*）（刘爱荣等，2010；高剑，2013；Xing et al., 2011）。

1.2.3 红树属内生真菌与宿主之间的关系

植物体内产生的特定化学物质，导致内生真菌在植物中并不能随机分布，因此，次生代谢产物成为植物内生真菌侵染的障碍。为了克服植物的防御系统，内生真菌必须分泌相关的酶，如纤维素酶、蛋白酶、乳糖酶，去分解宿主所产生的次生代谢产物。一旦进入植物的组织内，经过长期的进化过程，一些共同存在的植物内生真菌及其宿主植物建立了一个又一个的特殊关系，如互惠共生关系、拮抗关系和中立关系（Sieber，2007）。内生真菌的结构和分布受到遗传背景、年龄和它们宿主环境诸多条件的影响。相应地，内生真菌也可以通过增强生长、提高适应性、增强对非生物和生物胁迫的耐受性、促进次生代谢产物的积累，从而对宿主植物产生深远的影响（Min et al., 2016）。

活性氧（ROS）包括自由基类［超氧自由基（O_2^-）、羟基自由基（OH^-）］和非自由基类［纯态氧（$^1O_2$）、过氧化氢（H_2O_2）］，通常是由生物反应和环境因素而产生（Yildririm et al., 2001）。当植物受到环境胁迫时，如高盐、高光强度、极端温度、干旱、非物理条件刺激或者矿物质不足，就会打破ROS的产生与氧化剂的抗氧化能力之间的平衡，常常会导致氧化损伤（Ravindran et al., 2012）。植物中无论是自身含有或是诱导产生的高含量的抗氧化物质，都可以抵御自由基带来的氧化损伤。红树林植物是强耐盐类群（含量大于500mM NaCl），独特的生长环境，使它们能产生新的代谢产物，并具有各种重要的经济和环境功能（Bandarnayake, 2002）。虽然已经有大量关于植物内生真菌生物活性的报道，如抗病毒、抗癌、降血糖、抗菌作用（Strobel et al., 2002），但是大多数研究并没有考虑在自然生态系统中红树植物与其内生真菌共生的实际意义所在，在健康的植株中内生真菌的结构和功能扮演着重要的角色，它们有可能在植物抵御环境胁迫中起着重要的作用，使红树林植物能够在高盐碱土壤中正常生长（Clay & Holah, 1999; Baltruschat et al., 2008）。

一些研究表明内生真菌能够激活机体对外界环境压力产生应激反应，如温度（Redman et al., 2002）、盐（Baltruschat et al., 2008）、干旱（Swarthout et al., 2009）和真菌引起的生物胁迫（Pei et al., 2008）。目前，已知的内生真菌产生的生物碱能够帮助植物抗应激反应，减少植物病虫害（Rodriguez et al., 2004）。Ravindran采用红树林植物粗提物以及内生真菌发酵产物具有清除β-胡萝卜素-亚油酸，螯合亚铁离子能力、还原能力和清除羟基自由基能力、过氧化氢、DPPH自由基能力，并结合内生真菌感染烟草植物的方法，研究分析在各种生物和非生物胁迫下4种红树林植物与其内生真菌的关系，发现内生真菌对红树林植物白骨壤（*Avicennia officinalis*）、秋茄（*Kandelia candel*）、海漆（*Excoecaria agallocha*）和红茄苳（*Rhizophora mucronata*）的生长有促进和保护的作用（Ravindran et al., 2012）。

1.3 红树属内生真菌代谢产物的研究进展

红树林内生真菌种类繁多，其生长环境也特殊，在形成特殊真菌群落的同时，必定会代谢出陆源真菌所无法比拟的丰富的结构化合物。其中有许多都是在陆源真菌中未曾见到过的，为新药筛选提供丰富的模式结构，成为海洋药物研究的热点（林文翰，2005）。红树属内生真菌的代谢产物主要包括生物碱类、萜类化合物、香豆素类、色酮类化合物、醌类化合物、杂氧蒽醌类化合物、肽类、酚酸类化合物、内酯类化合物和其他类化合物（徐静，2014）。

1.3.1 生物碱类

在红海榄（*R. stylosa*）中内生真菌*Fusarium equisetin* AGR12发酵提取物中分离得到2个已知的环状乙酰型植物毒素equisetin（1）和epi-equisetin（2）（Wheeler et al.，1999；Wang et al.，2011）。equisetin（1）和epi-equisetin（2）均具有中度抗细菌活性，equisetin（1）对部分革兰氏阳性菌具有选择性抗菌活性（Burmeister et al.，1974），可以抑制因二硝基苯酚（2, 4-dinitrophenol, DNP）引起的大鼠肝细胞线粒体的三磷酸腺苷酶（ATPase）活性，抑制作用呈浓度依赖型。在equisetin浓度达到每毫克蛋白质8nmol时，抑制率可达到50%（Koning et al.，1993）。5个新的脑苷脂类化合物chrysogesides A-E（3~8）和2个新的吡啶酮类生物碱chrysogedones A和B（9，10）从红树属植物红海榄（*R. stylosa*）可培养内生真菌*Penicillium chrysogenum* PXP-55的发酵提取物中分离获得，生物活性测定结果，化合物（6）对产气肠杆菌（*Enterobacter aerogenes*）有抑制活性，MIC值为1.72μM（Peng et al.，2011）。中国南海红茄苳（*R. mucronata*）内生拟盘多毛孢（*Pestalotiopsis* sp. JCM2A4）产生的天然产物具有丰富的多样性和复杂的化学结构，是筛选具有不同生物学活性的新颖化合物最丰富的资源之一（Xu et al.，2010a）。从红茄苳中可培养的内生拟盘多毛孢（*Pestalotiopsis* sp. JCM2A4）的发酵粗提物中发现了5个新的N取代酰胺衍生物pestalotiopamides A-E（12~16）和一个新的琥珀酰亚胺类化合物pestalotiopsiod A（11）（Xu et al.，2009a；Xu et al.，2011a；Xu et al.，2011b）。可培养内生小巢状曲菌（*Aspergillius nidulans* MA-143），分离于红海榄（*R. stylosa*）叶片，从*Aspergillius nidulans* MA-143发酵产物中发现6个新的化合物，都含有4-phenyl-3, 4-dihydroquinolin-2-one的结构单元、aniduquinolones A-C（17，21，22）、6-depxyaflaquinolone E（18）、isoaflaquinolone E（19）、14-hydroxyaflaquinolone F（20）和1个已知物aflaquinolone A（23）。生物活性结果显示，化合物17~23对人肝细胞癌BEL-7402、乳腺癌细胞MDA-MB-231、白血病原髓细胞HL-60和慢性粒细胞白血病细胞K652均无抑制活性；对金黄色葡萄球菌（*Staphylococcus aureus*）、大肠杆菌（*Escherichia coli*）无抗菌活性；化合物17，22，23对海虾（*Artemia salina*）生物致死活性，LD_{50}值分别为7.1μM、4.5μM和5.5μM（An，2013a）。6个新的吲哚二萜生物碱（27~29，33，34，36），5个已知类似的物21-isopentenylpaxilline（30）、paspaline（35）、paxilline（31）、dehydroxypaxilline（32）和emindole（24）从红树

属植物红树（R. apiculata）内生真菌Penicillium camemberti OUCMDZ-1492的发酵提取物中分离得到。生物活性表示，化合物24，27和29～35均显出强H1N1流行感病毒活性，IC_{50}值分别是28.3μM、38.9μM、32.2μM、73.3μM、34.1μM、6.6μM、77.9μM、17.7μM和26.2μM（Fan et al.，2013）。从红海榄（R. stylosa）茎中分离出极细链格孢菌（Alternaria tenuissima EN-192），从中分离得到paspaline（35）和3个已知类似物penijianthine A（25）、paspalinine（26）和penitrem（38），生物活性测定显示，化合物35，25，26，38对金黄色葡萄球菌（Staphylococcus aureus）、大肠杆菌（Escherichia coli）、芽孢杆菌（Bacillus subtilis）和鳗弧菌（Vibrio anguillarum）只有微弱的抗菌活性（Sun et al.，2013）。内生真菌Aspergillus nidulans MA-143分离于红海榄（R. stylosa）中，从中发现4个新喹唑酮类生物碱aniquinazolines A-D（39～42），生物活性显示，化合物39～42有强海虾致死活性，LD_{50}值分别是1.27μM、2.11μM、4.95μM、3.42μM。对肝癌细胞BEL-7402、乳腺癌细胞MDA-MB-231、白血病原髓细胞HL-60和慢性粒细胞白血病细胞K562无抑制活性，对金黄色葡萄球菌（Staphylococcus aureus）、大肠杆菌（Escherichia coli）无抗菌活性（An et al.，2013b）。可培养的内生拟茎点霉菌（Phomopsis sp. PSU-MA214），来自于红树（R. apiculata）的叶片中，能够产出苯乙醇化合物phomonitroester（37），该化合物最初在另一株爪哇凤果（Garcinia dulcis）内生拟茎点霉菌（Phomopsis sp. PSU-D15）中分离得到，生物活性测试显示，化合物37对乳腺癌细胞MCF-7和KB有弱抑制作用（Rukachaisirikul et al.，2008；Klaiklay et al.，2012b）。从红海榄（R. stylosa）内生真菌Penicillium oxalium EN-201大米发酵提取物中分离得到2个新的吲哚生物碱penioxamide A（43）、18-hydroxydecaturin B（44）和一个已知的化合物decaturin B（45）（Zhang et al.，2015）。红树（R. apiculata）内生绿色木霉菌（Hypocrea virens）中能够产出异喹啉生物碱2-methylimidazao[1, 5-b]isoquinoline-1, 3, 5（2H）-tione（66）（Liu et al.，2011b）。从红树属植物红海榄（R. stylosa）中分离得到一株内生真菌Mucor irregularis QEN-189，从中分离得到另外6个新的吲哚二萜类生物碱rhizovrin A-F（46～50，53）和14个已知类似物Secopentrem D（51）、PC-M4（52）、penijianthine A（53）、penitrem A-F（54～60）、paxilline（61）、27-O-acetylpaxillin（62）、13-deoxy-27-O-acetylpaxillin（63）、10-deoxy-13-deoxypaxilline（64）、10β-hydroxy-13-desoxypaxilline（65），抗肿瘤活性显

示，化合物46，47，50，55，57，60，65对肺癌细胞A549有抑制活性，IC_{50}值分别为11.5μM、6.3μM、9.2μM、8.4μM、8.0μM、8.2μM和4.6μM，对白血病原髓细胞HL-60有抑制活性，IC_{50}值分别为9.6μM、5.0μM、7.0μM、4.7μM、3.3μM和2.6μM（化合物50没有活性）（Gao et al., 2016）。

1.3.2 萜类化合物

1个具有三环内酯结构的新倍半萜diaporol A（67），8个新的补身烷型倍半萜diaporol B-I（68～75），2个已知物3β-hydroxyconfertifolin（76）和diplodiatoxin（77）从红海榄（R. stylosa）可培养内生间座壳菌（Diapoethe sp.）中分离得到。生物活性测试表明，化合物67～77在20μM浓度时，对人胃癌细胞SGC-7901、乳腺癌细胞MCF-7、肺癌细胞A549、肝癌细胞QGY-7701均无细胞毒性（Zang et al., 2012）。从红树（R. apiculata）分离出的可培养内生真菌Flavodon flavus PSU-MA201，从中分离得到1个已知的典型多取代perhydroazulene tremulane类化合物tremulenolide A（78），生物活性测试结果显示，化合物78对金黄色葡萄球菌（Staphylococcus aureus ATCC25923）和新型隐球菌（Cryptococcus neoformans ATCC90113）有中度抑菌活性，MIC值均为128μg/mL（Klaiklay et al., 2013）。从红茄苳（R. mucronata）内生拟盘多毛孢（pestalotiopsis sp.）中分出1个已知的补身烷型倍半萜altiloxin B（79）（Hemberger et al., 2013）。从红树（R. apiculata）内生枝顶孢菌（Acremonium sp. PSU-MA70）中分离出2个已知真菌毒素8-deoxytrichothecin（80）和trichodermol（81）（Rukachaisirikul et al., 2012a）。紫杉醇（paclitaxel, taxol）（82）作为一种作用机制独特的植物源性抗癌药物，1963年美国化学家Wani和Wall首次从美国太平洋紫杉醇（Taxus brevifolia）树皮和木材中分离得到（Wain et al., 1971; Harrison et al., 1996）。后续分别发现内生真菌Taxomyces（Stierle et al., 1995）、Pestalotiopsis（Strobel et al., 1996）、Alternaria（Chen et al., 2009）、Fusarium（Xu et al., 2006）也可以产生紫杉醇及其类似物，在红树属植物R. annamalayana内生真菌尖孢镰刀菌（Fusarium oxysporum）中同样也分离得到紫杉醇（82）（Elavariasi et al., 2013）。从红茄苳（R. mucronata）叶中分离出了拟盘多毛孢（Pestalotiopsis sp. JCM2A4），从中发现2个具有柔性结构的补身烷型倍半萜-环青霉醛酸的新骨架化合物pestalotiopens A和B（83，84），生物活性测定发现，化合物83对金黄色葡萄球菌（Staphylococcus aureus）、

大肠杆菌（*Escherichia coli*）、粪肠球菌（*Enterococcus faecalis*）、产脓链球菌（*Streptococcus pyogenes*）、绿脓杆菌（*Pseudomonas aeruginosa*）和肺炎克雷伯菌（*Klebsiella pnemoninae*）均有弱抗菌活性，最小抑菌浓度MIC值范围是125~250μM（Hemberger et al.，2013）。

1.3.3 香豆素类化合物

从红树属植物红茄苳（*R. mucronata*）叶中分离出一株内生拟盘多毛孢菌（*Pestalotiopsis* sp.）是产香豆素类化合物的重要资源，从中分离得到5个新的香豆素pestalasins A-E（85~89）以及1个已知化合物3-hydroxymethyl-6,8-dimethoxycoumarin（90），这是在红树林微生物中首次发现香豆素类成分（Xu et al.，2009a）。为了进一步深入研究红茄苳（*R. mucronata*）内生拟盘多毛孢（*Pestalotiopsis* sp.）的化学成分，从中发现了1个新的异香豆素类成分pestalotiopisorin A（91）（Xu et al.，2011a）。可培养内生枝顶孢菌（*Acremonium* sp. PSU-MA70），来自于红树属植物红树（*R. apiculata*），从中分离到7个新的结构类似物acremonones B-H（92~98）（Rukachaisirikul et al.，2012a）。从红树属植物*R. harrisonii*的叶片中分离得到一株内生拟盘多毛孢菌（*Pestalotiopsis clavispora*），发现了4个新结构类似物pestaprones A-C（99~101）、（R）-periplanetin D（103）和一个结构类似的已知物similanpyrone B（102）（Catalina et al.，2016）。

1.3.4 色酮类化合物

进一步深入挖掘红茄苳（*R. mucronata*）内生拟盘多毛孢（*Pestalotiopsis* sp.）的化学成分，发现一系列罕见的亲脂性取代基的新色酮类化合物pestalotiopsones A-F（107~112）和一个已知物5-carbomethoxymethyl-heptyl-7hydroxychromone（113），生物活性测试显示，化合物111对小鼠淋巴瘤细胞L5178Y具有弱细胞毒活性，EC_{50}为29.4μM（Xu et al.，2009b）。3个在红树林真菌中较为罕见的氯代四氢色酮类衍生物pestalochromones A-C（104~106）分离自红树*R. apiculata*的内生可培养真菌*Pestalotiopsis* sp. PSU-MA69（Klaiklay et al.，2012c）。4个新色酮类衍生物Phomopsichin A-D（114~117）和1个已知物phomoxanthone A（118）分离于红海榄（*R. stylosa*）内生可培养真菌*Phomopsis* sp. 33#的发

酵产物。体外生物活性实验测试结果表明，化合物114～118对乙酰胆碱酯酶（AchE）、α-葡聚糖苷酶、DPPH自由基、羟基自由基有弱抑制作用，对18种植物病原细菌有弱抑制活性（Huang et al., 2016）。

1个新的聚酮类衍生物 pestalpolyol 1（119）分离自红树属植物 *R. harrisonii* 叶片中的拟盘多毛孢菌（*Pestalotiopsis clavispora*）。生物活性测试显示，化合物119对小鼠淋巴瘤细胞L5178Y具有强抑制活性，IC_{50}值为4.1μM，对HL-60、SMMC-7721、A-549、MCF-7和SW480有抑制作用，IC_{50}值分别为10.4μM、11.3μM、2.3μM、13.7μM和12.4μM（Catalina et al., 2016）。

1.3.5 醌类化合物

1个新的四氢蒽醌衍生物（2R, 3S）-7-ethyl-1, 2, 3, 4-tetrahydro-2, 3, 8-trihydroxy-6-methoxy-3-methyl-9, 10-anthracend-Ione（120）和5个已知的蒽醌（121～125）分离自红树（*R. apiculata*）叶片的内生拟茎点霉菌（*Phomopsis* sp. PSU-MA214）中。化合物121～125具有乙基四氢蒽醌的结构，对人乳腺癌细胞MCF-7有弱细胞活性，对金黄色葡萄球菌（*Staphylococcus aureus* ATCC25923）和耐甲氧西林金黄色葡萄球菌（*S.aureus* SK1）有抗菌活性（Klaiklay et al., 2012b）。从红海榄（*R. strylosa*）茎的细枝链格孢菌（*Alternsria tenuissima* EN-192）中分离得到3个已知的三环alternarene化合物（126～128），用滤纸片扩散法测试抗菌活性，化合物126对水产养殖病原菌鳗弧菌（*Vibrio anguillarum*）显示出中度抗菌活性（Sun et al., 2013）。1个新的氧杂蒽酮pestaloxanthone（129）和2个类似已知isosulochrin dehydrate（130）和chloroisosulochrin dehydrate（131）分离于红树林植物红树（*R. apiculata*）枝条的内生真菌 *Pestalotiopsis* sp. PUS-MA69的发酵液中（Klaiklay et al., 2012c）。从红茄苳（*R. mucronata*）内生拟茎点霉菌（*Phomopsis* sp. IM 41-1）的大米发酵培养提取物中发现了1个四氢化氧杂蒽酮二聚体已知物phomoxanthone A（132）和1个结构类似的新化合物12-O-deacetyl-phomoxanthone A（133），化合物132、化合物133均对灰霉菌（*Botrytis cinerea*）、核盘菌（*Sclerotinia aureus*）、杆菌囊孢壳菌（*Diaporthe medusaea*）和金黄色葡萄球菌（*Staphylococcus aureus*）显示出弱抗菌活性，化合物的乙酰化对抗菌活性的强弱无显著影响（Shionoa et al., 2012）。从红树属植物 *R. harrisonii* 叶片中的拟盘多毛孢菌（*Pestalotiopsis clavispora*）分离到一个已知物（134）（Catalina et al., 2016）。

1.3.6 肽类化合物

从红树（*R. apiculata*）内生枝顶孢菌（*Acremonium* sp. PSU-MA70）中分离得到4个已知物，2个环状缩酚酞guangomides A和B（135，136），2个二酮哌嗪类Sch 54794和Sch 54796（137，138）（Rukachaisiriku et al.，2012a），活性测试表明，化合物135、化合物136对表皮葡萄球菌（*Staphylococcus epidermidis*）和耐久肠球菌（*Enterococcus durans*）有弱抑菌活性（Amagata et al.，2006）。

1.3.7 酚酸类化合物

从红树（*R. apiculata*）内生拟盘多毛孢菌（*Pestalotiopsis* sp. PSU-MA69）中分离得到4个新的二苯醚pestalotethers A-D（141，143~145），3个已知物pestheic acid（142）、chloroisosulochrin（139）和isosulochrin（140）（Klaiklay et al.，2012c）。从红树属植物*R. harrisonii*的叶片中分离得到一株内生拟盘多毛孢菌（*Pestalotiopsis clavispora*），从中发现1个新化合物norpestaphthlide A（146）和3个已知物（R，S）-5, 7-dihydroxy-3-（1-hydroxyethyl）phthalide（148）和pestaphthalides A和B（147，149）。生物活性测试表明，化合物146~149对细胞白血病原髓细胞HL-60、肝癌细胞SMMC-7721、肺癌细胞A-549、乳腺癌细胞MCF-7和人结肠癌细胞SW480无肿瘤抑制作用（Catalina et al.，2016）。

1.3.8 内酯类化合物

进一步深入研究红茄苳（*R. mucronata*）内生拟盘多毛孢（*Pestalotiopsis* sp.），从大米培养基大量发酵产物中发现了2个新的缩酚酸环醚类化合物pestalotiollides A和B（166，167），以及8个新的吡喃酮类化合物pestalotiopyrones A-H（157~164）和1个已知物nigroporapyrone D（165）（Xu et al.，2011a）。3个新的α-吡喃酮pestalotiopyrrones A-C（168~170），2个新的seiricurolides大环内酯pestalotioprolides A（171）和B（173），2个已知化合物seiricurolides（174）和2'-hydroxy-3'，4'-didehydropenicillide（172）分离于红树林植物红树（*R. apiculata*）和红茄苳（*R. mucronata*）中的两株内生拟盘多毛孢*Pestalotiopsis* sp. PSU-MA92和*Pestalotiopsis* sp. PSU-MA119（Rukachaisirikul et al.，2012b），其中化合物（168~171）是pestalotioprolides A-C的重复命名（Xu et al.，2011a）。到目前为止，已报道的天然产物中，苯乙醇内酯类的碳骨架非常罕见（Brady et al., 2000）。从红茄苳（R. mucronata）内生拟盘多毛孢（Pestalotiopsis sp.）分离得到7个苯乙醇内酯类化合物dothiorelones A（156）、cytosporones C（153）和cytosporones J-N（150~152，154，155）。活性测试表明，化合物156对人口腔表皮癌KB细胞、淋巴癌细胞Raji和人成骨肉瘤细胞Mg-63具有细胞毒性，化合物150~155没有任何显著的抗肿瘤活性（Xu et al., 2009a）。从红树林植物红树（R. apiculata）枝条中分离得到一株内生枝顶孢属Acremonium sp. PSU-MA70，从中分离得到1个新的苯酞衍生物acremonide（177），1个新的缩酚酸环醚acremonone A（179），2个已知物（+）-brefelin A（180）和5, 7-dimethoxy-3, 4-dimethyl-3-hydroxyphthalide（178）（Rukachaisirikul et al., 2012a）。Brefelin A，简称BFA，是一种真菌代谢产物，最初曾被用作抗病毒试剂，现在主要用于蛋白转运，可以特异性的、可逆性的抑制高尔基体膜蛋白酶而终止催化鸟嘌呤核苷酸连接到ADP核糖基化因子上，从而实现阻断蛋白质从内质网（ER）转运到高尔基体（Golgi）。Brefelin A也常被用于抑制细胞因子等蛋白的分泌，并用于增强分泌蛋白的免疫染色检测。Brefelin A可激活神经鞘磷酸循环，还可以诱导一些肿瘤细胞凋亡的发生（Helms et al., 1992），对白色念珠菌（Candida albicans NCPF3153）有弱抑制菌活性（Rukachaisirikul et al., 2012a）。1个新的丁烯酸内酯pestalolide（175）和一个已知的植物毒素内类物seridin（176）从红树（R. apiculata）内生真菌（pestalotiopsis sp. PSU-MA69）发酵产中得到，生物活性检测表明，化合物175对白色念珠菌（Candida albicans）和新型隐球菌（Crytococcus neoformans）显示出极弱的抗菌活性，MIC值同为653.06μM（Klaiklay et al., 2012c）。为了有效调控美国大红树（R. mangle）内生桃干枯病菌（Leucostoma persoonii）的生物合成，激发cytosporones类化合物的产生，通过表观遗传修饰的方法，成功诱导产生1个已知的强抗细菌的三羟基内酯类化合物cytosporones E（184）（Beau et al., 2012），化合物184对恶性疟原虫（Plasmodium falciparum）有强抗感染活性，IC_{50}值为13μM，对人肺癌细胞A549具有强抑制活性，IC_{50}值为437μM，对耐甲氧基金黄色葡萄球菌有强抑制作用，MIC值为72μM（Brady et al., 2000）。从红树属植物（R. harrisonii）的内生拟盘多毛孢菌（Pestalotiopsis clavispora）发酵提取物中，分离得到3个已知物，2-epi-herbarumin Ⅱ（183）、大环内酯pestalotiollides A和B（181，182）。生物活性检测表明化合物181~183对白血病原髓细胞HL-60、肝癌细胞SMMC-7721、肺癌细胞A-549、乳腺癌细胞MCF-7和人结肠癌细胞SW480无抗肿瘤作用（Catalina et al., 2016）。

1.3.9 其他类化合物

从红树（R. apiculata）的内生浅黄囊孔菌（Flavodon flavus PSU-MA201）中分离得到1个新difuranylmethane衍生的呋喃脂肪酸flavodonfuran（185）（Klaiklay et al.，2013）。从红树林植物红树（R. apiculata）内生枝顶孢菌（Acremonium sp. PSU-MA70）中分离得到2个已知物4-methyl-1-phenyl-2, 3-hexanediol（189）和（2R, 3R）-4-methyl-1-phenyl-2, 3-pentanediol（190）（Rukachaisirikul et al.，2012a）。Xu等从红茄苳（R. mucronata）内生拟盘多毛孢（Pestalotiopsis sp.）中分离到一个新的烯酸类化合物pestalotiopin A（187）和2个简单的已知物2-anhydromevalonic acid（186）及p-hydroxyl benzadehyde（188）（Xu et al.，2011a）。从红树（R. apiculata）的内生拟茎点霉属（Phomopsis sp. PSU-MA214）中分离得到1个已知的苯乙醇羟丙酸（191）和1个已知的丁酰胺类化合物butanamide（192）（Klaiklay et al.，2012b）；从红树（R. apiculata）内生拟盘多毛孢菌（Pestalotiopsis sp. PSU-MA69）中分离得到1个已知的炔类杀线虫剂（S）-penipratynolene（193），1个已知的DNA损伤剂anofinic acide（194）和p-hydroxybenzoic acid methyl ester（195）（Klaiklay et al.，2012c）。

从红树属植物内生真菌过去近10年中新发现的化合物和生物活性的天然产物，包括了195个天然产物，大多数化合物都表现出多种生物活性。红树属内生真菌中拟盘多毛孢属（Pestalotiopsis）、青霉属（Penicillium）和Mucor属是产生次生代谢产物的主要真菌类群，尤其是拟盘多毛孢属，从中分离出的代谢产物有83个（42.56%）。195个化合物主要来自红茄苳（23.59%）、红树（24.10%）和红海榄（33.85%），其余几种红树属植物内生真菌中分离出化合物不到10%，很明显红茄苳、红海榄和红树中的内生真菌比红树属其他植物内生真菌更能够产生具有丰富的结构复杂的化学结构。大多数代谢产物不仅具有有趣的结构，而且具有各种生物活性，包括细胞毒性、抗菌、酶抑制和清除自由基的作用，以及潜在生态相关的功能，如拒食、杀虫和除草活性（Zhang et al.，2015）。大部分的化合物有广泛的生物活性，而在以前研究的一些代谢产物表现出没有生物活性，可能是由于筛选实验的偏差或者是分析技术的局限性，可以采用更广泛的生物筛选系统对这些化合物进一步评估，这可能会发现它们有趣的生物活性。

在这195个化合物中，一些化合物吸引了天然产物研究者，因为它们不同寻常的结构，例如，一系列罕见具有亲脂性取代基的新色酮类化合物pestalotiopsones A-F（107~112），具有特殊苯乙醇内酯类碳骨架的cryosporones J-N

（150~152，154，155），最重要的是，这些化合物具有高效的生物活性能与现代药理作用的产品相媲美，这表明它们可能是传统药物的潜在替代品。如分离自拟盘多毛孢 *P. clavispora* 中的新聚酮类衍生物pestalpolyol 1（119）对小鼠淋巴瘤细胞L5178Y具有强的抑制作用，IC_{50}值为4.10μM。分离于内生真菌 *Mucor irregularis* QEN-189中的吲哚二萜生物碱rhizovrin A、B和F（46、47和50）对肺癌细胞A549有极强的抑制作用，其IC_{50}是11.5μM、6.3μM和9.2μM对白血病原髓细胞HL-60也有抑制作用，IC_{50}值分别为9.6μM、5.0μM和7.0μM。虽然一些内生真菌代谢产物自身具有极强的生物活性，但是文献报道中却呈现中度或较弱的生物活性，这可能是筛选过程中的偏差。在其他的生物活性筛选中可能会发现其特定生理活性。此外，应该强烈要求敏感和有效的生物活性筛选模型运用于代谢产物的筛选。比如多种生物活性筛选模型相结合，在探索天然产物中的先导化合物方面可能发挥重要作用。

总之，关于红树属内生真菌中次生化合物的研究正在不断地报道，红树属内生真菌是广泛应用和产生新化合物的重要对象，这使它们成为创新性新药的重要来源。正确地使用有效的生物活性模型，运用于红树属植物中筛选到具有强生物活性的内生真菌，是挖掘潜在药物先导化合物的重要前提。

1.4 研究目的和意义

红树属植物内生真菌具有复杂的多样性，宿主植物所产生的化合物丰富度和新颖性远不能与其内生真菌相媲美，在过去近10年中新发现的化学和生物活性的天然产物，包括了195个天然产物，其中部分化合物表现出生物活性，是广泛应用和产生新化合物的重要对象，这使它们成为创新性新药的重要来源，那么，深入分析红树属内生真菌的多样性以及与宿主的构成关系，是有效开发和利用红树属内生真菌的必要前提。正确使用灵敏的生物活性模型，运用于红树属植物中快速筛选到具有强生物活性的内生真菌，是挖掘潜在药物先导化合物的重要手段。

在综述中已阐述红海榄和红茄苳内生真菌作为重要的生物活性天然产物的来源，具有开发和研究的必要性。本研究选取本地种红海榄和引进种红茄苳作为研究对象，从植株不同部位中分离出内生真菌，以形态学结合分子生物学方法鉴定内生真菌，采用各种多样性指标分析这两种红树属植物内生真菌构成和差异性，并分析出内生真菌与宿主之前的关系。采用抗氧化活性、抗菌活性和抗肿瘤活性多种生物模型,快速有效地筛选出具有生物活性的菌株以及确定发酵生物活性菌株的培养基,进行扩大培养获取发酵提取物,通过各种分离手段(常规硅胶色谱柱、反相硅胶柱、葡聚糖凝胶色谱柱Sephadex LH-20等),希望能从中挖掘出生物活性强的代谢产物,为新药的开发利用提供先导化合物,在此同时,希望能够创建出有效的生物活性筛选模型,为从红树属内生真菌中快速发现活性代谢产物指明方向。

1.5 研究的技术路线

技术路线如图1-1所示。

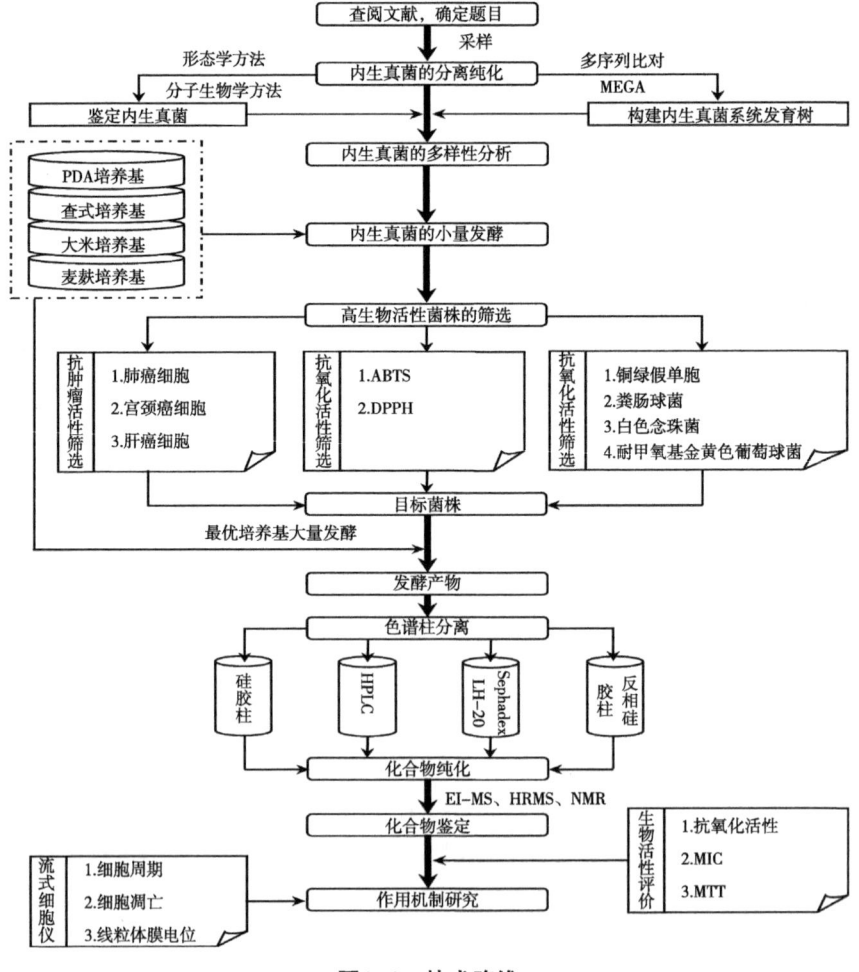

图1-1 技术路线

2 红茄苳和红海榄内生真菌分离鉴定及多样性分析

我国红树林主要生长分布于海南、广西、广东、福建、浙江、台湾、香港、澳门等沿海地区，其中以海南分布最广、种类也最多，是我国红树植物的分布中心（中国植物志，2004）。针对红树林内生真菌的研究开始于1995年，澳大利亚研究者Schmit和Shearer第一次从红树林植物的根部分离到了内生真菌，从而拉开了红树林内生真菌的研究帷幕（Schmit et al.，1999）。近几年，红树林植物内生真菌的研究发展迅速，目前已超过280种的红树林内生真菌被分离鉴定，主要类群分布在链格孢属、曲霉属、枝孢属、炭疽菌属、镰刀属、红僵菌属、青霉属、拟盘多毛孢属、茎点霉属、拟茎点霉属、叶点霉属和木霉属（徐静，2014）。但仍处于研究的起步阶段，存在一些问题急需解决。目前研究了红树林植物内生真菌在不同植物组织部位中的分布（Sivakuma et al.，2016），也有研究植物在不同季节和环境下内生真菌的分布差异（Sridhar et al.，2006）。但对于外来引进的红树林植物与本土红树林植物内生真菌的差异研究仍较少。

本研究采取本土红树林植物红海榄的5个部位（根、茎、叶、花、胚轴）和外来引进物种红茄苳的4个部位（根、茎、叶、花）采用形态学结合分子生物学鉴定红海榄和红茄苳的内生真菌，调查和研究这两种红树属植物内生真菌的群落结构和多样性差异，进而探讨引进树种与本地树种的内生真菌差异性，为后续研究奠定基础。

2.1 材料与方法

2.1.1 研究仪器

灭菌锅HVE-50（日本HIRAYAMA）、超净工作台BCM-1300（苏州苏洁净设备有限公司）、恒温箱MP-160（上海福马实验设备有限公司）、摇床CLASSIC C25KC

（美国）、数显恒温水浴锅HH-2（国华电器有限公司）、制冰机（GRANT）、PCR扩增仪（Biometra）、DYY-Ⅱ型电泳仪（北京市六一仪器厂）、凝胶成像仪GAS7401X、Centrifuge5415冷冻离心机、电子天秤（奥豪斯）、美的微波炉、海尔冰箱、pH酸度计、培养皿、研钵、研磨棒、酒精灯、手术刀、镊子、滤纸等。

2.1.2 研究试剂

2.1.2.1 分离内生真菌培养基

马铃薯200g，葡萄糖20g，琼脂15～20g（固体培养基使用），人工海水1 000mL，自然pH值。

2.1.2.2 提取内生真菌DNA所需试剂

10×TAE缓冲液（高压灭菌备用）；CTAB缓冲液（高压灭菌备用）；100mM Tris-HCl（pH值8.0），20mM EDTA（pH值8.0），1.4M NaCl，2%CTAB；Taq DNA聚合酶、dNTP、10×Taq Buffer、D2000 DNA Ladder均选自中科瑞泰（北京）生物科技有限公司；氯仿、异戊醇、胰蛋白胨、琼脂糖、β-巯基乙醇等。

2.1.3 样品的采集和处理

2.1.3.1 样品采集区域概况

本研究的样品采集于海南省东寨港红树林自然保护区（110°32′～110°37′E，19°51′～20°01′N），该保护区属于热带海洋性气候区域，年平均气温23.8℃，年平均降水量1 676mm。

2.1.3.2 植株鉴定和样品采集

（1）植株鉴定。红海榄和红茄苳植株均经过植物学专家，海南大学园艺学院杨小波教授鉴定。

（2）红海榄采集。选择15株健康植株，分别采集根、茎、叶、花、胚轴样品各1份，共采集样品75份。

（3）红茄苳采集。红茄苳为外来引进品种，在海南无法长出胚轴器官，且东寨港仅有8株植株。在8株红茄苳上均匀采集根、茎、叶、花样品各15份，共采集样品60份。

（4）样品保存。标记好样品后立即放入冰盒中，带回实验室，4℃保存，

3d内完成内生真菌的分离。

2.1.4 内生真菌的分离

首先,用自来水将红茄苳(根、茎、叶、花)和红海榄(根、茎、叶、花、胚轴)表面冲洗干净,在超净工作台中依次用75%乙醇浸泡60s;2%次氯酸钠浸泡30s;无菌水清洗3次。将以上操作重复3次,最后一次的无菌水作为空白对照(Kjer et al.,2010)。

其次,用刀片切除材料的边缘,并将植物的样品切成5mm×5mm的小组织块,每份样品处理成5个组织块,共得到红海榄组织块375个,红茄苳组织块300个(表2-1)。

然后,把5个组织块作为一组接入到PDA培养基上。倒置在28℃恒温培养箱中培养,每天观察,待菌落长出后,挑取边缘菌丝到新的PDA培养基上培养,直到无新菌落从组织块中长出为止。

最后,将分离纯化后的菌株接种到PDA斜面培养基上培养,4℃保存。据菌株在PDA培养基上面生长形态将分离到的菌株划分为不同的形态型。

表2-1 红茄苳和红海榄被分离组织块数

Tab. 2-1 Separation of tissue blocks in *R. stylosa* and *R. mucronata*

	红茄苳(组织块)	红海榄(组织块)
根	75	75
茎	75	75
叶	75	75
花	75	75
胚轴	—	75
合计	300	375

2.1.5 内生真菌的分离鉴定

2.1.5.1 DNA提取(Heinig et al., 2013)

(1)收集新鲜的菌丝放入已经用CTAB润洗过的研钵中,加入1 000μL CTAB溶液,吸取1.5mL到离心管中,加入10μL的β-巯基乙醇,上下颠倒混匀。

（2）放入65℃水浴锅中，水浴60min，期间每隔15min上下颠倒3~4次混匀，加入氯仿异戊醇，离心12 000rpm/8min，取上清液。

（3）在取出的上清液中加入等体积的氯仿异戊醇，离心12 000rpm/8min，取上清液。此步操作应非常小心，注意不要吸得过多过快，避免振荡，以免造成蛋白质污染，如果离心后因振荡引起上清液浑浊，此时须再次离心。

（4）吸取150~300μL的上清液加入2倍体积的冰无水乙醇，放入-20℃，6h后取出在冷冻离心机上12 000rpm/15min离心弃乙醇，用75%乙醇洗3~4次后至于通风厨中晾干。

（5）最后加入20~50μL无菌水溶解，得到DNA模板，放于-20℃中保存备用。

2.1.5.2 DNA的扩增（Qadri et al., 2014）

选取通用引物ITS1F（5′-CTTGGTCATTTAGAGGAAGTAA-3′）和引物ITS4（5′-TCCTCCGCTTATTGATATGC-3′）对真菌的ITS内转录间隔区进行PCR扩增。

PCR反应体系为：DNA模板1.0μL，正向引物1.0μL，反相引物1.0μL，dNTPmixture1.0μL，Taq DNA聚合酶1.0μL，Taq Buffer 5.0μL，ddH$_2$O 40μL。PCR扩增条件为：94℃ 5min；随后为30个循环94℃ 40s，55℃ 40s，72℃ 55s，最后72℃ 10min的延伸。

PCR产物经处理后送至上海英潍捷基公司进行测序。

2.1.5.3 序列数据的比对鉴定

（1）原始序列的处理和修正。使用BioEdit5.0.6对序列中的引物及序列两端存在的一些杂乱碱基进行手工切除。

（2）修正序列的初步鉴定。在GenBank数据库中用Blast程序来搜索同源序列，确定与实验克隆亲缘关系最近的种属，将比对结果的相似性≥97%的菌株初步鉴定到种的水平。

（3）系统发育树分析鉴定。在GenBank数据库的比对结果中选取与鉴定结果相近的序列作为参比序列，用于系统发育树分析。使用MEGA6软件来分析与构建系统发育树，通过邻接法（Neighbour-joining Analysis，NJ）构建系统发育树。NJ法通过1 000步重复获得的自展检验（Bootstrap）数值标记在分枝上

（Toledohernández，2007）。

（4）GenBank数据认证。根据最后的鉴定结果将测得的ITS序列上传到GenBank数据库中，申请GenBank数据库认证的唯一ITS序列号。

2.1.6 内生真菌多样性分析

2.1.6.1 物种丰富度（Species richness，S）

代表不同植物（红海榄、红茄苳）或同一植物不同部位（根、茎、叶、花、胚轴）所拥有的内生真菌的种类数（Smith et al.，2002）。

2.1.6.2 定殖率（Colonization rate，CR）和分离率（Isolation rate，IR）

定殖率指出现内生真菌的组织块数占总分离组织块数的百分数，可以反映不同植物或者同一植物不同组织受到内生真菌侵染的程度。

分离率指分离到的某一指定类型内生真菌的菌株数量占分离样品组织块总数的百分率，用于衡量植物组织中内生真菌的丰富程度和每个组织块受多重侵染的发生频率（Santamaría et al.，2005）。

2.1.6.3 相对分离频率（Relative frequency，RF）和优势种（Species dominance）

相对分离频率是指样本中分离到的某一种内生真菌的菌株数占分离总数的百分数，用来衡量植物组织中某种内生真菌的优势度（Wu et al.，2013）。

优势种是根据卡玛戈指数（Camargo's index）。Camargo's index $= 1/S$，其中S代表种群物种丰富度。如果某个物种的RF$>1/S$，这个物种就被确定为优势种（Camargo et al.，1992）。

2.1.6.4 香农多样性指数（Shannon diversity index，H'）和辛普森多样性指数（Simpson diversity index，D）

香农多样性指数是在群落生态研究中应用最广的多样性指数。香农多样性指数的物质范围是0到H'_{max}，H'_{max}为最大的香浓值（$H'_{max} = \text{Ln}S$），数值越大，表示多样性越高。香农多样性指数适合不同群落生物多样性的比较。它不能单独说明某个群落生物多样性的高低。其计算公式如下：$H' = -\sum P_i \times \text{Ln} P_i$，其中$P_i = n_i/N$，$i$代表物种类别，$n$代表某物种的菌株数量，$N$代表该群落所有种类的菌株数量

(Shannon et al., 1949)。

辛普森多样性指数是基于在一个无限大小的群落中随机抽取两个个体，在它们属于同一物种的概率是多少依据这样的假设而推导出来。

辛普森多样性指数 = 随机取样的两个个体属于不同种的概率 = 1-随机取样的两个个体属于同种的概率

假设中i的个体数占群落中总个体的比例为P_i，那么，随机取种i两个个体的联合概率就为P_i平方。将群落中全部种的概率合起来，就可得到辛普森指数，即Simpson指数：$D=1-\sum P_i^2$，式中$P_i=n_i/N$，n代表某物种的菌株数量，N代表该群落所有种类的菌株数量。影响辛普森多样性指数的因素之一是物种的丰富度，另一个因素是群落中的均匀度，丰富度越高、种分布越均匀，辛普森多样性指数就越高（Simpson et al., 1949）。

2.1.6.5 均匀度指数（Evenness index，J）

用来评估不同种类的内生真菌在宿主中分布的均匀程度。均匀度指数评价植物内生真菌在不同组织部位分布，均匀度指数越高（趋近于1）说明内生真菌在各个组织部位分布均匀；反之均匀度指数越低（趋近于0）说明内生真菌在各个组织部位分布不均匀。计算公式为$J=H'/H'_{max}=H'/\text{Ln}S$，其中$H'$为香农指数，$S$为物种数（Pielou1 et al., 1966）。

2.1.6.6 相似性系数（Sorenson's similarity coefficients，CS）

相似性指数计算公式为$CS=2j/(a+b)$，式中，j为两个样本共有种数或属数，a是一个样本中内生真菌的种数或属数，b是另一个样本中内生真菌的种数或属数，相似性指数用于将两个样本中内生真菌种类组成的相似性水平相比较，相似指数越高，表明两个样本越相似，其指数区间为（0~1）（López-González et al., 2015）。

2.1.6.7 物种累积曲线（Species accumulation curves）

Chao-1和Chao-2指数：在内生真菌研究中，用于评估一些未被分离或者检测到的内生真菌数量，同时也在一定程度上反映出了样本中内生真菌的多样性。物种累计曲线，用来描述随着样本量的加大，进而物种增加的状况，它记录了连续抽样下新物种出现的速率，是理解调查样地物种组成和预测物种丰富度的有效工具，一般情况下，物种累积曲线初始表现为曲线急剧上升，这是由于随着初始抽样量的加大，群落中大量的物种被发现，而至某一抽样量时，物种累积速率变得缓慢，曲线不再急剧上升而是趋于平缓，根据这一特点，可对抽样量是否充分进行判断，曲线一直急剧上升表明抽样量不足，需要增加抽样量；反之，则表明抽样充分。数据分析用Estimates 9.10计算得出（孙志强等，2011；Colwell et al.，1994；Chao et al.，2005；Colwell et al.，2014）。

2.2　研究结果与分析

2.2.1　红海榄和红茄苳内生真菌的分离

本研究共从红海榄和红茄苳根、茎、叶、花、胚轴675个组织块中，分离获得225株内生真菌。其中90株来源于红茄苳的根（26）、茎（44）、叶（4）、花（16）；135株来源于红海榄的根（25）、茎（54）、叶（3）、花（5）、胚轴（48）（表2-2）。

表2-2　红海榄、红茄苳内生真菌分离

Tab. 2-2　Diversity indices of Endophytic fungal isolated from different tissues of *R. stylosa* and *R. mucronata*

	红海榄						红茄苳				
	根	茎	叶	胚轴	花	总体	根	茎	叶	花	总体
样品数目	75	75	75	75	75	375	75	75	75	75	300
侵染组织数	19	40	3	37	5	104	20	33	4	12	69
真菌总数	25	54	3	48	5	135	26	44	4	16	90
物种丰富度	9	16	3	11	5	25	9	14	1	9	21
属丰富度	5	7	3	7	3	12	6	7	1	8	13
定殖率（%）	25.33	53.33	4.00	49.33	6.67	27.73	26.67	44.00	5.33	16.00	23.00
菌株分离率（%）	33.33	72.00	4.00	64.00	6.67	36.00	34.67	58.67	5.33	21.33	30.00
种Shannon-Weaver	1.96	2.39	1.10	1.69	1.61	2.52	1.86	2.42	0.00	2.08	2.63
种Simpson	0.83	0.88	0.67	0.71	0.80	0.86	0.80	0.90	0.00	0.84	0.91
种均匀度指数	0.61	0.74	0.34	0.52	0.50	0.78	0.61	0.79	0.00	0.68	0.86
Camargo指数	0.11	0.06	0.33	0.09	0.20	0.04	0.11	0.07	1.00	0.11	0.05

(续表)

	红海榄					红茄苳				
	根	茎	叶	胚轴	花	总体	根	茎	叶	花	总体
Chao-1						33.04					24.56
Chao-2						36.29					24.36
ACE						36.12					25.59

2.2.2 红海榄和红茄苳内生真菌的鉴定

根据菌落在培养基上的形态特征，从红茄苳植株中分离到的90株内生真菌分别编号为HQD1-HQD90；从红海榄植株中分离到的135株内生真菌分别编号为HHL1-HHL135。首先使用GenBank数据库中的Blast程序对225个菌株的ITS序列进行初步的比对鉴定（表2-3、表2-4），然后再在GenBank中选取相应的参比序列进行系统发育树分析。

2.2.2.1 间座壳目（Diaporthales）起源的内生真菌系统发育树

根据Blast结果选取70个菌株的ITS序列（红茄苳26个、红海榄44个）与间座壳目（Diaporthales）的内生真菌同源性很高，因此，同时在GenBank数据库中选取了18条高相似度的ITS序列作为参比序列；以*Fusarium solani*（KJ174390）作为外群菌，构建系统发育树（图2-1）。

共有39个菌株与腐皮壳属（*Diaporthe*）的7条参比序列形成了一个稳定的分枝。其中HHL61等12个菌株与*Diaporthe persease*（KC343173）形成稳定的末端分枝；HHL7等4个菌株与*Diaporthe* sp.（EU330620）形成稳定的末端分枝；HQD33等9个菌株与*Diaporthe pascoei*（JX862532）形成稳定的末端分枝；HHL59菌株与*Diaporthe ceratozamiae*（JQ044420）形成稳定的末端分枝；HQD62等3个菌株与*Diaporthe eucalyptorum*（KR183772）形成稳定的末端分枝；HQD29等9个菌株与*Diaporthe* sp.（KJ490597）形成稳定的末端分枝；HHL17菌株与*Diaporthe phaseolorum*（AF001017）形成稳定的末端分枝。

共有3个菌株与3条参比序列形成了一个稳定的分枝。其中HHL55与*Cytospora rhizophorae*（DQ996040）形成稳定的末端分枝；HHL81和HQD22与*Valsa brevispora*（FJ487920，KJ780749）形成稳定的末端分枝。

2 红茄苳和红海榄内生真菌分离鉴定及多样性分析

表2-3 红海榄中可培养内生真菌

Tab. 2-3 Cultivable fungi associated with mangroves *R. stylosa*

编号	纲	目	属	相似菌株名	鉴别率(%)	登录号	bp	相对分离频率(%)					
								根	茎	叶	胚轴	花	总体
HHL31	I	Botryosphaeriales	Lasiodiplodia	Lasiodiplodia pseudotheobromae (GQ469969)	99	KX631698	517	—	5.19	—	—	—	5.19
HHL94				Lasiodiplodia theobromae (KM406107)	99	KX631699	531	—	0.74	—	0.74	—	1.48
HHL96			Phyllosticta	Guignardia mangiferae (JQ341114)	99	KX631700	634	—	—	0.74	—	—	0.74
HHL70			Botryosphaeria	Botryosphaeria dothidea (KC492490)	99	KX631701	540	1.48	—	—	0.74	—	2.22
HHL75			Neofusicoccum	Neofusicoccum parvum (LN832409)	99	KX631702	548	1.48	—	—	—	—	1.48
HHL129				Neofusicoccum mangiferae (KF479466)	99	KX631703	557	5.19	—	—	0.74	0.74	6.67
HHL104		Capnodiales	Cladosporium	Cladosporium cladosporioides (KT336505)	100	KX631704	508	—	—	0.74	0.74	—	1.48
HHL55	II	Diaporthales	Cytospora	Cytospora rhizophorae (DQ996040)	99	KX631705	577	—	1.48	—	—	—	1.48
HHL59			Diaporthe	Diaporthe ceratozamiae (JQ044420)	99	KX631706	533	—	0.74	—	—	—	0.74
HHL53				Diaporthe eucalyptorum (KR183772)	97	KX631707	545	—	2.96	—	—	—	2.96
HHL61				Diaporthe perseae (KC343173)	99	KX631708	553	—	2.96	—	4.44	—	7.41
HHL7				Diaporthe sp. (EU330620)	99	KX631709	544	—	1.48	—	2.96	0.74	5.19

（续表）

编号	纲	目	属	相似菌株名	鉴别率（%）	登录号	bp	根	茎	叶	胚轴	花	总体
HHL22			Phomopsis	Phomopsis asparagi（KF498860）	99	KX631710	533	—	—	—	0.74	0.74	1.48
HHL52				Phomopsis glabrae（AY601918）	96	KX631711	551	—	0.74	—	—	—	0.74
HHL50				Phomopsis longicolla（EU236702）	99	KX631712	535	1.48	5.93	—	—	0.74	8.15
HHL20				Phomopsis sp.（EF488377）	99	KX631713	554	0.74	—	—	—	—	0.74
HHL81			Valsa	Valsa brevispora（FJ487920）	97	KX631714	574	—	0.74	—	—	—	0.74
HHL48		Hypocreales	Fusarium	Fusarium solani（KJ174390）	99	KX631715	540	0.74	—	—	—	—	0.74
HHL56		Xylariales	Pestalotiopsis	Pestalotiopsis theae（JX436804）	99	KX631716	531	—	0.74	—	—	—	0.74
HHL46				Neopestalotiopsis protearum（KR183783）	99	KX631717	514	3.7	8.89	0.74	17.78	—	31.11
HHL82				Pestalotiopsis microspora（AF377296）	99	KX631718	574	—	0.74	—	—	—	0.74
HHL51				Pestalotiopsis palmarum（AF409990）	100	KX631719	509	0.74	—	—	—	—	0.74
HHL79				Pestalotiopsis photiniae（GU395992）	100	KX631720	524	—	1.48	—	1.48	—	2.96
HHL10				Pestalotiopsis sp.（EF451799）	100	KX631721	524	2.96	4.44	—	4.44	—	11.85
HHL38			Seiridium	Seiridium ceratosporum（AY687314）	98	KX631722	561	—	0.74	—	—	—	0.74
合计								18.52	40	2.22	35.56	3.7	100

注：Ⅰ 是座囊菌纲（Dothideomycetes），Ⅱ 是粪壳菌纲（Sordariomycetes）。

2 红茄苳和红海榄内生真菌分离鉴定及多样性分析

表2-4 红茄苳中可培养内生真菌

Tab. 2-4 Cultivable fungi associated with mangroves *R. mucronata*

编号	纲	目	属	相似菌株名	鉴别率(%)	登录号	bp	根	茎	叶	花	总体
HQD83	I	Botryosphaeriales	Botryosphaeria	*Botryosphaeria fusispora* (JX646789)	100	KX631723	575	—	3.49	—	1.16	4.65
HQD72			Lasiodiplodia	*Lasiodiplodia theobromae* (KR183781)	99	KX631724	485	10.47	5.81	—	1.16	17.44
HQD23			Neofusicoccum	*Neofusicoccum mangiferae* (KF479465)	100	KX631725	536	—	5.81	4.65	4.65	15.11
HQD41				*Neofusicoccum parvum* (FJ904817)	99	KX631726	539	—	4.65	—	1.16	5.81
HQD47			Pseudofusicoccum	*Pseudofusicoccum stromaticum* (FJ441621)	99	KX631727	546	1.16	—	—	—	1.16
HQD55		Pleosporales	Paracamarosporium	*Paraconiothyrium hawaiiense* (KF498872)	99	KX631728	538	—	1.16	—	—	1.16
HQD24	II	Eurotiales	Aspergillus	*Aspergillus fumigatus* (KP724998)	100	KX618209	547	—	—	—	1.16	1.16
HQD48	III	Hypocreales	Fusarium	*Fusarium verticillioides* (KJ957786)	100	KX631729	515	—	—	—	1.16	1.16
HQD62		Diaporthales	Diaporthe	*Diaporthe eucalyptorum* (KR183772)	97	KX631730	546	1.16	1.16	—	—	2.33
HQD33				*Diaporthe pascoei* (JX862532)	99	KX631731	546	4.65	5.81	—	—	10.47

（续表）

编号	纲	目	属	相似菌株名	鉴别率（%）	登录号	bp	根	茎	叶	花	总体
HQD17				Diaporthe phaseolorum（AF001017）	99	KX631732	544	1.16	—	—	—	1.16
HQD29				Diaporthe sp.（KJ490597）	99	KX631733	540	4.65	2.33	—	—	6.98
HQD57			Phomopsis	Phomopsis glabrae（AY601918）	99	KX631734	529	1.16	1.16	—	—	2.33
HQD8				Phomopsis longicolla（EU236702）	100	KX631735	534	—	1.16	—	—	1.16
HQD22			Valsa	Valsa brevispora（FJ487920）	100	KX631736	570	—	—	—	1.16	1.16
HQD25		Glomerellales	Colletotrichum	Colletotrichum gloeosporioides（KP145437）	99	KX631737	536	4.65	—	—	—	4.65
HQD28		Xylariales	Eutypella	Eutypella scoparia（JF894102）	99	KX631738	568	1.16	—	—	—	1.16
HQD5				Neopestalotiopsis protearum（KR183783）	99	KX631739	512	—	8.14	—	—	8.14
HQD20			Pestalotiopsis	Pestalotiopsis microspora（AF377296）	99	KX631740	567	—	1.16	—	1.16	2.33
HQD1				Pestalotiopsis protearum（JX556231）	100	KX631741	514	—	2.33	—	—	2.33
HQD6				Pestalotiopsis sp.（FJ487914）	100	KX631742	559	—	6.98	—	1.16	8.14

注：Ⅰ是座囊菌纲（Dothideomycetes），Ⅱ是Eurotiomycetes，Ⅲ是粪壳菌纲（Sordariomycetes）。

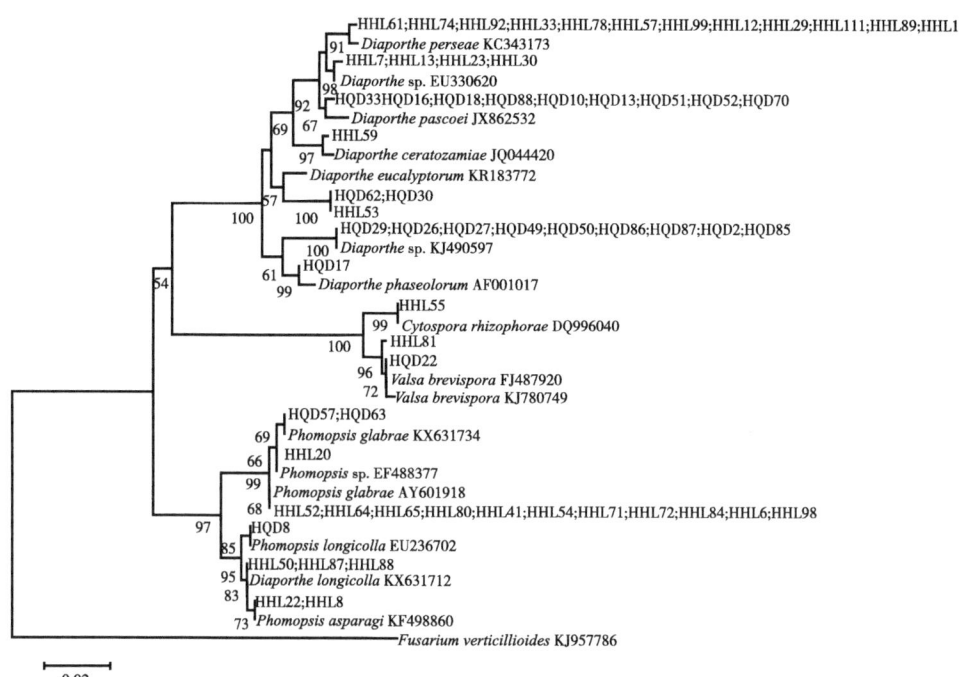

图2-1 间座壳目（Diaporthales）起源菌株系统发育树，以*Fusarium verticillioides*（KJ957786）作为外群菌

Fig. 2-1 Phylogenetic tree of strains from Diaporthales, the tree rooted with *Fusarium verticillioides*（KJ957786）

共有20个菌株与拟茎点霉属（*Phomopsis*）和腐皮壳属（*Diaporthe*）的6条参比序列形成了一个稳定的分枝。其中HQD57、HQD63和HHL52等11个菌株与*Phomopsis glabrae*（KX631734，AY601918）形成稳定的末端分枝；HHL20菌株与*Phomopsis* sp.（EF488377）形成稳定的末端分枝；HQD8和HHL50等3个菌株与*Phomopsis longicolla*（EU236702，KX631712）形成稳定的末端分枝；HHL22菌株和HHL8菌株与*Phomopsis asparagi*（KF498860）形成稳定的末端分枝。

因此，将HHL61等12个菌株鉴定为*Diaporthe perseae*；HHL7等4个菌株鉴定为*Diaporthe* sp.；HQD33等9个菌株鉴定为*Diaporthe pascoei*；HHL59鉴定为*Diaporthe ceratozamiae*；HQD62、HQD30和HHL53鉴定为*Diaporthe eucalyptorum*；HQD29等9个菌株鉴定为*Diaporthe* sp.；HQD17鉴定为*Diaporthe phaseolorum*；HHL55鉴定为*Cytospora rhizophorae*；HHL81和HQD22鉴定为*Valsa brevispora*；HQD57、HQD63和HHL52等11个菌株鉴定为*Phomopsis glabrae*；形态型HQD8、HHL50、HHL87和

HHL88鉴定为*Phomopsis longicolla*；HHL22和HHL8鉴定为*Phomopsis asparagi*。

2.2.2.2 肉座菌目（Hypocreales）起源的内生真菌系统发育树

根据Blast结果选取与肉座菌目（Hypocreales）同源性较高的HHL48菌株和HQD48菌株作为靶序列，因此，在GenBank数据库中选取了38条相似性高的ITS序列作为参比序列；以*Peziza vesiculosa*（DQ491509）作为外群菌，构建系统发育树（图2-2）。

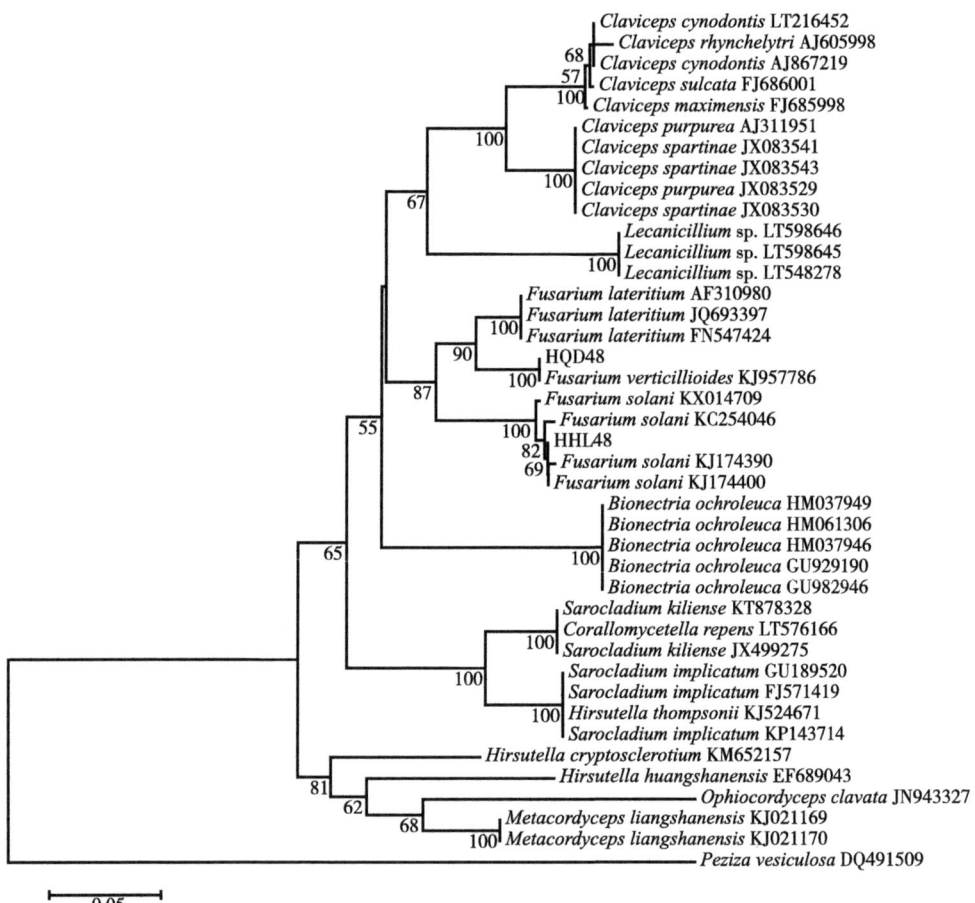

图2-2 肉座菌目（Hypocreales）系统发育树，以*Peziza vesiculosa*（DQ491509）作为外群菌

Fig. 2-2 Phylogenetic tree of strains from Hypocreales, the tree rooted with *Peziza vesiculosa* (DQ491509)

HHL48菌株和HQD48菌株与镰刀菌属（*Fusarium*）的8条参比序列形成了一

个稳定的分枝。其中HQD48菌株与*Fusarium verticillioides*（KJ957786）形成稳定的末端分枝；HHL48菌株与*Fusarium solani*（KJ174390，KJ174400）形成稳定的末端分枝。

因此，将HQD48菌株鉴定为*Fusarium verticillioides*，将HHL48菌株鉴定为*Fusarium solani*。

2.2.2.3 Glomerellales起源的内生真菌系统发育树

根据Blast结果选取与Glomerellales同源性较高的HQD25、HQD37、HQD75和HQD76菌株作为靶序列。因此，在GenBank数据库中选取了28条相似度高ITS序列作为参比序列，以*Valsa brevispora*（FJ487920）作为外群菌，构建系统发育树（图2-3）。

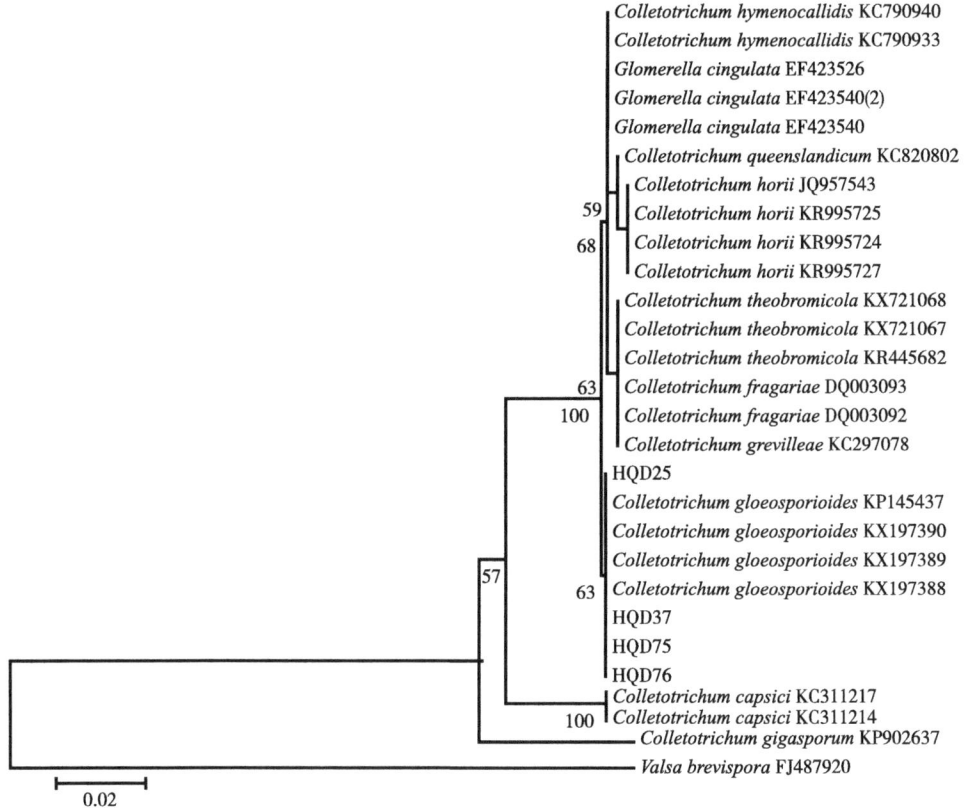

图2-3　Glomerellales系统发育树，*Valsa brevispora*（FJ487920）作为外群菌

Fig. 2-3　Phylogenetic tree of strains from Glomerellales, the tree rooted with *Valsa brevispora*（FJ487920）

HQD25、HQD37、HQD75和HQD76菌株直接与4条参比序列*Colletotrichum gloeosporioides*（KP145437，KX197390，KX197389，KX197388）形成了一个稳定的末端分枝。

因此，将HQD25、HQD37、HQD75和HQD76菌株鉴定为*Colletotrichum gloeosporioides*。

2.2.2.4　炭角菌目（Xylariales）起源的内生真菌系统发育树

根据Blast结果选取85个菌株的ITS序列（红茄苳19个、红海榄66个）与炭角菌目（Xylariales）同源性很高，从中选取了11条ITS序列作为靶序列；同时在GenBank数据库中选取了27条高相似度的ITS序列作为参比序列，以*Phyllosticta capitalensis*（JQ743587）作为外群菌，构建系统发育树（图2-4）。

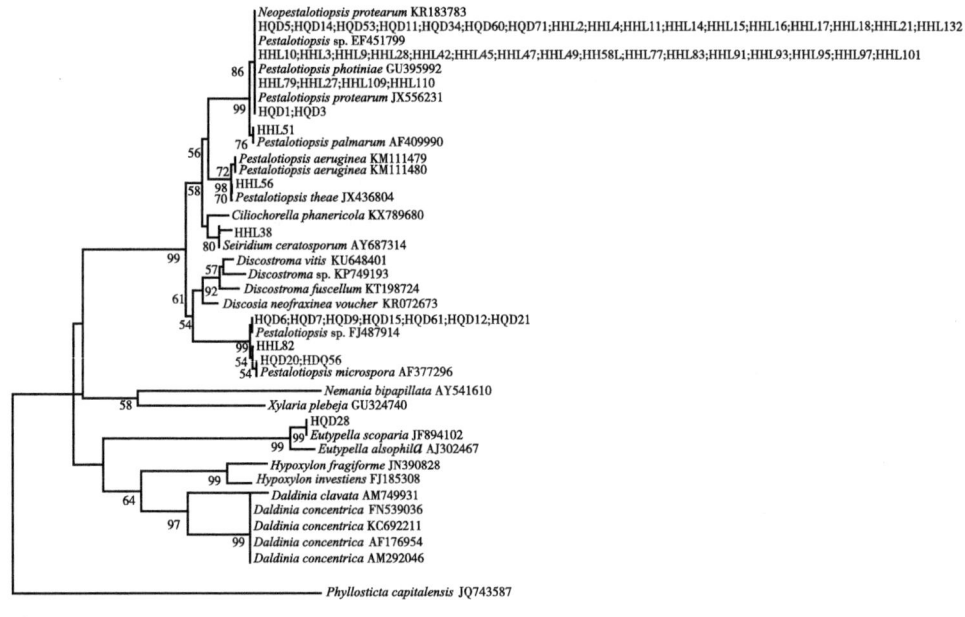

图2-4　炭角菌目（Xylariales）的系统发育树，以*Phyllosticta capitalensis*（JQ743587）为外群菌

Fig. 2-4　Phylogenetic tree of strains from Glomerellales, the tree rooted with *Phyllosticta capitalensis*（JQ743587）

共有84个菌株（10条ITS序列）与18条参比序列形成了一个稳定的分枝。

其中HDQ5等49个菌株与*Neopestalotiopsis protearum*（KR183783）形成稳定的末端分枝；HHL10等16个菌株与*Pestalotiopsis* sp.（EF451799）形成稳定的末端分枝；HHL79等4个菌株与*Pestalotiopsis photiniae*（GU395992）形成稳定的末端分枝；HQD1和HQD3菌株与*Pestalotiopsis protearum*（JX556231）形成稳定的末端分枝；HHL51菌株与*Pestalotiopsis palmarum*（AF409990）形成稳定的末端分枝；HHL56菌株与*Pestalotiopsis theae*（JX436804）形成稳定的末端分枝；HHL38菌株与*Seiridium ceratosporum*（AY687314）形成稳定的末端分枝；HQD6等7个菌株与*Pestalotiopsis* sp.（FJ487914）形成稳定的末端分枝；HHL82、HQD20和HQD56菌株与*Pestalotiopsis microspora*（AF377296）形成稳定的末端分枝。

HQD28菌株与9条参比序列形成了一个稳定的分枝。其中HQD28菌株与*Eutypella scoparia*（JF894102）形成稳定的末端分枝。

因此，将HDQ5等49个菌株鉴定为*Neopestalotiopsis protearum*；HHL10等16个菌株鉴定为*Pestalotiopsis* sp.；HHL79等4个菌株鉴定为*Pestalotiopsis photiniae*；HQD1和HQD3菌株鉴定为*Pestalotiopsis protearum*；HHL51菌株鉴定为*Pestalotiopsis palmarum*；HHL56菌株鉴定为*Pestalotiopsis theae*；HHL38菌株鉴定为*Seiridium ceratosporum*；HQD6等7个菌株鉴定为*Pestalotiopsis* sp.；HHL82、HQD20和HQD56菌株鉴定为*Pestalotiopsis microspora*；HHL82、HQD20和HQD56菌株鉴定为*Pestalotiopsis microspora*；HQD28菌株鉴定为*Eutypella scoparia*。

2.2.2.5 散囊菌目（Eurotiales）起源的内生真菌系统发育树

根据Blast结果选取与散囊菌目（Eurotiales）同源性较高的HQD24菌株作为靶序列；同时在GenBank数据库中选取了30条相似度高ITS序列作为参比序列，以*Phyllosticta capitalensis*（JQ743587）作为外群菌，构建系统发育树（图2-5）。

HQD24菌株直接与23条参比序列形成了一个稳定分枝，其中HQD24菌株与*Aspergillus fumigatus*（KT972124，KF494830，KP724998）形成了一个稳定的末端分枝。

因此，将HQD24菌株鉴定为*Aspergillus fumigatus*。

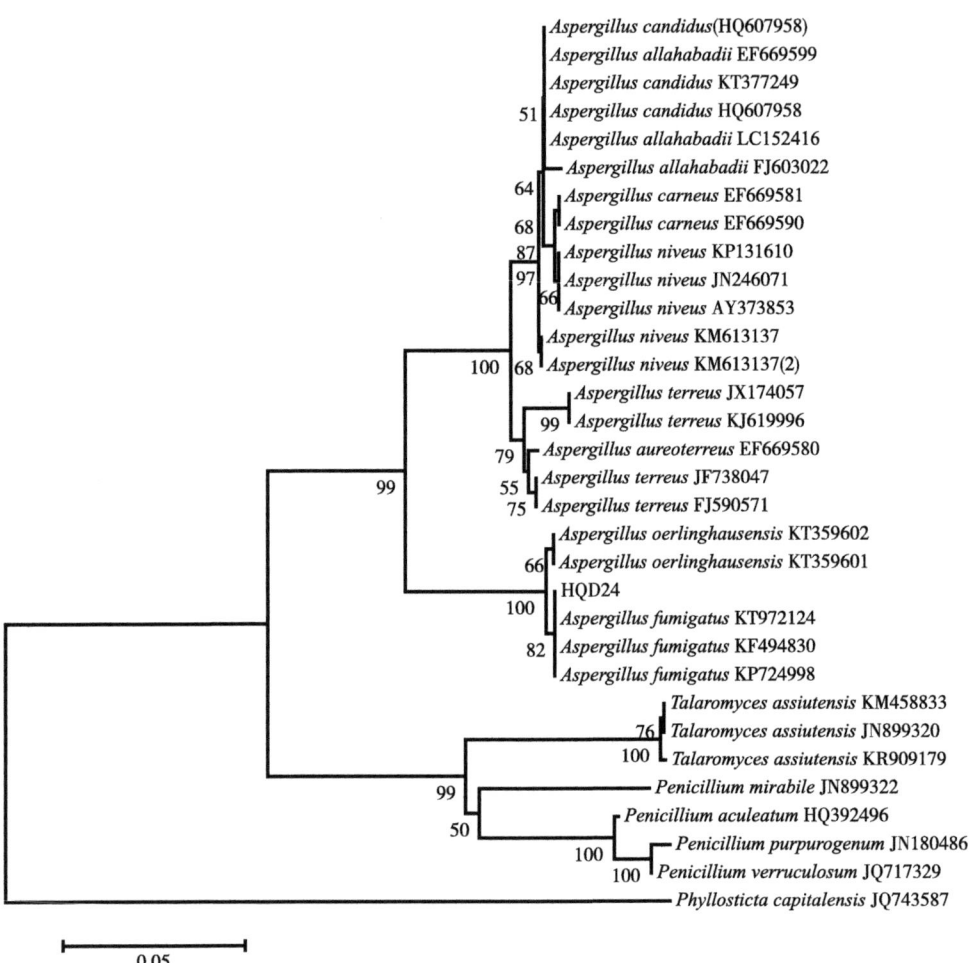

图2-5 散囊菌目（Eurotiales）的系统发育树，以 *Phyllosicta capitalensis*（JQ743587）作为外群菌

Fig. 2-5 Phylogenetic tree of strains from Eurotiales, the tree rooted with *Phyllosicta capitalensis* (JQ743587)

2.2.2.6 煤炱菌目（Capnodiales）起源的内生真菌系统发育树

根据Blast结果选取与煤炱菌目（Capnodiales）同源性较高的HHL19菌株和HHL104菌株作为靶序列；同时在GenBank数据库中选取了31条相似度高的ITS序列作为参比序列，以 *Phyllosicta capitalensis*（JQ743587）作为外群菌，构建系统发育树（图2-6）。

HHL19菌株和HHL104菌株与枝孢属（*Cladosporium*）的5条参比序列形成了一个稳定分枝，其中HHL19菌株和HHL104菌株与*Cladosporium cladosporioides*（KT336505，KX631704）形成了一个稳定的末端分枝。

因此，将HHL19菌株和HHL104菌株鉴定为*Cladosporium cladosporioides*。

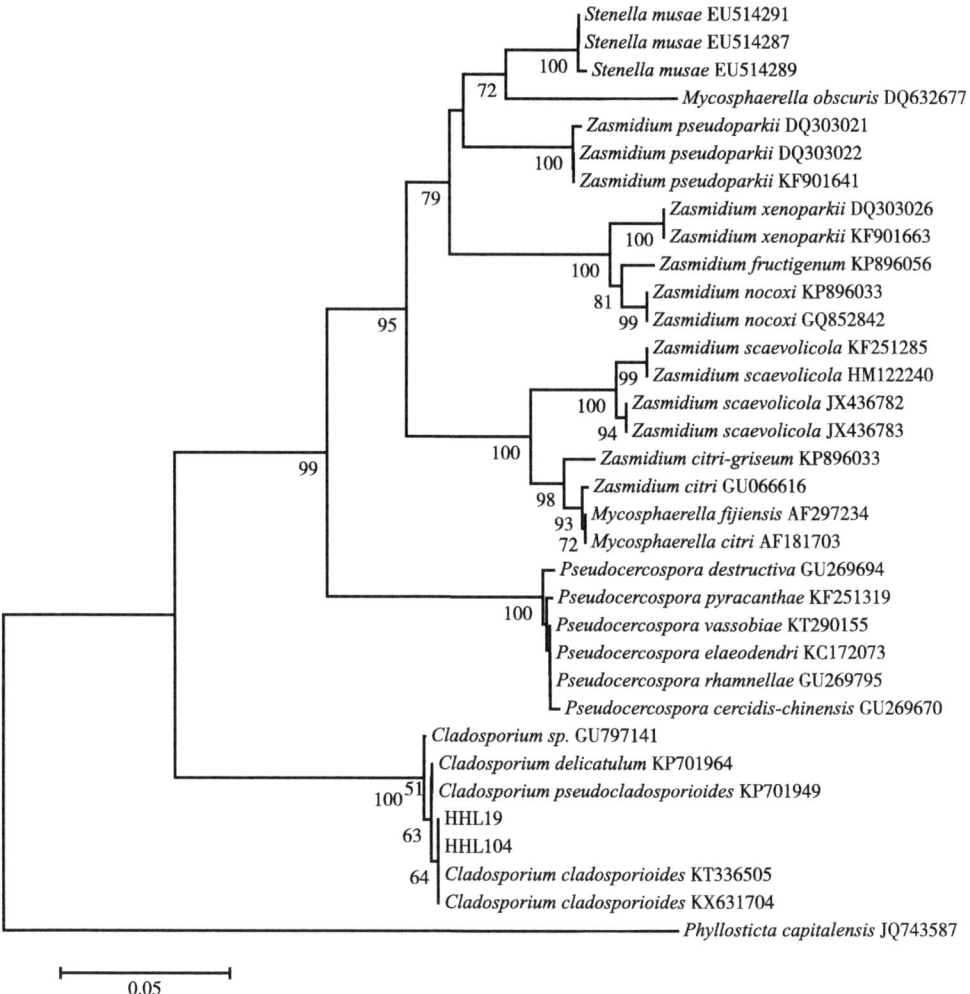

图2-6 煤炱菌目（Capnodiales）系统发育树，以*Phyllosicta capitalensis*（JQ743587）作为外群菌

Fig. 2-6 Phylogenetic tree of strains from Capnodiales, the tree rooted with *Phyllosicta capitalensis*（JQ743587）

2.2.2.7 格孢腔菌目（Pleosporales）起源的内生真菌系统发育树

根据Blast结果选取与格孢腔菌目（Pleosporales）同源性较高的HQD55菌株作为靶序列；同时在GenBank数据库中选取了46条相似度高的ITS序列作为参比序列，以 *Phyllosticta capitalensis*（JQ743587）作为外群菌，构建系统发育树（图2-7）。

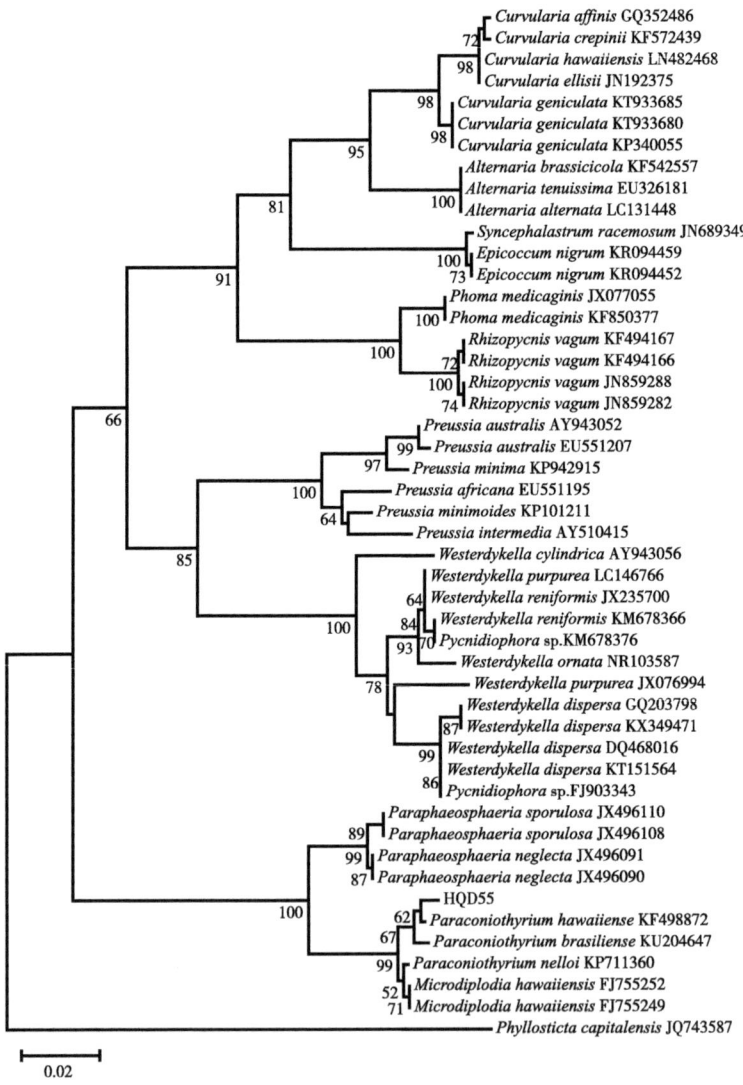

图2-7 格孢腔菌目（Pleosporales）系统发育树的自展支持率，以*Phyllosicta capitalensis*（JQ743587）作为外源菌

Fig. 2-7 Phylogenetic tree of strains from Pleosporales, the tree rooted with *Phyllosicta capitalensis*（JQ743587）

HQD55菌株直接与9条参比序列形成了一个稳定分枝，其中HQD55菌株与*Paraconiothyrium hawaiiense*（KF498872）形成了一个稳定的末端分枝。

因此，将HQD55菌株鉴定为*Paraconiothyrium hawaiiense*。

2.2.2.8 葡萄座腔菌目（Botryosphaeriales）起源的内生真菌系统发育树

根据Blast结果选取62个菌株的ITS序列（红茄苳37个、红海榄25个）与葡萄座腔菌目（Botryosphaeriales）同源性很高，从中选取了11条ITS序列作为靶序列；同时在GenBank数据库中选取了21条高相似度的ITS序列作为参比序列，以*Corynespora cassiicola*（HQ641076）作为外群菌，构建系统发育树（图2-8）。

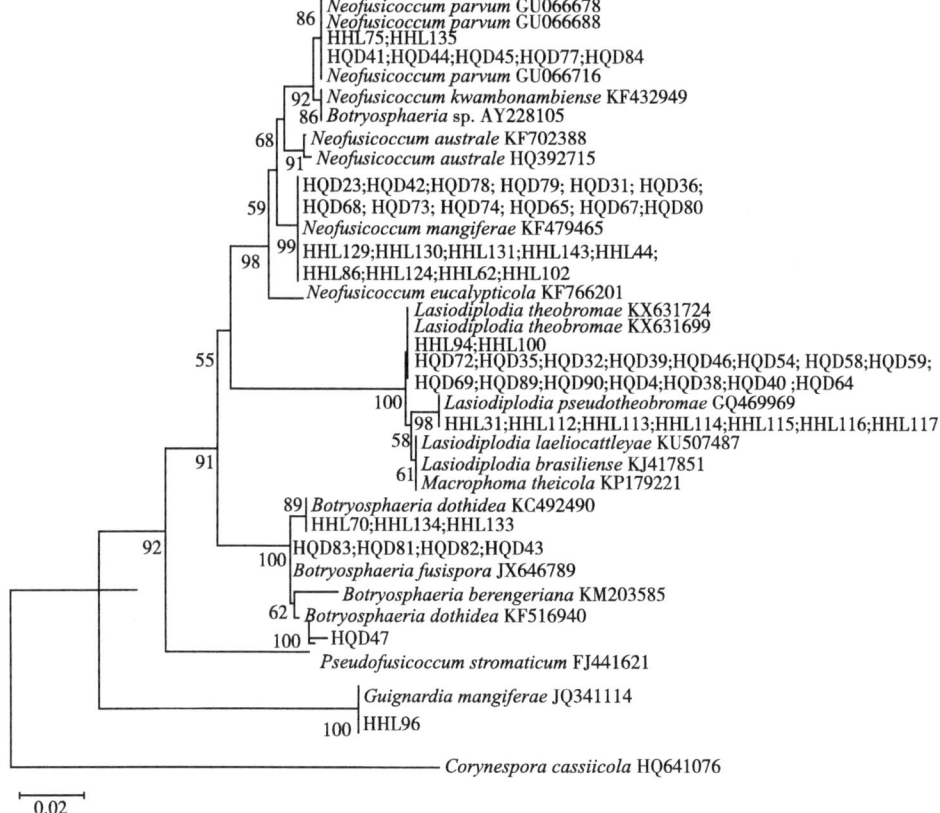

图2-8 葡萄座腔菌目（Botryosphaeriales）系统发育树，以*Cortynespora cassiicota*（HQ641076）作为外群菌

Fig. 2-8 Phylogenetic tree of strains from Botryosphaeriales, the tree rooted with *Cortynespora cassiicota*（HQ641076）

共有28个菌株与壳梭胞属（*Nefusicoccum*）的9条参比序列形成了一个稳定的分枝。其中HHL75、HHL135和HQD41等5个菌株与*Nefusicoccum parvm*（GU066688，GU66716，GU066678）形成稳定的末端分枝；HQD23等12个菌株和HHL等9个菌株与*Nefusicoccum mangiferae*（KF497465）形成稳定的末端分枝。

共有25个菌株与6条参比序列形成了一个稳定的分枝。其中HHL94、HHL100和HQD72等15个菌株与*Lasiodiplodia theobromae*（KX631724，KX631699）形成稳定的末端分枝；HHL31等8个菌株与*Lasiodiplodia pseudotheobromae*（GQ469969）形成稳定的末端分枝。

共有7个菌株与4条葡萄座腔菌属（*Botryosphaeria*）的参比序列形成了一个稳定的分枝。其中HHL70、HHL133和HHL134菌株与*Botryosphaeria dothidea*（KC492490）形成稳定的末端分枝；HQD83等4个菌株与*Botryosphaeria fusispora*（JX646789）形成稳定的末端分枝。

HQD47菌株直接与*Pseudofusicoccum stromaticum*（FJ441621）形成稳定的分枝。

HHL96菌株直接与*Guignardia mangiferae*（JQ341344）形成稳定的分枝。

因此，将HHL75等7个菌株鉴定为*Nefusicoccum parvm*；HQD23等21个菌株鉴定为*Nefusicoccum mangiferae*；HHL94等17个菌株鉴定为*Lasiodiplodia theobromae*；HHL31等8个菌株鉴定为*Lasiodiplodia pseudotheobromae*；HHL70、HHL133和HHL134菌株鉴定为*Botryosphaeria dothidea*；HQD83等4个菌株鉴定为*Botryosphaeria fusispora*；HQD47菌株鉴定为*Pseudofusicoccum stromaticum*；HHL96菌株鉴定为*Guignardia mangiferae*。

2.2.2.9　GenBank数据库的序列认证

红海榄植株中共鉴定出25种内生真菌，其ITS在GenBank数据库申请到唯一序列号25个：KX631698～KX631722（表2-3）。

红茄苳植株中共鉴定出21种内生真菌，其ITS在GenBank数据库申请到唯一序列号21个：KX618209；KX631723～KX631742（表2-4）。

2.2.3 红海榄和红茄苳内生真菌多样性分析

以红海榄（根、茎、叶、花、胚轴）和红茄苳（根、茎、叶、花）为研究对象，从675个组织块中分离到了225株内生真菌。其中135株来自红海榄（根25株、茎54株、叶3株、花5株、胚轴48株）；90株分离于红茄苳（根26株、茎44株、叶4株、花16株）。采用各种多样性指标比较分析红海榄和红茄苳内生真菌的多样性。

2.2.3.1 红海榄和红茄苳内生真菌的定殖率和分离率

红海榄和红茄苳内生真菌的定殖率和分离率在不同植物和不同部位上表现出了显著的差异性（$P>0.5$）（图2-9）。在树种水平上红海榄的定殖率（27.73%）分离率（36%）均高于红茄苳的定殖率（23%）和分离率（30%）（表2-4）。在组织水平上，红海榄茎中内生真菌定殖率和分离率高于红茄苳，但红茄苳根、茎、叶中的内生真菌定殖率和分离率均高于红海榄。

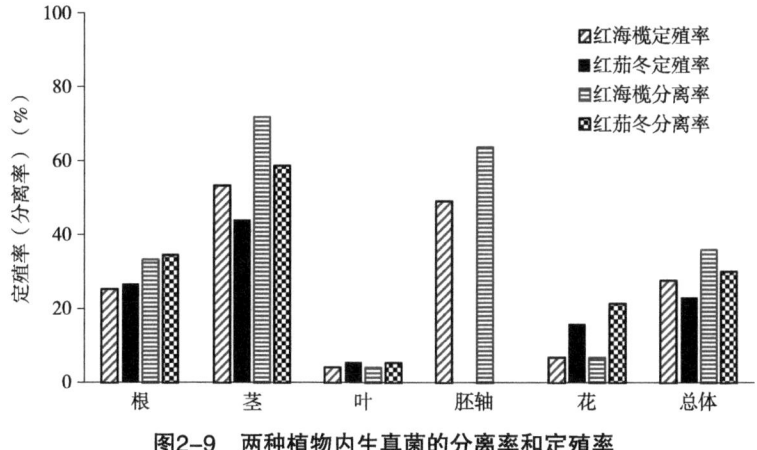

图2-9 两种植物内生真菌的分离率和定殖率

Fig. 2-9 Isolationrate and colonizationrate of Endophytic fungal from both plants

2.2.3.2 红海榄内生真菌的多样性

本研究共处理红海榄375个组织块，得到135株内生真菌，鉴定到了12属25种，其Camargo's指数 $= 1/S = 1/25 = 0.04$。内生真菌相对分离频率如表2-3所示，其中相对分离频率最高的7个菌株为优势菌落：*Neopestalotiopsis protearum*（31.11%），*Pestalotiopsis* sp.（11.85%），*Phomopsis longicolla*（8.15%），

Diaporthe perseae（7.41%）、*Neofusicoccum mangiferae*（6.67%）、*Diaporthe* sp.（5.19%）、*Lasiodiplodia pseudotheobromae*（5.19%），其主要隶属于炭角菌目（Xylariales）和间座壳目（Diaporthales）。间座壳目（Diaporthales）的内生真菌主要分离自红海榄的茎部，包括4个属，分别是壳囊孢属（*Cytospora*）、间座壳属（*Diaporthe*）、拟盘多毛孢属（*Phomopsis*）和黑腐皮壳属（*Valsa*）。在红海榄5个组织部位中，葡萄座腔菌目（Botryosphaeriales）分布最广泛，包括4个属，葡萄座腔菌属（*Botryosphaeria*）、毛色二胞属（*Lasiodiplodia*）、壳梭胞属（*Neofusicoccum*）和青霉属（*Phyllosticta*）。煤炱菌目（Capnodiales）和肉座菌目（Hypocreales）的内生真菌最少，煤炱菌目（Capnodiales）只有一个枝孢菌属（*Cladosporium*），分离于红海榄的叶部，肉座菌目（Hypocreales）只有一个镰刀菌属（*Fusarium*），分离自红海榄的根部。相对分离频率是指样本中分离到的某一种内生真菌的菌株数占分离总菌株数的百分数，用来衡量植物组织中某种内生真菌的优势度，在红海榄不同组织中相对分离频率最高的是茎（40%），其次是胚轴（35.56%）和根（18.52%），最少的是叶（2.22%）和花（3.7%）（表2-3）。

定殖率指出现内生真菌的组织块数占总分离组织块数的百分数，可以反映不同植物或者同一植物不同组织受到内生真菌侵染的程度。红海榄不同组织中定殖率最高的是茎（53.33%），其次是胚轴（49.33%）和根（25.33%），定殖率最低的是叶（4%）和花（6.67%）。根据Camargo's指数统计，发现红海榄不同组织中的优势菌并不相同，但*Neopestalotiopsis protearum*和*Pestalotiopsis* spp.在根、茎和胚轴的都是优势菌。有的优势菌株表现出了组织部位的专一性，如*Phomopsis longicolla*、*Lasiodiplodia pseudotheobromae*和*Diaporthe eucalyptorum*只在茎中表现出优势菌，在其他组织中并不是优势菌（表2-4、表2-5，图2-10）。

香农指数（H'）是在群落生态研究中应用最广泛的多样性指数，香农指数的范围是$0 \sim H'_{max}$，指数越大表示多样性越高。红海榄植株及其不同组织部位的内生真菌香农指数从高到低依次为植株（2.52）>茎（2.39）>根（1.96）>胚轴（1.69）>花（1.61）>叶（1.10），在红海榄不同组织部位中，茎的内生真菌群落分布最为均匀，其香农多样性指数高于其他部位；辛普森多样性指数（D）是一种简便的测定群落中物种多样性的指数，红海榄中辛普森指数由高到低依次为茎（0.88）>植株（0.86）>根（0.83）>花（0.80）>胚轴（0.71）>叶（0.67）；均匀度指数用来评估不同种类的内生真菌在宿主中分布的均匀程度，从高到低依次为植株（0.78）>茎（0.74）>根（0.61）>胚轴（0.52）>花（0.50）>叶（0.34）。

表2-5 红海榄和红茄苳内生真菌的优势种

Tab. 2-5 The dominant species Endophytic fungal of *R. stylosa* and *R. mucronata*

	部位	样品数目	真菌总数	物种丰富度	优势种	相对分离频率
红海榄	根	75	25	9	*Neofusicoccum mangiferae*	28.00
					Neopestalotiopsis protearum	2.00
					Pestalotiopsis sp.	16.00
					Botryosphaeria dothidea	8.00
	茎	75	54	16	*Neopestalotiopsis protearum*	22.22
					Phomopsis longicolla	14.81
					Lasiodiplodia pseudotheobromae	12.96
					Pestalotiopsis sp.	11.11
					Diaporthe eucalyptorum	7.41
					Diaporthe perseae	7.41
	叶	75	3	3	*Cladosporium cladosporioides*	33.33
					Guignardia mangiferae	33.33
					Neopestalotiopsis protearum	33.33
	胚轴	75	48	11	*Neopestalotiopsis protearum*	5.00
					Diaporthe perseae	12.50
					Pestalotiopsis sp.	12.50
红茄苳	花	75	5	5	*Diaporthe* sp.	2.00
					Neofusicoccum mangiferae	2.00
					Phomopsis asparagi	2.00
					Phomopsis longicolla	2.00
					Phomopsis sp.	2.00
	根	75	26	9	*Lasiodiplodia theobromae*	34.62
					Colletotrichum gloeosporioides	15.38
					Diaporthe pascoei	15.38
					Diaporthe sp.	15.38
	茎	75	44	14	*Neopestalotiopsis protearum*	15.91
					Pestalotiopsis sp.	13.64
					Diaporthe pascoei	11.36
					Lasiodiplodia theobromae	11.36
					Neofusicoccum mangiferae	11.36
					Neofusicoccum parvum	9.09
	叶	75	4	1	*Neofusicoccum mangiferae*	100.00
	花	75	16	9	*Diaporthe* sp.	25.00
					Neofusicoccum mangiferae	25.00

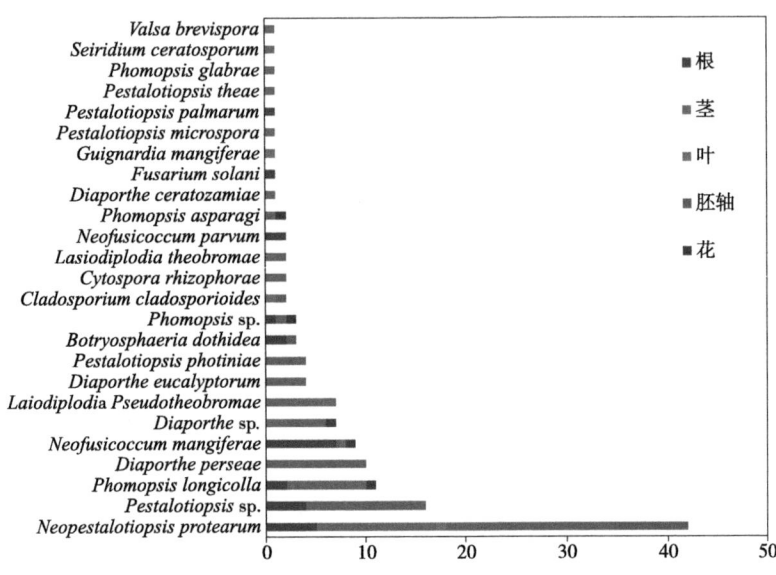

图2-10 红海榄内生真菌在植物组织中的分布

Fig. 2-10 The distribution of Endophytic fungal in the R. stylosa

对红海榄植物中内生真菌群落的物种累积曲线进行分析，ACE、Chao1和Chao2指数预测红海榄内生真菌数量的结果显示（表2-4，图2-11），红海榄样品采样量较为充分，但随着采样量的增加，其内生真菌物种数仍会有提升的趋势；ACE、Chao-1和Chao-2指数分别为36.12、33.04和36.29，表明已分离出的内生真菌占预测总数的69.44%~75.76%。

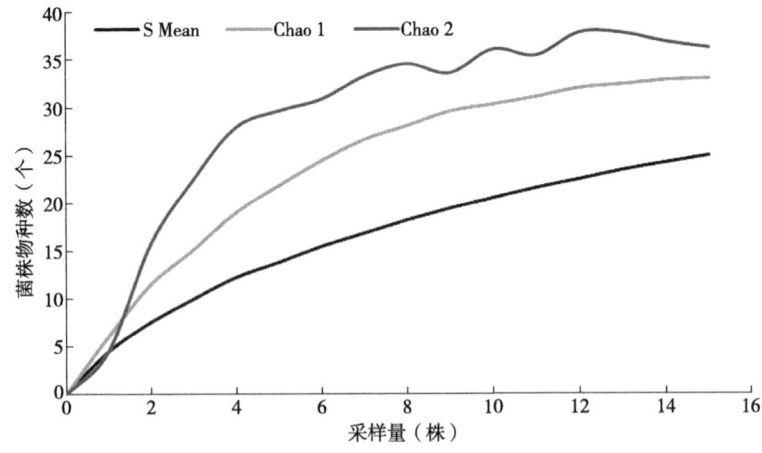

图2-11 红海榄内生真菌群落物种累积曲线

Fig. 2-11 The species accumulation curve of Endophytic fungal of *R. stylosa*

红海榄不同组织间，根与胚轴的相似系数（0.5）=胚轴与花（0.5）>茎与胚轴（0.44）>根与花（0.29）=叶与胚轴（0.29）>茎与花（0.19）>根与叶（0.17）>茎与叶（0.11）>叶与花（0）。其相似性系数变化范围为0~0.5，红海榄的叶与花无相似性表现（叶&花=0），根与胚轴、胚轴与花的相似性则最高（根&胚轴=胚轴&花=0.5）（表2-6）。

表2-6 红海榄内生真菌群落相似性系数

Tab. 2-6 The Endophytic fungal community similarity coefficient of *R. stylosa*

	根	茎	叶	胚轴	花
根	—				
茎	0.40	—			
叶	0.17	0.11	—		
胚轴	0.50	0.44	0.29	—	
花	0.29	0.19	0.00	0.50	—

2.2.3.3 红茄苳内生真菌的多样性分析

本研究共处理红茄苳300个组织块，得到90株内生真菌，通过分子生物学鉴定为21种，都属于子囊菌门的7个目，葡萄座腔菌目（Botryosphaeriales）、间座壳目（Diaporthales）、散囊菌目（Eurotiales）、Glomerellales、肉座菌目（Hypocreales）、格孢腔菌目（Pleosporales）和炭角菌目（Xylariales），13个属分别是烟曲霉属（*Aspergillus*）、葡萄座腔菌属（*Botryosphaeria*）、炭疽菌属（*Colletotrichum*）、间座壳属（*Diaporthe*）、*Eutypella*属、镰刀菌属（*Fusarium*）、毛色二胞属（*Lasiodiplodia*）、壳梭胞属（*Neofusicoccum*）、*Paracamarosporium*属、拟盘多毛孢属（*Pestalotiopsis*）、拟茎点霉属（*Phomopsis*）、*Pseudofusicoccum*属和黑腐皮壳属（*Valsa*）。间座壳属和拟盘多毛孢属为优势菌种，其相对分离率为20.94%，其次是梭胞属为20.93%，包含了2个种。虽然毛色二胞属（*Lasiodiplodia*）的相对分离率为17.44%，但是该属中只包含了一个种。在这21种内生真菌中*Lasiodiplodia theobromae*、*Neofusicoccum mangiferae*、*Diaporthe pascoei*、*Neopestalotiopsis protearum*、*Pestalotiopsis* sp.、*Diaporthe* sp.、*Neofusicoccum parvum*相对分离频率最高分别是17.44%、15.12%、10.47%、8.14%、8.14%、6.98%和5.81%（表2-3，图2-12）。分析红茄苳各组织部位内生真菌的定殖率，茎的定殖率（44.00%）>根（26.67%）>花（16.00%）>叶（5.33%），茎的定殖率最高，这与红海榄的相同（表2-4）。

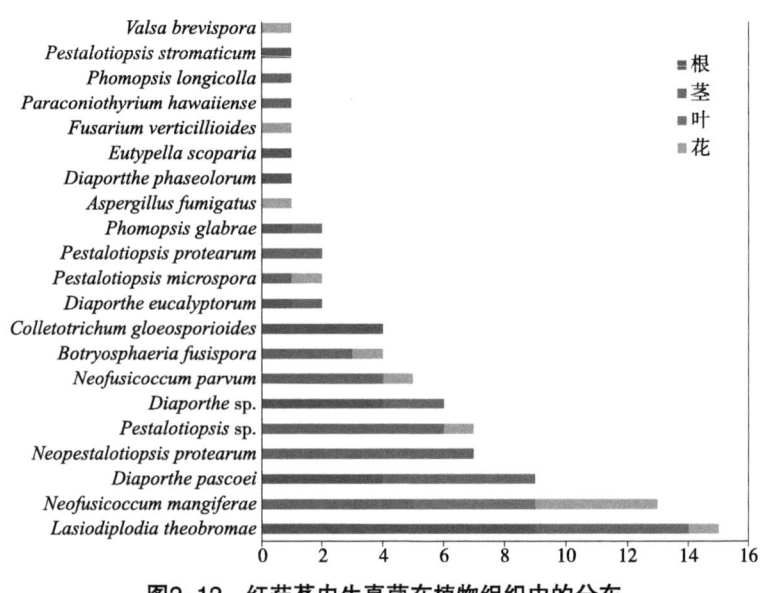

图2-12 红茄苳内生真菌在植物组织中的分布

Fig. 2-12 The distribution of Endophytic fungal in the *R. mucronata*

红茄苳植株及其不同组织部位间的内生真菌香农多样性指数从高到低依次为植株（2.63）>茎（2.42）>花（2.08）>根（1.86）>叶（0），在红茄苳不同组织部位中茎内的内生真菌群落分布最为均匀，其香农多样性指数高于其他部位；辛普森指数从高到低依次为植株（0.91）>茎（0.90）>花（0.84）>根（0.80）>叶（0），均匀度指数从高到低依次为植株（0.86）>茎（0.79）>花（0.68）>根（0.61）>叶（0）（表2-4）。

对红茄苳植物中内生真菌群落的物种累积曲线分析，ACE、Chao1、Chao2指数计算的结果显示（表2-4，图2-13）：红茄苳样品采样量充分，随着采样量的增加，其内生真菌物种数不会有较大的提升；ACE、Chao1、Chao2指数预示红茄苳的内生真菌的种类为25.59个、24.56个、24.36个，已分离出的内生真菌占预测总数的84%~87.5%。

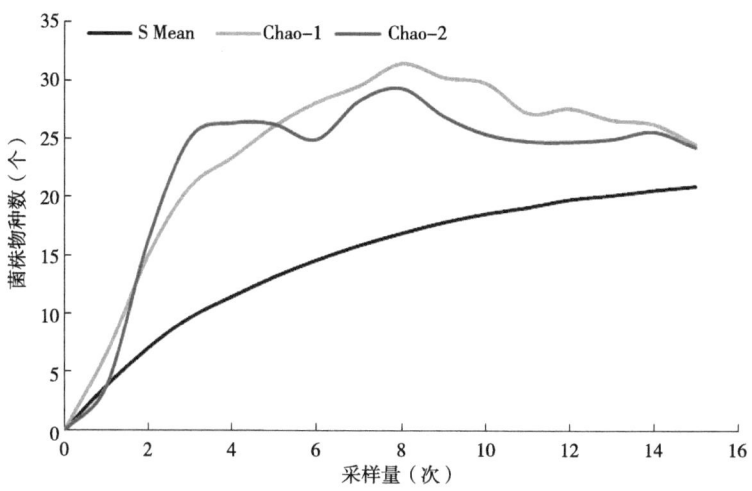

图2-13 红茄苳内生真菌群落物种累积曲线

Fig. 2-13 The species accumulation curve of Endophytic fungal of *R. mucronata*

红茄苳不同组织间,茎与花的相似性系数(0.61)>根与茎(0.43)>根与花(0.22)>叶与花(0.2)>茎与叶(0.13)>根与叶(0)。其相似性系数变化范围为0~0.43,红茄苳的根与叶无相似性表现(根&叶=0),茎与花的相似性最高(茎&花=0.61)(表2-7)。

表2-7 红茄苳内生真菌群落相似性系数

Tab. 2-7 The Endophytic fungal community similarity coefficient of *R. mucronata*

	根	茎	叶	花
根	—			
茎	0.43	—		
叶	0.00	0.13	—	
花	0.22	0.61	0.20	—

2.2.3.4 红海榄与红茄苳内生真菌多样性比较

从本地种红海榄和外来种红茄苳不同部位中分离获得了225株内生真菌,通过分子生物学鉴定到46个种，隶属于17个属8个目并都是子囊菌门。拟盘多毛孢属（*Pestalotiopsis*）（34.54%）、间座壳属（Diaporthe）（18.62%）和壳梭胞属（*Neofusicoccum*）（14.54%）是红海榄和红茄苳内生真菌的优势类群（表2-2、表2-3）。

分别从红海榄和红茄苳植株中分离出25种和21种内生真菌，其中有8个种内生真菌是相同，分别是拟盘多毛孢属的*Neopestalotiopsis protearum*、*Pestalotiopsis microspora*，拟茎点霉属的*Phomopsis glabrae*，间座壳属的*Diaporthe eucalyptorum*，毛色二孢属的*Lasiodiplodia theobromae*，壳梭孢属的*Neofusicoccum mangiferae*、*Neofusicoccum parvum*和黑腐皮壳属的*Valsa brevispora*。比较分析红海榄和红茄苳的不同组织部位内生真菌多样性指数，结果显示红茄苳内生真菌多样性香农指数为2.63，高于红海榄内生真菌多样性指数2.52。红茄苳内生真菌多样性辛普森指数为0.96，高于红海榄内生真菌多样性辛普森指数0.86。红茄苳和红海榄内生真菌的均匀度指数比较结果显示，红茄苳（0.86）>红海榄（0.78）（表2-4）。对红海榄、红茄苳不同组织部位和植株间的相似性分析，结果显示不同组织部位间和植株间相似性指数在0.12%～0.47%，这表明了红茄苳和红海榄内生真菌间存在着显著差异性（表2-8）。

表2-8　红海榄与红茄苳内生真菌相似性系数

Tab. 2-8　The Endophytic fungal community similarity coefficient of *R. stylosa* and *R. mucronata*

		红海榄					
		根	茎	叶	胚轴	花	植株
红茄苳	根	0.00	0.32	0.00	0.20	0.00	0.24
	茎	0.35	0.47	0.12	0.32	0.21	0.46
	叶	0.20	0.00	0.00	0.17	0.33	0.08
	花	0.22	0.24	0.00	0.20	0.14	0.29
	植株	0.27	0.43	0.08	0.25	0.15	0.43

2.3 讨论与结论

2.3.1 红海榄和红茄苳内生真菌的分离和鉴定

研究报道红树林内生真菌的类群只要是属于子囊菌门（Hoffman et al., 2008; Albrectsen et al., 2010; Ondřej et al., 2012），很少有担子菌门的内生真菌被分离报道（Crozier et al., 2006）。本研究有相似的结果，从红海榄和红茄苳中分离的46种内生真菌都属于子囊菌门。从红海榄375个组织块中分离出135株内生真菌，通过形态学方法结合分子生物学方法鉴定为25个种，隶属于12个属5个目。25个种分别为*Lasiodiplodia pseudotheobromae*、*Lasiodiplodia theobromae*、*Guignardia mangiferae*、*Botryosphaeria dothidea*、*Neofusicoccum parvum*、*Neofusicoccum mangiferae*、*Cladosporium cladosporioides*、*Cytospora rhizophorae*、*Diaporthe ceratozamiae*、*Diaporthe eucalyptorum*、*Diaporthe perseae*、*Diaporthe* sp.、*Phomopsis asparagi*、*Phomopsis glabrae*、*Phomopsis longicolla*、*Phomopsis* sp.、*Valsa brevispora*、*Fusarium solani*、*Pestalotiopsis theae*、*Neopestalotiopsis protearum*、*Pestalotiopsis microspora*、*Pestalotiopsis palmarum*、*Pestalotiopsis photiniae*、*Pestalotiopsis* sp.和*Seiridium ceratosporum*。

从红茄苳300个组织块中分离出90株内生真菌，通过形态学方法结合分子生物学方法鉴定为21个种，隶属于13个属7个目。21个种分别为*Botryosphaeria fusispora*、*Lasiodiplodia theobromae*、*Neofusicoccum mangiferae*、*Neofusicoccum parvum*、*Pseudofusicoccum stromaticum*、*Paraconiothyrium hawaiiense*、*Aspergillus fumigatus*、*Fusarium verticillioides*、*Diaporthe eucalyptorum*、*Diaporthe pascoei*、*Diaporthe phaseolorum*、*Diaporthe* sp.、*Phomopsis glabrae*、*Phomopsis longicolla*、*Valsa brevispora*、*Colletotrichum gloeosporioides*、*Eutypella scoparia*、*Neopestalotiopsis protearum*、*Pestalotiopsis microspora*、*Pestalotiopsis protearum*和*Pestalotiopsis* sp.。

拟盘多毛孢属的*Neopestalotiopsis protearum*、*Pestalotiopsis microspora*，拟茎点霉属的*Phomopsis glabrae*，间座壳属的*Diaporthe eucalyptorum*，毛色二孢属的*Lasiodiplodia theobromae*，壳梭孢属的*Neofusicoccum mangiferae*、*Neofusicoccum parvum*和黑腐皮壳属的*Valsa brevispora*为红海榄和红茄苳的8个共有种，相似性分析，结果显示植株间相似性指数为0.43%。

2.3.2 红海榄和红茄苳内生真菌多样性分析

本研究发现，红茄苳和红海榄内生真菌构成并不相同，Xing 等（2011）对中国南海红树植物叶的内生真菌多样性研究分析，发现红海榄内生真菌由 *Aspergillus*、*Aureobasidium*、枝孢属（*Cladosporium*）、间座壳属（*Diaporthe*）、镰刀属（*Fusarium*）、*Guignardia*、青霉属（*Penicillium*）和拟盘多毛孢属（*Pestalotiopsis*）构成。Piapukiew 等（2010）对泰国红树和红茄苳内生真菌研究发现，红茄苳的优势内生真菌是叶点霉属（*Phyllosticta*）和拟盘多毛孢属（*Pestalotiopsis*）。Suryanarayanan 等（1998）报道了印度红树和红茄苳内生真菌多样性，结果显示，红茄苳内生真菌由 *Acremonium*，曲霉属（*Aspergillus*）、枝孢属（*Cladosporium*）、葡萄座腔菌属（*Botryosphaeria*）、*Nigrospora*、*Phialophora*、*Trichoderma*、拟盘多毛孢属（*Pestalotiopsis*）、拟茎点霉属（*Phomopsis*）、叶点霉属（*Phyllosticta*）、*Chaetomiun*、*Glomerella* 和 *Sporomiella* 构成，说明内生真菌的构成以及多样性受到寄主、环境、季节多方面的影响。内生真菌在各部位的定殖率由高到低的排列顺序为茎>胚轴>根>花>叶，Xing 等（2011）对中国南海红树植物内生真菌的研究结果显示，红树植物茎的定殖率高于根和叶部，这与本研究具有一致性。

间座壳属（*Diaporthe*）在红树林植物中是主要的内生真菌，处于优势地位（Cheng et al., 2008; Cheng et al., 2009; Sebastianes et al., 2013）。本研究通过 Camargo's 指数对内生真菌类群的优势度分析，也发现炭角菌目（Xylariales）和间座壳目（Diaporthales）是红海榄和红茄苳内生真菌的优势菌群。

植物内生真菌的构成和优势菌种的类群都受到宿主（Higgins et al., 2007; Stuart et al., 2010; Botella et al., 2011）、地理环境（Cheng et al., 2009; González et al., 2011）、季节（Suryanarayanan et al., 2000; Arnold et al., 2003）和植物组织部位（Rodrigues et al., 1994; Kuklinskysobral et al., 2004; Gazis et al., 2010）的影响。本研究通过 ACE、Chao1 和 Chao2 指数预测在取样足够充分时，红海榄和红茄苳中内生真菌数量（33~36株，24~26株），为了更加全面的获取样品的检测信息，可以采用微生物环境基因组学的方法，直接从环境中获得的总 DNA，在酵母或者细菌中异源表达生物合成基因，并通过构建宏基因组文库和筛选等手段获得那些从未在植物组织内分离到的内生真菌（Arnold et al., 2007）。比较分析红海榄和红茄苳不同组织部位内生真菌的多样性，结果显示红茄苳内生真菌多样性香农指数为2.63，高于红海榄内生真菌多样性指数2.52。红茄苳内生真菌多样性辛普森指数为0.96，高于红海榄内生真菌多样性辛普森指数0.86。红茄苳和红海榄内生真菌的均匀度指数比较结果显示，红茄苳（0.86）>红海榄（0.78）。通过红海榄、红茄苳不同组织部位和植株间的相似性分析，结果显示不同组织部位间和植株间相似性指数在0.12%~0.47%，这表明了红茄苳和红海榄内生真菌间存在着显著的差异性。

3 红茄苳和红海榄内生真菌的活性筛选

红树林内生真菌的复杂性、多样性和生长环境多变性的特点，必定带来代谢产物的多样性，其中具有生物活性产物的结构类型已远远超出它们的宿主植物（Deng et al., 2013；Thomas et al., 2016；Cui et al., 2016）。红树林内生真菌代谢产物应用涉及诸多方面，如提高红树林植物耐盐、抗逆性、病虫害防治、促进植物生长、抗氧化、抗菌抗炎、抗肿瘤等作用，红树林内生真菌是人类的天然资源宝库（Debbab et al., 2011；Debbab et al., 2012；Debbab et al., 2013）。

因此，为了快速找到能够分泌生物活性产物的内生真菌，本研究以第2章中获得的红海榄和红茄苳内生真菌为材料，采用PDA、查氏、大米和麦麸4种培养基进行发酵培养28d，获取的乙酸乙酯粗提物。通过清除DPPH和ABTS自由基，抑制白色念珠菌、耐甲氧西林金黄色葡萄球菌、铜绿假单胞菌和粪肠球菌指示菌的生长，抑制HepG2、Hela和A549肿瘤细胞的增殖，综合评价内生真菌的4种发酵培养产物的生物活性能力，快速筛选出具有强生物活性内生真菌株。

3.1 研究材料与方法

3.1.1 研究仪器

酶标仪XMARK（日本）、真空泵SHB-ⅢS（郑州长城科工贸有限公司）、Heidolph旋转蒸发仪（德国）、恒温箱MP-160（上海福马实验设备有限公司）、摇床CLASSIC C25KC（美国）、超净工作台BCM-1300（苏州苏洁净设备有限公司）、尼康倒置显微镜（日本）、Galaxy R二氧化碳培养箱（RS Biotech英国）、倾斜离心机、水平离心机、-80℃冰箱、细胞储存液氮罐、Corning细胞培养皿、96孔板。

3.1.2 研究试剂

3.1.2.1 试剂

乙酸乙酯、维生素C、抑菌霉素、青霉素钠、环丙沙星、阿霉素（Doxorubicin）、依托泊苷（etoposide）、5-Fu（5氟尿嘧啶）、DMSO、DPPH（2, 2-diphenyl-1-picrylhydrazyl）、ABTS（2, 2′-azinobis-3-ethylbenzothiazoline-6-sulphonic acid）、MTT［3-（4, 5-dimethyl-2-thiazolyl）-2, 5-diphenyl-2-H-tetrazolium bromide］均为分析纯，蒸馏水实验室自备。

3.1.2.2 发酵培养基

（1）马铃薯固体培养基（液体和固体）。马铃薯200g、葡萄糖20g、琼脂15~20g（固体培养基使用）、蒸馏水1 000mL。

（2）LB培养基（液体和固体）。蛋白胨10g、酵母浸膏5g、琼脂15~20g（固体培养基使用）、蒸馏水1 000mL。

（3）牛肉膏蛋白胨培养基。蛋白胨10g、牛肉膏3g、NaCl 15g，加蒸馏水定容至1 000mL。

（4）察氏培养基。蔗糖3.0%、KCl 0.05%、$MgSO_4 \cdot 7H_2O$ 0.05%、$NaNO_3$ 0.3%、K_2HPO_4 0.1%、琼脂1.5%~2.0%、$FeSO_4$ 0.001%、海水1 000mL。

（5）麦麸培养基。小米7.5g和麸皮7.5g作为基础天然基质加入容量200mL口径6cm的圆形玻璃罐头瓶中，再加入由0.5g酵母膏和0.5g琥珀酸溶于10mL水的液体基质，搅拌均匀，121℃灭菌30min后，再加入5mL水充分搅拌，同条件灭菌30min，备用。

（6）大米培养基。每1 000mL的锥形瓶中加入大米100g、粗海盐3g、蛋白胨0.6g、水100mL。

3.1.2.3 细胞培养基

无胎牛血清培养基（MEM）：胎牛血清、胰蛋白酶、无菌的PBS缓冲溶液。

3.1.2.4 抗菌活性筛选的菌株（购置于广东省微生物菌种保藏中心）

铜绿假单胞菌（*Pseudomonas aeruginosa*）；

粪肠球菌（*Enterococcus faecalis*）；

耐甲氧西林金黄色葡萄球菌（Methicillin sensitive *Staphylococcus aureus*）；
白色念珠菌（*Monilia albican*）。

3.1.2.5 抗肿瘤活性筛选的细胞株（购置于中国科学院上海细胞库）

HepG2（肝癌细胞）；
Hale（宫颈癌细胞）；
A549（肺癌细胞）。

3.1.3 样品的制备

将分离获得的内生真菌，分别接种于PDA、查氏、大米、麦麸培养基上，发酵培养28d；用乙酸乙酯浸泡提取，将提取物放入称重后的样品采集小瓶中，置于4℃冰箱，待用（Bhimba et al.，2012）。

3.1.4 抗氧化活性筛选

3.1.4.1 清除DPPH自由基能力

（1）DPPH自由基溶液配制。用95%的乙醇配制120μM的DPPH自由基溶液若干备用。

（2）初筛。吸取10μL的10mg/mL的粗提物溶液加入到96孔板中。再加入195μL DPPH自由基溶液，避光室温下反应30min，在517nm波长处测吸光值。其中设置一组不加样品孔作为空白对照组，设置另一组加入维生素C（V_C）样品的孔作为阳性对照。重复3次计算出清除率和标准偏差。

清除DPPH自由基能力的计算公式：

$$RSA（\%）=[（A_{blank}-A_{sample}）/A_{blank}]\times100$$

式中，A_{blank}表示无样品组的吸光度（除样品外的所有试剂吸光值），A_{sample}表示加入样品后的吸光值。

（3）复筛。选出初筛中清除能力超过50%的样品，采用二倍稀释法进行复筛。在96孔板中第一、二行加入10μL的待测样品，从第二行开始依次吸取5μL至下一行，并用DMSO补足10μL直稀释到最后一行为止。将样品稀释成不同浓度以后吸取195μL DPPH自由基溶液加入96孔板中。每个样品重复3次计算出清除率的标准偏差和IC_{50}（Tejesvi et al.，2011；Zhou et al.，2013）。

3.1.4.2 清除ABTS自由基的能力

（1）ABTS自由基溶液的配制。称取0.192 5g ABTS用无水乙醇定容至50mL与2.45mM的高硫酸钾等体积混匀，在避光室温下反应12~16h。测试前在734nm处调至吸光值为0.700±0.02。

（2）初筛。将粗提物用DMSO配制成10mg/mL的待测液。在96孔板中，取195μL ABTS自由基溶液（吸光值0.700±0.02）加入10μL待测液，反应30min后，在734nm处测得吸光值。设置一组无样品孔作为空白对照组，设置另一组加入维生素C样品的孔作为阳性对照。重复3次并计算出清除率和标准偏差。

清除ABTS自由基能力的计算公式：

$$RSA(\%) = [(A_{blank} - A_{sample})/A_{blank}] \times 100$$

式中，A_{blank}表示空白反应的吸光度（除样品外的所有试剂吸光值），A_{sample}表示加入样品后的吸光值。

（3）复筛。经过初筛后选出清除能力超过50%的样品，采用二倍稀释法进行复筛。在96孔板中，第一、二行加入10μL的待测样品，从第二行开始依次吸取5μL至下一行，并用DMSO补足10μL直稀释到最后一行为止。将样品稀释成不同浓度以后吸取195μL ABTS自由基溶液加入96孔板中。每个样品重复3次计算出清除率的标准偏差和IC_{50}（Tian et al., 2013）。

3.1.5 抗菌活性筛选

3.1.5.1 指示菌菌悬液的配制

在超净工作台中，挑取活化的指示菌至液体培养基中（细菌用LB液体培养基，真菌用PDA液体培养基），密封标记后放入摇床，在180rpm/min，37℃条件下培养24h。用对应的培养基稀释菌悬液得到5×10^6CFU/mL的菌液，备用。

3.1.5.2 样品抗菌活性的初筛

（1）将红海榄和红茄苳的内生真菌分别在PDA、查氏、大米和麦麸培养基下，发酵30d。

（2）发酵后使用乙酸乙酯提取获得粗提物，用DMSO配制成100mg/mL的母液。

（3）在96孔板中加入198μL的菌悬液和2μL的母液，将96孔板置于37℃恒温箱中培养20h。

（4）两性霉素B作为真菌的阳性对照，环丙沙星作为细菌的阳性对照（Pierce et al.，2008）。

（5）每个样品做3个平行，在倒置显微镜下观察各指示菌的生长变形情况，筛选出具有抑菌活性的样品。

3.1.5.3　样品抗菌活性的复筛

（1）选取初筛中具有抗菌活性的粗提物母液，用二倍稀释法稀释成待测液。

（2）在无菌96孔板中，第一行加入4mL样品后，加入176mL含菌培养液，混匀。依次由上行取出90mL加到下一行，再补加110mL含菌培养液直至最末一行，最后用指示菌菌悬液将每孔补足200μL。

（3）将96孔板在37℃恒温箱中培养20h。

（4）两性霉素B作为真菌的阳性对照，环丙沙星作为细菌的阳性对照。

（5）每个样品做3个平行，在倒置显微镜下观察各指示菌的生长变形情况。

3.1.6　抗肿瘤活性筛选

3.1.6.1　待测液的制备

在无菌条件下，用DMSO将阳性对照（5-Fu尿嘧啶、Doxirubicin）和单体化合物配制成10mg/mL的母液，粗提物配制成100mg/mL的母液，备用。实验前，用MEM培养基将阳性对照稀释成2μg/mL、5μg/mL、10μg/mL、20μg/mL的梯度浓度，将粗提物配制成100μg/mL、200μg/mL、400μg/mL、600μg/mL的梯度浓度。

3.1.6.2　样品的初筛

（1）铺板。待铺满细胞培养皿70%时，加入2mL0.25%胰蛋白酶消化液，放置于37℃的5%CO_2饱和湿度培养箱中2.5min，轻轻吸走胰蛋白酶，立即加入含有血清的培养液终止消化，用巴氏吸管轻轻吹打细胞，使其脱落形成单细胞悬液，随后转移细胞悬液至15mL离心管中，1 000rpm离心5min，弃上清液。用培养基调整细胞悬液浓度为（1~3）×10^5个/mL，置于5%CO_2、37℃培养箱中过夜。

（2）加药。取出细胞，吸掉旧培养液并加入100μL含待测样品的培养液（或不加样的培养基），对照组加入不加样的培养基。分别培养24h。

（3）加MTT。加药培养基吸掉，并用PBS清洗1遍，再加入新鲜的培养基后，加入20μL的MTT（5mg/mL，用无菌PBS配制），4h后形成紫色结晶。

（4）检测。弃上清液，加入200μL DMSO，避光下1h，在570nm处测得吸光值，选取不加样处理的实验作为阴性对照，并通过以下公式计算出抑制率，以5-Fu尿嘧啶和阿霉素作为阳性对照。

抑制率（%）=（不加样处理组-加样处理组）的吸光值/不加样处理组的吸光值×100

3.1.6.3 样品的复筛

（1）铺板。方法同抗肿瘤初筛实验。

（2）加药。取出细胞，吸掉旧培养液并加入100μL含不同浓度的待测样品的培养液（或不含样的培养基），对照组加入不含样的培养基。分别培养24h。

（3）加MTT。方法同抗肿瘤初筛实验。

（4）检测。方法同抗肿瘤初筛实验。

通过公式计算出抑制率，并计算出IC_{50}（Liu et al., 2011）。

3.2 研究结果与分析

3.2.1 抗氧化活性筛选

采用PDA、查氏液体培养基和大米、麦麸固体培养基，对分离得到的内生真菌进行30d发酵，用乙酸乙酯提取发酵产物获取内生真菌粗提物。在96孔中，通过初筛和复筛两个环节来筛选红海榄和红茄苳内生真菌的抗氧化活性，并计算出IC_{50}。

3.2.1.1 红海榄内生真菌发酵物清除DPPH自由基

采用PDA、查氏液体培养基和大米、麦麸固体培养基，对红海榄中分离得到的25种内生真菌进行30d发酵，用乙酸乙酯进行超声提取1h，重复3次。回收乙酸乙酯获取内生真菌在4种培养基下的发酵粗提物。将粗提物用DMSO配制成10mg/mL的待测液。取195μL的DPPH自由基溶液加入到含有10μL待测液的96孔中，反应30min后，在全波长酶标仪中，波长517nm下测得吸光值，用DMSO作为空白对照计初筛中，当内生真菌发酵产物浓度为10mg/mL时，清除DPPH自由基能力超过50%时，则视内生真菌具有清除DPPH自由基的能力。25种红海榄内生真菌在4种不同培养基中的发酵粗提物初筛结果（表3-1）表明，红海榄中14种（56%）内生真菌的发酵产物具有清除DPPH自由基的活性，分别是间座壳目（28%）的 *Cytospora rhizophorae*、*Diaporthe* sp., *Diaporthe perseae*、*Phomopsis glabrae*、*Phomopsis longicolla*、*Phomopsis* sp.和*Valsa brevispora*；炭角菌目（16%）的*Neopestalotiopsis protearum*、*Pestalotiopsis microspora*、*Pestalotiopsis theae*和*Seiridium ceratosporum*；葡萄座腔菌目（12%）的*Guignardia mangiferae*、*Lasiodiplodia theobromae*和*Neofusicoccum parvum*。

表3-1 红海榄内生真菌的4种发酵粗提物清除DPPH自由能力

Tab. 3-1 Antioxidents activity of the Endophytic fungal from *R. stylosa* growed on different mediums

样品编号	菌名称	清除率（%）			
		PDA培养基	查氏培养基	大米培养基	麦麸培养基
1	*Botryosphaeria dothidea*	16.64 ± 1.14	4.36 ± 0.75	17.33 ± 0.94	29.13 ± 1.60
2	*Cladosporium cladosporioides*	22.31 ± 0.44	38.44 ± 1.21	11.79 ± 0.73	27.56 ± 1.50
3	*Cytospora rhizophorae*	48.19 ± 1.05	87.07 ± 0.23	88.32 ± 0.73	87.48 ± 0.34
4	*Diaporthe ceratozamiae*	34.94 ± 0.84	15.54 ± 1.70	26.56 ± 1.42	12.23 ± 0.57
5	*Diaporthe eucalyptorum*	21.29 ± 1.58	43.76 ± 0.61	17.62 ± 1.24	25.82 ± 3.30
6	*Diaporthe perseae*	27.79 ± 0.78	85.98 ± 0.17	14.73 ± 1.79	19.28 ± 0.31
7	*Diaporthe* sp.	73.04 ± 0.80	46.46 ± 0.39	18.21 ± 0.47	51.24 ± 1.44
8	*Fusarium solani*	17.52 ± 1.00	17.70 ± 1.55	17.03 ± 1.19	38.87 ± 2.62
9	*Guignardia mangiferae*	19.00 ± 1.06	15.04 ± 0.26	68.72 ± 1.52	30.57 ± 1.20
10	*Lasiodiplodia pseudotheobromae*	21.80 ± 0.76	17.01 ± 1.09	17.97 ± 1.11	27.71 ± 2.92
11	*Lasiodiplodia theobromae*	17.30 ± 0.83	15.67 ± 0.55	53.31 ± 0.54	67.52 ± 0.38
12	*Neofusicoccum mangiferae*	17.92 ± 0.54	20.45 ± 1.73	19.19 ± 0.68	31.90 ± 1.07
13	*Neofusicoccum parvum*	22.34 ± 0.83	64.97 ± 0.23	10.01 ± 1.59	11.28 ± 0.90
14	*Neopestalotiopsis protearum*	82.05 ± 0.76	73.75 ± 0.86	25.14 ± 2.30	37.04 ± 1.89
15	*Pestalotiopsis microspora*	41.59 ± 1.51	43.18 ± 0.59	71.99 ± 1.61	12.94 ± 0.92

(续表)

样品编号	菌名称	清除率（%）			
		PDA培养基	查氏培养基	大米培养基	麦麸培养基
16	*Pestalotiopsis palmarum*	30.12 ± 0.94	4.52 ± 0.61	7.02 ± 1.48	8.34 ± 0.57
17	*Pestalotiopsis photiniae*	13.29 ± 0.54	9.82 ± 1.86	11.49 ± 0.29	26.82 ± 1.92
18	*Pestalotiopsis* sp.	30.92 ± 4.64	14.83 ± 1.27	5.18 ± 0.15	16.72 ± 1.04
19	*Pestalotiopsis theae*	75.40 ± 4.31	42.82 ± 2.33	16.84 ± 1.49	10.22 ± 1.14
20	*Phomopsis asparagi*	19.28 ± 1.85	9.18 ± 1.10	5.03 ± 1.30	12.09 ± 1.34
21	*Phomopsis glabrae*	31.88 ± 2.48	13.04 ± 0.44	85.67 ± 0.54	22.35 ± 1.04
22	*Phomopsis longicolla*	60.19 ± 0.97	82.99 ± 0.70	17.77 ± 1.72	27.74 ± 1.85
23	*Phomopsis* sp.	18.60 ± 0.23	17.55 ± 0.34	60.64 ± 1.61	33.23 ± 2.18
24	*Seiridium ceratosporum*	36.90 ± 3.13	66.99 ± 0.23	8.64 ± 1.53	26.11 ± 0.97
25	*Valsa brevispora*	56.43 ± 0.77	2.43 ± 0.37	88.36 ± 2.76	56.40 ± 0.67

选取以上具有清除DPPH自由基的内生真菌粗提物进行复筛，计算出IC_{50}，以维生素C作为阳性对照。每组实验平行3次并计算出标准偏差（图3-1至图3-4）。清除DPPH自由基的能力随着粗提物浓度的增加而增强，这说明粗提物的浓度与清除DPPH自由基的能力呈正相关，但当粗提物浓度达到一定时，清除自由基能力并不随着浓度的增加而增强，这主要可能是在DPPH自由基浓度一定时，具有清除DPPH自由基的有效成分浓度已经超过其需要浓度。

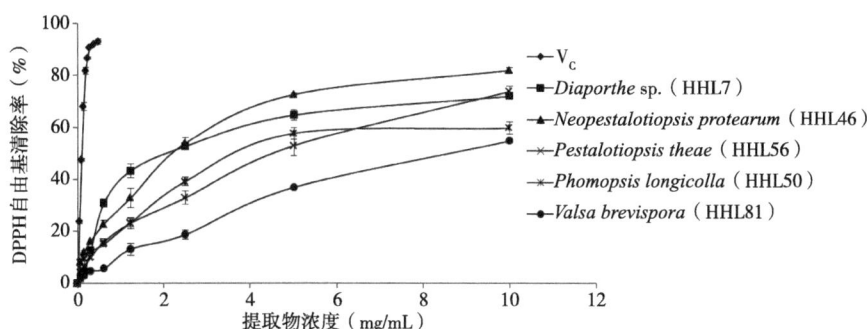

图3-1 红海榄内生真菌PDA培养基发酵产物对DPPH自由基的清除率

Fig. 3-1 Scavenging DPPH radical ability of the Endophytic fungal from *R. stylosa* growed on PDA medium

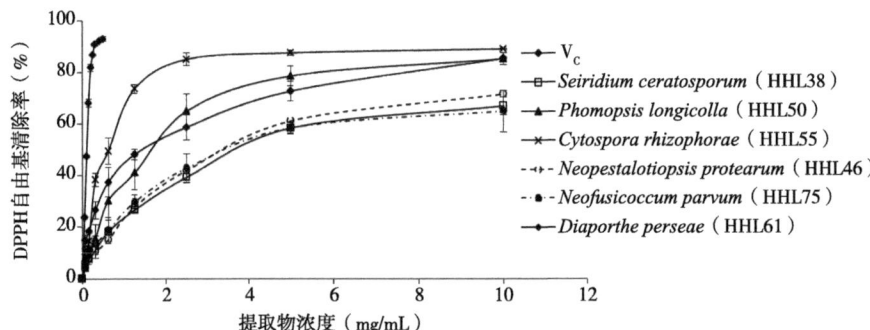

图3-2 红海榄内生真菌查氏培养基发酵产物对DPPH自由基的清除率

Fig. 3-2 Scavenging DPPH radical ability of the Endophytic fungal from *R. stylosa* growed on Czapek's Agar

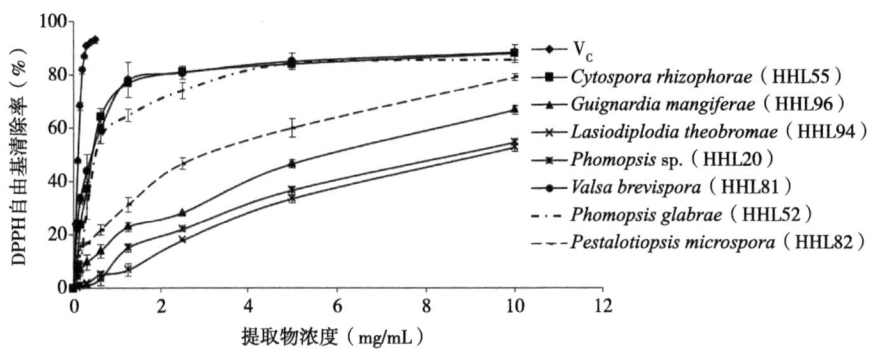

图3-3 红海榄内生真菌大米培养基发酵产物对DPPH自由基的清除率

Fig. 3-3 Scavenging DPPH radical ability of the Endophytic fungal from *R. stylosa* growed on rice culture

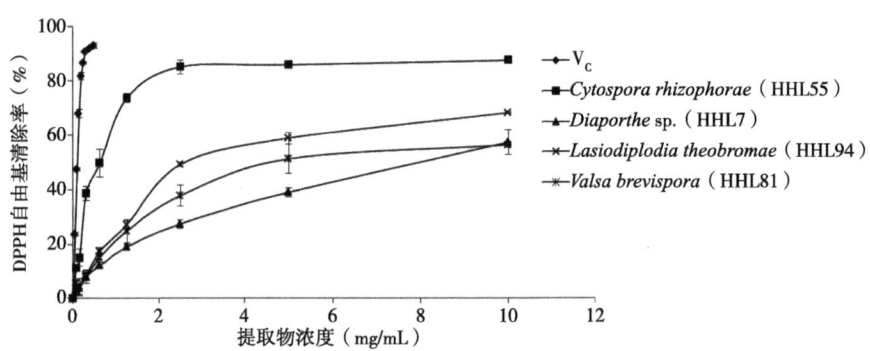

图3-4 红海榄内生真菌麦麸培养基发酵产物对DPPH自由基的清除率

Fig. 3-4 Scavenging DPPH radical ability of the Endophytic fungal from *R. stylosa* growed on grain culture

复筛粗提物清除DPPH自由基的IC_{50}值表明，清除能力最强的5种菌依次是 *Cytospora rhizophorae*［（0.33±0.02）mg/mL］、*Valsa brevispora*［（0.43±0.06）mg/mL］、*Phomopsis glabrae*［（0.86±0.43）mg/mL］、*Diaporthe perseae*［（1.21±0.09）mg/mL］和*Phomopsis longicolla*［（1.40±0.14）mg/mL］。

在PDA培养基发酵获得的粗提物中有5株内生真菌具有抗氧化活性，其清除能力由强到弱依次是*Neopestalotiopsis protearum*、*Diaporthe* sp.、*Valsa brevispora*、*Pestalotiopsis theae*和*Phomopsis longicolla*。

在查氏培养基发酵粗提物中，有6株内生真菌具有抗氧化活性，其清除能力由强到弱依次是*Cytospora rhizophorae*、*Diaporthe perseae*、*Phomopsis longicolla*、*Neopestalotiopsis protearum*、*Neofusicoccum parvum*、*Seiridium ceratosporum*。

在大米培养基发酵粗提物中，有7株内生真菌具有抗氧化活性，其清除能力由强到弱依次是*Valsa brevispora*、*Cytospora rhizophorae*、*Phomopsis glabrae*、*Pestalotiopsis microspora*、*Guignardia mangiferae*、*Phomopsis* sp.和*Lasiodiplodia theobromae*。

在麦麸培养基发酵粗提物中，有4株内生真菌具有抗氧化活性，其清除能力由强到弱依次是*Cytospora rhizophorae*、*Lasiodiplodia theobromae*、*Valsa brevispora*和*Diaporthe* sp.。

在不同培养基中，复筛结果（表3-2）表明，同一种内生真菌在不同发酵条件获得粗提物清除DPPH自由基能力并不相同，在查氏培养基和大米培养基的发酵中更容易产生清除DPPH自由基能力强的物质。

表3-2 红海榄内生真菌的4种发酵产物清除DPPH自由基的IC_{50}

Tab. 3-2 The IC_{50} value of the Endophytic fungal scavenging DPPH radical from *R. stylosa*

样品编号	菌名称	IC_{50}（mg/mL）			
		PDA培养基	查氏培养基	大米培养基	麦麸培养基
3	*Cytospora rhizophorae*	—	0.33±0.02	0.58±0.01	0.65±0.05
6	*Diaporthe perseae*	—	1.21±0.09	—	—
7	*Diaporthe* sp.	2.19±0.07	—	—	9.97±0.78
9	*Guignardia mangiferae*	—	—	5.49±0.39	—

（续表）

样品编号	菌名称	IC$_{50}$（mg/mL）			
		PDA培养基	查氏培养基	大米培养基	麦麸培养基
11	*Lasiodiplodia theobromae*	—	—	14.36 ± 0.68	3.24 ± 0.11
13	*Neofusicoccum parvum*	—	3.62 ± 0.38	—	—
14	*Neopestalotiopsis protearum*	1.80 ± 0.05	3.13 ± 0.30	—	—
15	*Pestalotiopsis microspora*	—	—	2.33 ± 0.17	—
19	*Pestalotiopsis theae*	3.82 ± 0.46	—	—	—
20	*Phomopsis asparagi*	—	—	—	—
21	*Phomopsis glabrae*	—	—	0.86 ± 0.43	—
22	*Phomopsis longicolla*	4.60 ± 0.51	1.40 ± 0.14	—	—
23	*Phomopsis* sp.	—	—	11.94 ± 1.30	—
24	*Seiridium ceratosporum*	—	3.76 ± 0.07	—	—
25	*Valsa brevispora*	3.05 ± 0.12	—	0.43 ± 0.06	6.27 ± 1.66
26	V$_c$	0.10 ± 0.00			

3.2.1.2 红茄苳内生真菌发酵物清除DPPH自由基

采用PDA、查氏液体培养基和大米、麦麸固体培养基，对红茄苳中分离得到的21种内生真菌进行30d发酵，用乙酸乙酯进行超声提取1h，重复3次。回收乙酸乙酯获取内生真菌在4种培养基下的发酵粗提物。将粗提物用DMSO配制成10mg/mL的待测液。取195μL DPPH自由基溶液加入到含有10μL待测液的96孔中，反应30min后，在波长517nm下测得吸光值，用DMSO作为空白对照计算出清除率，以维生素C作为阳性对照。每组平行3次并计算出标准偏差。

由表3-3可知，红茄苳的21株内生真菌，有12株（57.14%）内生真菌具有清除DPPH自由基的作用，分别是间座壳目（23.81%）的*Diaporthe phaseolorum*、*Diaporthe* sp.、*Diaporthe pascoei*、*Phomopsis glabrae*和*Valsa brevispora*；炭角菌目（9.52%）的*Pestalotiopsis microspora*和*Pestalotiopsis* sp.；葡萄座腔菌目（19.05%）的*Botryosphaeria fusispora*、*Neofusicoccum parvum*、

*Lasiodiplodia theobromae*和*Pseudofusicoccum stromaticum*；其他类*Colletotrichum gloeosporioides*。

表3-3 红茄苳内生真菌的4种发酵产物清除DPPH自由能力

Tab. 3-3 Antioxidents activity of the Endophytic fungal from *R. mucronata* growed on different mediums

样品编号	种名	DPPH自由基清除率（%）			
		PDA培养基	查氏培养基	大米培养基	麦麸培养基
1	*Aspergillus fumigatus*	32.13 ± 0.34	22.12 ± 0.23	14.38 ± 0.36	17.38 ± 0.34
2	*Botryosphaeria fusispora*	27.93 ± 0.49	80.18 ± 6.06	14.16 ± 0.57	12.23 ± 0.51
3	*Colletotrichum gloeosporioides*	36.83 ± 1.10	53.74 ± 2.71	22.72 ± 1.29	37.76 ± 1.66
4	*Diaporthe eucalyptorum*	28.21 ± 0.66	13.24 ± 1.34	36.87 ± 1.94	36.72 ± 3.20
5	*Diaporthe pascoei*	40.45 ± 1.96	61.61 ± 2.02	77.84 ± 0.19	34.77 ± 5.07
6	*Diaporthe phaseolorum*	67.85 ± 0.39	56.24 ± 2.14	61.27 ± 0.19	59.10 ± 3.12
7	*Diaporthe* sp.	62.32 ± 1.31	60.30 ± 0.40	83.33 ± 2.19	41.29 ± 2.83
8	*Eutypella scoparia*	10.67 ± 0.68	48.37 ± 3.78	28.49 ± 0.81	28.52 ± 2.07
9	*Fusarium verticillioides*	13.90 ± 1.03	27.03 ± 3.03	14.35 ± 0.89	19.48 ± 1.32
10	*Lasiodiplodia theobromae*	19.49 ± 0.28	48.52 ± 0.87	65.91 ± 0.57	87.04 ± 0.53
11	*Neofusicoccum mangiferae*	9.30 ± 1.32	22.89 ± 0.40	27.13 ± 1.99	15.69 ± 4.60
12	*Neofusicoccum parvum*	19.18 ± 0.32	70.08 ± 1.02	15.85 ± 0.87	6.54 ± 1.67
13	*Neopestalotiopsis protearum*	20.35 ± 2.73	30.45 ± 1.12	28.12 ± 6.52	13.35 ± 1.26
14	*Paraconiothyrium hawaiiense*	7.70 ± 0.39	20.01 ± 0.29	42.98 ± 3.20	15.53 ± 2.94
15	*Pestalotiopsis microspora*	41.59 ± 1.51	43.18 ± 0.59	71.99 ± 1.61	12.94 ± 0.92
16	*Pestalotiopsis protearum*	13.23 ± 0.54	28.21 ± 2.87	30.42 ± 4.86	16.02 ± 1.37
17	*Pestalotiopsis* sp.	40.45 ± 0.56	38.32 ± 0.73	88.39 ± 1.45	94.07 ± 0.39
18	*Phomopsis glabrae*	10.30 ± 1.61	11.71 ± 1.82	83.21 ± 0.11	5.57 ± 0.30
19	*Phomopsis longicolla*	24.16 ± 1.31	19.19 ± 2.54	27.75 ± 1.12	13.93 ± 1.77

（续表）

样品编号	种名	DPPH自由基清除率（%）			
		PDA培养基	查氏培养基	大米培养基	麦麸培养基
20	*Pseudofusicoccum stromaticum*	21.54 ± 0.75	66.22 ± 0.58	13.16 ± 1.47	34.17 ± 2.94
21	*Valsa brevispora*	57.49 ± 0.68	7.93 ± 0.80	80.20 ± 0.47	52.80 ± 0.96

选取清除率超过50%的内生真菌发酵提取物进行复筛实验，计算出IC_{50}，以维生素C作为阳性对照。每组实验平行3次并计算出标准偏差（图3-5至图3-8）。红茄苳内生真菌发酵粗提物的浓度与清除DPPH自由基的能力也呈正相关，与红海榄相似。

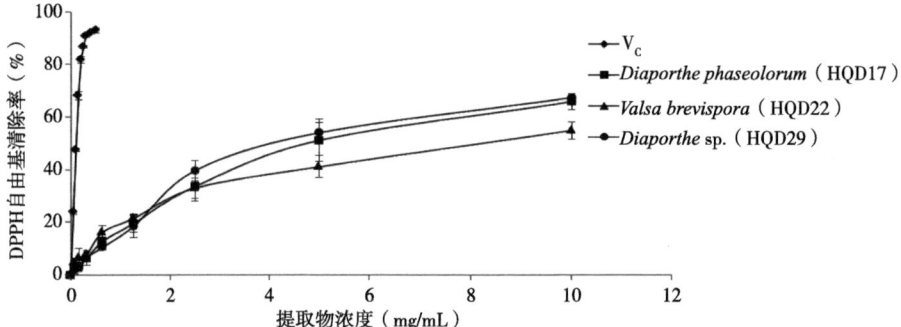

图3-5　红茄苳内生真菌PDA培养基发酵产物对DPPH自由基的清除率

Fig. 3-5　Scavenging DPPH radical ability of the Endophytic fungal from *R. mucronata* growed on PDA medium

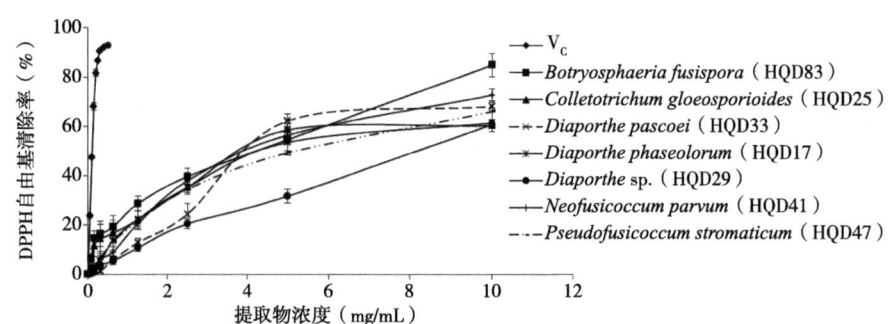

图3-6　红茄苳内生真菌查氏培养基发酵产物对DPPH自由基的清除率

Fig. 3-6　Scavenging DPPH radical ability of the Endophytic fungal from *R. mucronata* growed on Czapek's Agar

3 红茄苳和红海榄内生真菌的活性筛选

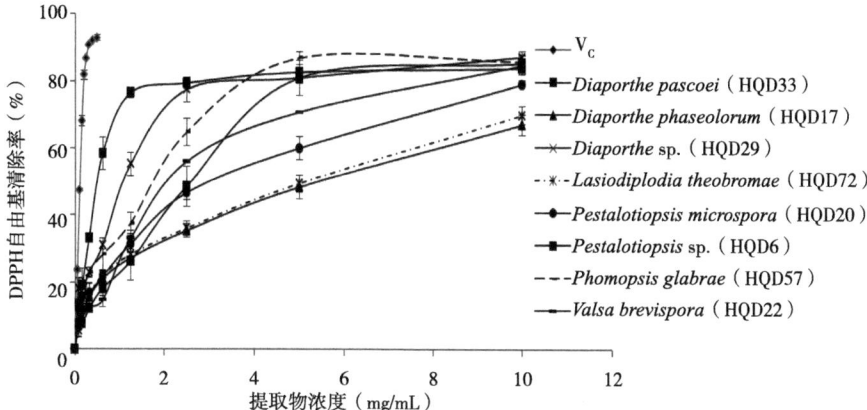

图3-7 红茄苳内生真菌大米发酵产物对DPPH自由基的清除率

Fig. 3-7 Scavenging DPPH radical ability of the Endophytic fungal from *R. mucronata* growed on rice culture

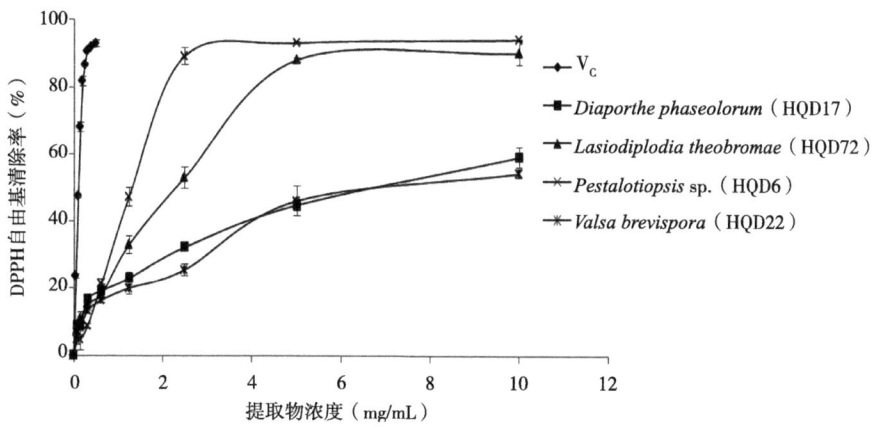

图3-8 红茄苳内生真菌麦麸发酵产物对DPPH自由基的清除率

Fig. 3-8 Scavenging DPPH radical ability of the Endophytic fungal from *R. mucronata* growed on grain culture

复筛粗提物清除DPPH自由基的IC_{50}值（表3-4）表明，清除能力最强的5种菌依次是*Pestalotiopsis* sp.［（0.65±0.19）mg/mL］、*Diaporthe* sp.［（0.95±0.03）mg/mL］、*Phomopsis glabrae*［（1.23±0.05）mg/mL］、*Lasiodiplodia theobromae*［（1.45±0.04）mg/mL］、*Diaporthe pascoei*［（1.79±0.17）mg/mL］。

表3-4 红茄苳内生真菌的4种发酵产物清除DPPH自由基的IC_{50}

Tab. 3-4 The IC_{50} value of the Endophytic fungal scavenging DPPH radical from *R. mucronata*

样品编号	种名	IC_{50}（mg/mL）			
		PDA培养基	查氏培养基	大米培养基	麦麸培养基
2	*Botryosphaeria fusispora*	—	2.47 ± 0.43	—	—
3	*Colletotrichum gloeosporioides*	—	4.56 ± 0.42	—	—
5	*Diaporthe pascoei*	—	4.06 ± 0.29	1.79 ± 0.17	—
6	*Diaporthe phaseolorum*	5.27 ± 1.80	5.03 ± 0.82	4.64 ± 0.35	7.57 ± 1.55
7	*Diaporthe* sp.	4.31 ± 0.65	9.97 ± 1.17	0.95 ± 0.03	—
10	*Lasiodiplodia theobromae*	—	—	4.12 ± 0.47	1.45 ± 0.04
12	*Neofusicoccum parvum*	—	3.70 ± 0.33	—	—
15	*Pestalotiopsis microspora*	—	—	2.33 ± 0.17	—
17	*Pestalotiopsis* sp.	—	—	0.65 ± 0.19	1.06 ± 0.01
18	*Phomopsis glabrae*	—	—	1.23 ± 0.05	—
20	*Pseudofusicoccum stromaticum*	—	5.20 ± 0.84	—	—
21	*Valsa brevispora*	9.64 ± 0.85	—	1.82 ± 0.03	9.68 ± 2.44
22	V_C		0.10 ± 0.01		

在PDA培养基发酵获得的粗提物中有3株内生真菌具有抗氧化活性，其清除能力由强到弱依次是*Diaporthe* sp.、*Diaporthe phaseolorum*、*Valsa brevispora*。

在查氏培养基发酵粗提物中有7株内生真菌具有抗氧化活性，其清除能力由强到弱依次是*Botryosphaeria fusispora*、*Neofusicoccum parvum*、*Diaporthe pascoei*、*Colletotrichum gloeosporioides*、*Diaporthe phaseolorum*、*Pseudofusicoccum stromaticum*和*Diaporthe* sp.。

在大米培养基发酵粗提物中有8株内生真菌具有抗氧化活性，其清除能力由强到弱依次是*Pestalotiopsis* sp.、*Diaporthe* sp.、*Phomopsis glabrae*、*Diaporthe pascoei*、*Valsa brevispora*、*Pestalotiopsis microspora*、*Lasiodiplodia theobromae*和*Diaporthe phaseolorum*。

在麦麸培养基发酵粗提物中有4株内生真菌具有抗氧化活性，其清除能力由

强到弱依次是 *Pestalotiopsis* sp.、*Lasiodiplodia theobromae*、*Diaporthe phaseolorum* 和 *Valsa brevispora*。

在不同培养基中，复筛结果（表3-4）表明，大米培养基在红茄苳内生真菌的发酵中更容易产生清除DPPH自由基能力强的物质。

3.2.1.3 红海榄内生真菌发酵物清除ABTS自由基

将红海榄的25株内生真菌用PDA、查氏、大米和麦麸4种培养基发酵培养30d，获取的乙酸乙酯粗提物，用DMSO配制成的10mg/mL的待测液，在96孔板中，加入10μL的待测液和195μL的ABTS自由基溶液，避光室温下反应30min，在波长734nm处测得吸光值，通过公式计算出清除率，以不加样品组作为空白对照，每组3次。

由表3-5可知，红海榄25株内生真菌在4种发酵条件下，有21株（84%）内生真菌具有清除ABTS自由基的活性，其中属于炭角菌目（20%）（Xylariales）的 *Neopestalotiopsis protearum*、*Pestalotiopsis microspora*、*Pestalotiopsis photiniae*、*Pestalotiopsis theae* 和 *Seiridium ceratosporum*；间座壳目（36%）（Diaporthales）的 *Cytospora rhizophorae*、*Diaporthe ceratozamiae*、*Diaporthe eucalyptorum*、*Diaporthe* sp.、*Diaporthe perseae*、*Phomopsis glabrae*、*Phomopsis* sp.、*Phomopsis longicolla* 和 *Valsa brevispora*；其他类（28%）*Cladosporium cladosporioides*、*Guignardia mangiferae*、*Lasiodiplodia theobromae*、*Neofusicoccum mangiferae*、*Neofusicoccum parvum*、*Fusarium solani* 和 *Lasiodiplodia pseudotheobromae*。

表3-5 4种培养基发酵红海榄内生真菌产物清除ABTS自由基能力

Tab. 3-5 Antioxidents activity of the Endophytic fungal from *R. stylosa* growed on different mediums

样品编号	菌名称	清除率（%）			
		PDA培养基	查氏培养基	大米培养基	麦麸培养基
1	*Botryosphaeria dothidea*	15.85 ± 2.51	14.06 ± 1.91	31.08 ± 5.26	45.91 ± 2.16
2	*Cladosporium cladosporioides*	21.09 ± 0.56	83.40 ± 1.38	19.98 ± 1.91	60.37 ± 1.34
3	*Cytospora rhizophorae*	70.71 ± 0.88	92.29 ± 0.17	90.58 ± 0.25	88.56 ± 0.44
4	*Diaporthe ceratozamiae*	79.94 ± 2.16	16.72 ± 2.21	35.34 ± 1.05	39.34 ± 1.86

（续表）

样品编号	菌名称	清除率（%）			
		PDA培养基	查氏培养基	大米培养基	麦麸培养基
5	*Diaporthe eucalyptorum*	89.93 ± 0.09	69.55 ± 2.84	87.43 ± 0.60	48.00 ± 0.30
6	*Diaporthe perseae*	31.56 ± 5.45	88.29 ± 2.36	36.21 ± 2.36	32.98 ± 4.10
7	*Diaporthe* sp.	64.92 ± 3.43	80.65 ± 4.96	31.73 ± 2.42	74.9 ± 0.34
8	*Fusarium solani*	17.42 ± 1.10	21.29 ± 3.11	35.41 ± 2.11	72.51 ± 3.21
9	*Guignardia mangiferae*	6.76 ± 0.70	5.12 ± 1.50	79.65 ± 1.79	28.49 ± 4.51
10	*Lasiodiplodia pseudotheobromae*	36.23 ± 4.83	27.71 ± 2.91	35.75 ± 4.95	60.91 ± 1.28
11	*Lasiodiplodia theobromae*	4.84 ± 1.71	18.44 ± 0.87	40.51 ± 2.87	81.69 ± 1.61
12	*Neofusicoccum mangiferae*	15.52 ± 1.48	26.42 ± 1.47	32.95 ± 1.98	62.18 ± 2.58
13	*Neofusicoccum parvum*	34.92 ± 7.21	71.32 ± 6.29	10.48 ± 1.61	21.78 ± 1.63
14	*Neopestalotiopsis protearum*	87.19 ± 1.42	92.19 ± 0.00	47.12 ± 1.42	61.06 ± 1.39
15	*Pestalotiopsis microspora*	72.29 ± 1.25	90.02 ± 2.76	91.31 ± 0.36	15.78 ± 1.91
16	*Pestalotiopsis palmarum*	39.57 ± 7.05	5.02 ± 0.99	7.73 ± 2.88	9.56 ± 2.10
17	*Pestalotiopsis photiniae*	11.56 ± 0.40	13.73 ± 0.44	8.70 ± 1.40	60.72 ± 3.69
18	*Pestalotiopsis* sp.	34.93 ± 0.66	30.46 ± 1.27	3.77 ± 1.04	31.47 ± 3.96
19	*Pestalotiopsis theae*	86.38 ± 1.69	60.70 ± 5.19	30.92 ± 2.49	17.89 ± 0.44
20	*Phomopsis asparagi*	16.44 ± 1.95	28.18 ± 3.08	0.20 ± 0.09	33.09 ± 4.06
21	*Phomopsis glabrae*	13.45 ± 0.54	22.74 ± 2.03	89.63 ± 2.71	14.95 ± 1.66
22	*Phomopsis longicolla*	77.79 ± 1.83	91.74 ± 0.23	31.84 ± 8.01	66.72 ± 2.13
23	*Phomopsis* sp.	0.59 ± 1.18	3.97 ± 3.56	69.90 ± 2.53	30.18 ± 4.54
24	*Seiridium ceratosporum*	44.36 ± 1.93	91.39 ± 0.52	11.74 ± 3.14	44.35 ± 2.43
25	*Valsa brevispora*	90.58 ± 0.40	1.10 ± 0.35	90.08 ± 0.15	70.47 ± 4.08

筛选出清除能力超过50%的粗提物进行复筛，计算出IC$_{50}$，以维生素C作为阳性对照。每组实验平行3次并计算出标准偏差（图3-9至图3-12）。红海榄内生真菌的发酵粗提物浓度与清除ABTS自由基的能力呈正相关。

3 红茄苳和红海榄内生真菌的活性筛选

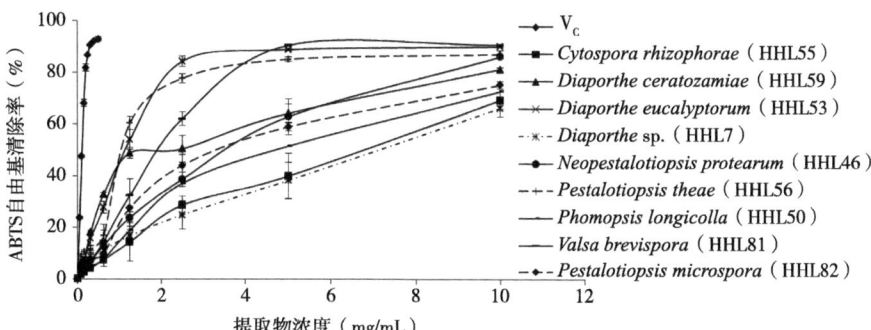

图3-9 红海榄内生真菌PDA培养基发酵产物对ABTS自由基的清除率

Fig. 3-9 Scavenging ABTS radical ability of the Endophytic fungal from *R. stylosa* growed on PDA medium

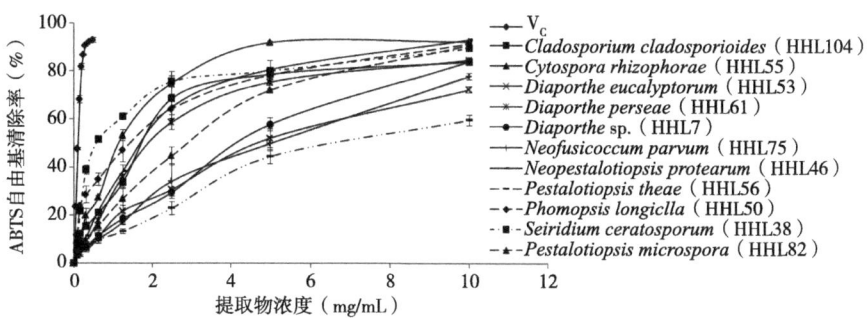

图3-10 红海榄内生真菌查氏培养基发酵产物对ABTS自由基的清除率

Fig. 3-10 Scavenging ABTS radical ability of the Endophytic fungal from *R. stylosa* growed on Czapek's Agar

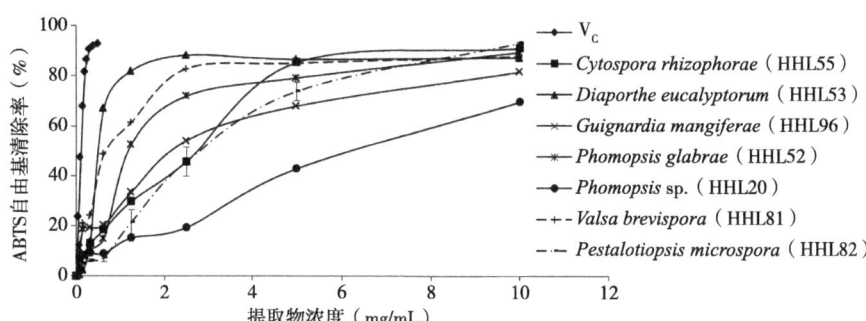

图3-11 红海榄内生真菌大米培养基发酵产物对ABTS自由基的清除率

Fig. 3-11 Scavenging ABTS radical ability of the Endophytic fungal from *R. stylosa* growed on rice culture

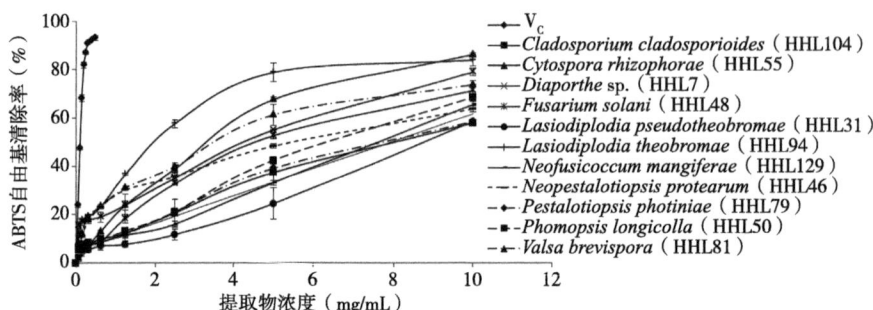

图3-12 红海榄内生真菌麦麸培养基发酵产物对ABTS自由基的清除率

Fig. 3-12 Scavenging ABTS radical ability of the Endophytic fungal from *R. stylosa* growed on grain culture

复筛粗提物清除ABTS自由基的IC_{50}值（表3-6）表明，清除能力最强的5种菌依次是 *Seiridium ceratosporum* [（0.37±0.02）mg/mL]、*Cytospora rhizophorae* [（0.50±0.01）mg/mL]、*Valsa brevispora* [（0.76±0.23）mg/mL]、*Diaporthe eucalyptorum* [（0.77±0.03）mg/mL] 和 *Phomopsis longicolla* [（1.03±0.04）mg/mL]。在不同培养基中，清除ABTS自由基能力最强的5株内生真菌的发酵产物（表3-6）表明，查氏培养基和大米培养基更适于红海榄内生真菌产生清除ABTS自由基的物质。

在PDA培养基发酵获得的粗提物中，有9株内生真菌具有抗氧化活性，其中，清除能力最强的5株内生真菌由强到弱依次是 *Diaporthe eucalyptorum*、*Pestalotiopsis theae*、*Neopestalotiopsis protearum*、*Diaporthe* sp. 和 *Diaporthe* sp.。

在查氏培养基发酵粗提物中有11株内生真菌具有抗氧化活性，其中清除能力最强的5株内生真菌由强到弱依次是 *Seiridium ceratosporum*、*Cytospora rhizophorae*、*Phomopsis longicolla*、*Neopestalotiopsis protearum* 和 *Cladosporium cladosporioides*。

在大米培养基发酵粗提物中有7株内生真菌具有抗氧化活性，其清除能力最强的5株内生真菌由强到弱依次是 *Valsa brevispora*、*Diaporthe eucalyptorum*、*Phomopsis glabrae*、*Cytospora rhizophorae* 和 *Guignardia mangiferae*。

在麦麸培养基发酵粗提物中有11株内生真菌具有抗氧化活性，其中清除能力最强的5株内生真菌由强到弱依次是 *Cytospora rhizophorae*、*Lasiodiplodia theobromae*、*Diaporthe* sp.、*Valsa brevispora* 和 *Fusarium solani*。

表3-6 4种培养基发酵红海榄内生真菌产物清除ABTS自由基的IC_{50}

Tab. 3-6 The IC_{50} value of the Endophytic fungal scavenging ABTS radical from *R. stylosa*

样品编号	菌名称	IC_{50} (mg/mL) PDA培养基	查氏培养基	大米培养基	麦麸培养基
2	*Cladosporium cladosporioides*	—	1.47 ± 0.02	—	9.88 ± 1.46
3	*Cytospora rhizophorae*	5.46 ± 0.63	0.50 ± 0.01	1.59 ± 0.06	1.17 ± 0.04
4	*Diaporthe ceratozamiae*	1.80 ± 0.05	—	—	—
5	*Diaporthe eucalyptorum*	1.03 ± 0.02	4.18 ± 0.20	0.77 ± 0.03	—
6	*Diaporthe perseae*	—	1.75 ± 0.06	—	—
7	*Diaporthe* sp.	1.67 ± 0.39	2.92 ± 0.14	—	2.73 ± 0.13
8	*Fusarium solani*	—	—	—	4.11 ± 0.55
9	*Guignardia mangiferae*	—	—	1.80 ± 0.10	—
10	*Lasiodiplodia pseudotheobromae*	—	—	—	10.17 ± 0.23
11	*Lasiodiplodia theobromae*	—	—	—	1.48 ± 0.13
12	*Neofusicoccum mangiferae*	—	—	—	6.78 ± 0.39
13	*Neofusicoccum parvum*	—	3.65 ± 0.46	—	—
14	*Neopestalotiopsis protearum*	1.24 ± 0.14	1.37 ± 0.07	—	5.13 ± 0.18
15	*Pestalotiopsis microspora*	2.99 ± 0.29	1.93 ± 0.06	1.95 ± 0.15	—
17	*Pestalotiopsis photiniae*	—	—	—	9.01 ± 0.57
19	*Pestalotiopsis theae*	1.12 ± 0.03	7.87 ± 0.59	—	—
21	*Phomopsis glabrae*	—	—	1.29 ± 0.09	—
22	*Phomopsis longicolla*	1.98 ± 0.08	1.03 ± 0.04	—	5.49 ± 0.72
23	*Phomopsis* sp.	—	—	5.20 ± 0.81	—
24	*Seiridium ceratosporum*	—	0.37 ± 0.02	—	—
25	*Valsa brevispora*	1.46 ± 0.10	—	0.76 ± 0.23	2.85 ± 0.21
26	V_C	0.09 ± 0.00			

3.2.1.4 红茄苳内生真菌发酵物清除ABTS自由基

将红茄苳21株内生真菌在PDA、查氏、大米和麦麸4种培养上进行发酵30d，超声提取1h，重复3次。回收乙酸乙酯，获取内生真菌在4种培养基下的发酵粗提物。将粗提物用DMSO配制成10mg/mL的待测液。取195μL的DPPH自由基溶液加入到含有10μL待测液的96孔中，反应30min后，在517nm处测得吸光值，用DMSO作为空白对照计算出清除率，以维生素C作为阳性对照。每组平行3次并计算出标准偏差。

由表3-7可知，4种发酵培养基分别对红茄苳21种内生真菌进行发酵，有19株（90%）内生真菌的清除率超过50%，分别是 *Aspergillus fumigatus*、*Botryosphaeria fusispora*、*Colletotrichum gloeosporioides*、*Diaporthe eucalyptorum*、*Diaporthe pascoei*、*Diaporthe phaseolorum*、*Diaporthe* sp.、*Eutypella scoparia*、*Lasiodiplodia theobromae*、*Neofusicoccum mangiferae*、*Neofusicoccum parvum*、*Neopestalotiopsis protearum*、*Paraconiothyrium hawaiiense*、*Pestalotiopsis microspora*、*Pestalotiopsis* sp.、*Phomopsis longicolla*、*Phomopsis glabrae*、*Pseudofusicoccum stromaticum* 和 *Valsa brevispora*。

表3-7 4种培养基发酵红茄苳内生真菌产物清除ABTS自由基能力

Tab. 3-7 Antioxidents activity of the Endophytic fungal from *R. mucronata* growed on different mediums

样品编号	菌名称	清除率（%）			
		PDA培养基	查氏培养基	大米培养基	麦麸培养基
1	*Aspergillus fumigatus*	22.60 ± 0.56	91.52 ± 0.23	33.28 ± 6.19	45.44 ± 1.54
2	*Botryosphaeria fusispora*	25.26 ± 4.89	83.18 ± 2.49	26.85 ± 2.73	17.56 ± 0.96
3	*Colletotrichum gloeosporioides*	37.51 ± 3.44	74.75 ± 1.42	22.74 ± 1.32	27.79 ± 2.80
4	*Diaporthe eucalyptorum*	70.70 ± 0.84	89.93 ± 0.09	87.03 ± 0.74	86.07 ± 0.60
5	*Diaporthe pascoei*	57.90 ± 4.12	64.27 ± 1.59	87.95 ± 1.96	36.27 ± 1.14
6	*Diaporthe phaseolorum*	69.88 ± 1.91	92.42 ± 0.48	78.71 ± 1.18	12.44 ± 2.34
7	*Diaporthe* sp.	65.98 ± 2.22	68.16 ± 2.17	90.73 ± 0.08	90.63 ± 1.75
8	*Eutypella scoparia*	6.01 ± 3.25	61.83 ± 0.85	21.34 ± 1.47	21.88 ± 1.45
9	*Fusarium verticillioides*	20.24 ± 2.12	45.00 ± 3.11	25.78 ± 2.34	27.93 ± 2.33

（续表）

样品编号	菌名称	清除率（%）			
		PDA培养基	查氏培养基	大米培养基	麦麸培养基
10	*Lasiodiplodia theobromae*	4.84 ± 1.71	27.00 ± 1.41	23.73 ± 0.96	83.75 ± 2.19
11	*Neofusicoccum mangiferae*	4.72 ± 0.68	17.71 ± 3.22	31.64 ± 1.62	65.43 ± 1.16
12	*Neofusicoccum parvum*	24.62 ± 6.51	77.76 ± 1.39	27.14 ± 6.64	14.27 ± 1.23
13	*Neopestalotiopsis protearum*	87.19 ± 1.42	92.19 ± 0.00	47.12 ± 1.42	61.06 ± 1.39
14	*Paraconiothyrium hawaiiense*	4.31 ± 1.31	34.11 ± 0.67	75.50 ± 5.44	21.35 ± 2.76
15	*Pestalotiopsis microspora*	72.29 ± 1.25	90.02 ± 2.76	91.31 ± 0.36	15.78 ± 1.91
16	*Pestalotiopsis protearum*	25.67 ± 1.33	36.78 ± 3.20	28.54 ± 3.76	29.33 ± 1.43
17	*Pestalotiopsis* sp.	56.78 ± 4.84	35.01 ± 1.30	86.07 ± 1.53	89.66 ± 3.96
18	*Phomopsis glabrae*	14.21 ± 4.01	21.77 ± 2.76	90.54 ± 0.58	14.95 ± 1.66
19	*Phomopsis longicolla*	57.36 ± 0.14	91.32 ± 1.15	22.59 ± 4.59	68.44 ± 2.21
20	*Pseudofusicoccum stromaticum*	10.36 ± 0.48	87.83 ± 0.84	20.17 ± 5.21	89.16 ± 2.29
21	*Valsa brevispora*	91.33 ± 0.36	12.23 ± 0.56	87.95 ± 0.92	73.63 ± 0.32

筛选出清除率超过50%的发酵产物进行复筛，计算出IC_{50}，以维生素C作为阳性对照。每组实验平行3次并计算出标准偏差（图3-13至图3-16）。红茄苳内生真菌的发酵粗提物浓度与清除ABTS自由基的能力呈正相关。

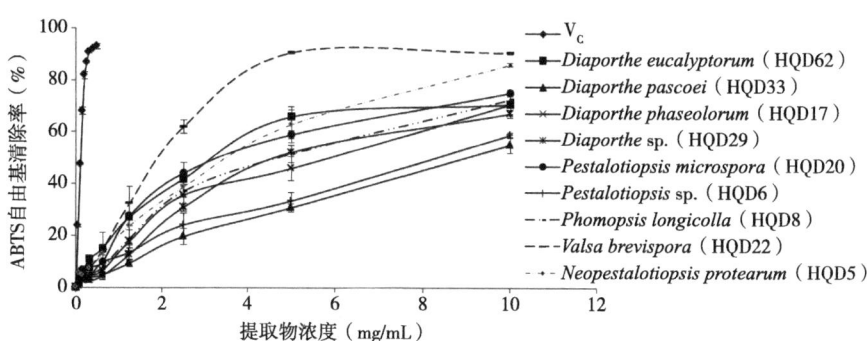

图3-13 红茄苳内生真菌PDA培养基发酵对ABTS自由基的清除率

Fig. 3-13 Scavenging ABTS radical ability of the Endophytic fungal from *R. mucronata* growed on PDA medium

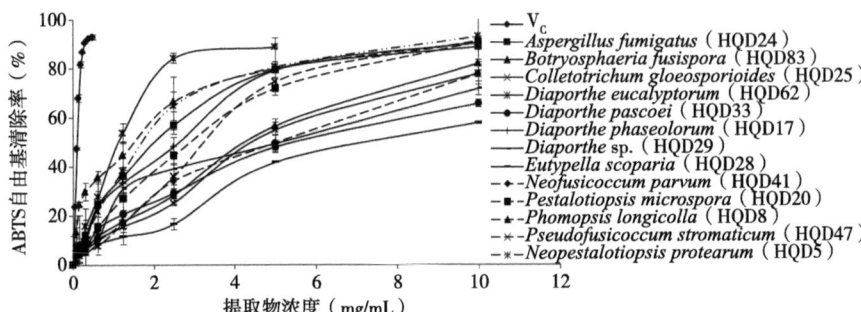

图3-14 红茄苳内生真菌查氏培养基发酵对ABTS自由基的清除率

Fig. 3-14 Scavenging ABTS radical ability of the Endophytic fungal from *R. mucronata* growed on Czapek's Agar

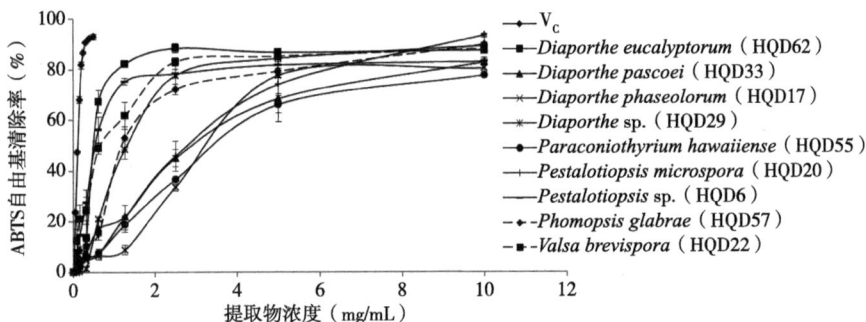

图3-15 红茄苳内生真菌大米培养基发酵对ABTS自由基的清除率

Fig. 3-15 Scavenging ABTS radical ability of the Endophytic fungal from *R. mucronata* growed on rice culture

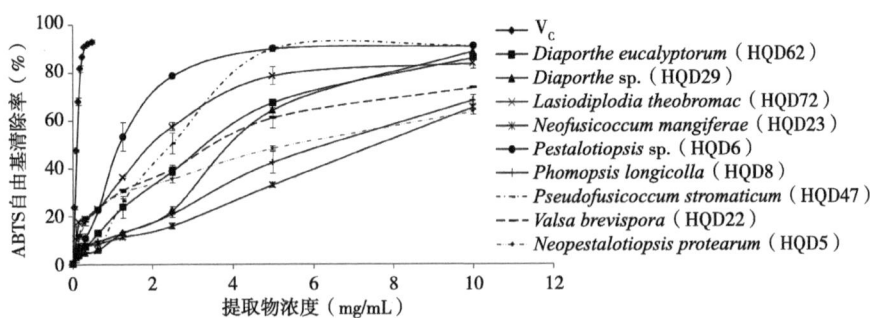

图3-16 红茄苳内生真菌麦麸培养基发酵对ABTS自由基的清除率

Fig. 3-16 Scavenging ABTS radical ability of the Endophytic fungal from *R. mucronata* growed on grain culture

3 红茄苳和红海榄内生真菌的活性筛选

复筛粗提物清除ABTS自由基的IC_{50}值（表3-8）表明，清除能力最强的5种菌依次是 Pestalotiopsis sp.［（0.75±0.11）mg/mL］、Valsa brevispora［（0.76±0.23）mg/mL］、Diaporthe eucalyptorum［（0.77±0.03）mg/mL］、Phomopsis longicolla［（1.03±0.04）mg/mL］和 Neopestalotiopsis protearum［（1.24±0.14）mg/mL］。在不同培养基中，清除ABTS自由基能力最强的5株内生真菌的发酵产物（表3-8）表明，大米培养基在红茄苳内生真菌的发酵中更容易产生清除ABTS自由基能力的物质。

表3-8 4种培养基发酵红茄苳内生真菌产物清除ABTS自由基的IC_{50}

Tab. 3-8 The IC_{50} value of the Endophytic fungal scavenging ABTS radical from R. mucronata

样品编号	菌名称	IC_{50} (mg/mL)			
		PDA培养基	查氏培养基	大米培养基	麦麸培养基
1	Aspergillus fumigatus	—	1.55±0.03	—	—
2	Botryosphaeria fusispora	—	3.10±0.20	—	—
3	Colletotrichum gloeosporioides	—	3.52±0.63	—	—
4	Diaporthe eucalyptorum	3.00±0.15	1.03±0.02	0.77±0.03	1.17±0.04
5	Diaporthe pascoei	13.56±3.55	5.47±0.27	2.32±0.20	—
6	Diaporthe phaseolorum	4.80±0.99	1.67±0.17	2.40±0.11	—
7	Diaporthe sp.	4.89±0.16	3.88±0.63	1.32±0.04	2.62±0.11
8	Eutypella scoparia	—	8.74±0.34	—	—
10	Lasiodiplodia theobromae	—	—	—	1.48±0.13
11	Neofusicoccum mangiferae	—	—	—	6.78±0.39
12	Neofusicoccum parvum	—	3.65±0.46	—	—
13	Neopestalotiopsis protearum	1.24±0.14	1.37±0.07	—	5.13±0.18
14	Paraconiothyrium hawaiiense	—	—	2.95±0.12	—
15	Pestalotiopsis microspora	2.99±0.29	1.93±0.06	1.95±0.15	—
17	Pestalotiopsis sp.	10.09±1.10	—	0.75±0.11	1.13±0.05
18	Phomopsis glabrae	—	—	1.29±0.09	—
19	Phomopsis longicolla	1.98±0.08	1.03±0.04	—	5.49±0.72
20	Pseudofusicoccum stromaticum	—	2.16±0.06	—	1.68±0.03
21	Valsa brevispora	1.46±0.10	—	0.76±0.23	2.85±0.21

（续表）

样品编号	菌名称	IC$_{50}$（mg/mL）			
		PDA培养基	查氏培养基	大米培养基	麦麸培养基
22	V$_C$		0.09 ± 0.00		

在PDA培养基发酵获得的粗提物中有9株内生真菌具有抗氧化活性，其中清除能力最强的5株内生真菌由强到弱依次是*Neopestalotiopsis protearum*、*Valsa brevispora*、*Phomopsis longicolla*、*Diaporthe eucalyptorum*、*Pestalotiopsis microspora*和*Diaporthe eucalyptorum*。

在查氏培养基发酵粗提物中有13株内生真菌具有抗氧化活性，其中清除能力最强的5株内生真菌由强到弱依次是*Phomopsis longicolla*、*Diaporthe eucalyptorum*、*Neopestalotiopsis protearum*、*Aspergillus fumigatus*和*Diaporthe phaseolorum*。

在大米培养基发酵粗提物中有7株内生真菌具有抗氧化活性，其清除能力最强的5株内生真菌由强到弱依次是*Pestalotiopsis* sp.、*Valsa brevispora*、*Diaporthe eucalyptorum*、*Phomopsis glabrae*和*Diaporthe* sp.。

在麦麸培养基发酵粗提物中有9株内生真菌具有抗氧化活性，其清除能力最强的5株内生真菌由强到弱依次是*Pestalotiopsis* sp.、*Diaporthe eucalyptorum*、*Lasiodiplodia theobromae*、*Pseudofusicoccum stromaticum*和*Diaporthe* sp.。

3.2.2 抗菌活性筛选

以白色念珠菌（*M.A.*）、耐甲氧西林金黄色葡萄球菌（*S.A.*）、铜绿假单胞菌（*P.A.*）和粪肠球菌（*E.F.*）为指示菌，采用微量稀释法对红海榄和红茄苳内生真菌的发酵粗提物进行抗菌活性测定，在倒置显微镜下观察细菌和真菌生长变形的情况，得到具有抗菌活性MIC值，两性霉素B（真菌）及环丙沙星（细菌）作为阳性对照。

3.2.2.1 红海榄内生真菌的抗菌活性

将红海榄中的25种内生真菌，在PDA、查氏、大米和麦麸培养基下，发酵30d获得的乙酸乙酯粗提物，用DMSO配制成100mg/mL的母液，在96孔板加入198μL的菌悬液和2μL的待测液，将96孔板置于37℃恒温箱中培养20h，在倒置显微镜下观察各指示菌的生长变形情况，每个样品做3个平行。

初筛结果（表3-9）表明，在红海榄的25种内生真菌发酵产物中，有16种内生真菌具有抗菌活性。其中对4种指示菌具有抗菌活性的内生真菌是*Neopestalotiopsis protearum*，对3种指示菌具有抗菌活性的内生真菌分别是*Cytospora rhizophorae*、*Lasiodiplodia theobromae*和*Pestalotiopsis microspora*。

红海榄内生真菌发酵产物抗菌活性复筛结果（表3-10）表明内生真菌*Pestalotiopsis microspora*对抑制白色念珠菌的能力最强，其MIC值为0.125mg/mL；*Cytospora rhizophorae*对抑制耐甲氧西林金黄色葡萄球菌的能力最强，其MIC值为0.06mg/mL；*Cytospora rhizophorae*对抑制铜绿假单胞菌的能力最强，其MIC值为0.031mg/mL；*Neopestalotiopsis protearum*对抑制粪肠球菌的能力最强，其MIC值为0.06mg/mL。

红海榄内生真菌发酵产物中，从查氏培养基中发酵获得粗提物抑制耐甲氧西林金黄色葡萄球菌、铜绿假单胞菌和粪肠球菌的能力最强；从大米培养基中发酵获得粗提物抑制白色念珠菌能力最强。所以，查氏培养基更容易发酵出具有抗菌活性的产物。

3.2.2.2 红茄苳内生真菌的抗菌活性

初筛结果（表3-11）表明，在红茄苳的21种内生真菌发酵产物中，有15种内生真菌具有抗菌活性。其中对4种指示菌具有抗菌活性的内生真菌是*Neopestalotiopsis protearum*和*Pestalotiopsis* sp.对3种指示菌具有抗菌活性的内生真菌分别是*Diaporthe phaseolorum*、*Diaporthe* sp.、*Lasiodiplodia theobromae*和*Pestalotiopsis microspora*。

红茄苳内生真菌发酵产物抗菌活性复筛结果（表3-12）表明，内生真菌*Pestalotiopsis microspora*对抑制白色念珠菌的能力最强，其MIC值为0.125mg/mL；*Pestalotiopsis protearum*和*Pestalotiopsis* sp.对抑制耐甲氧西林金黄色葡萄球菌的能力最强，其MIC值为0.031mg/mL；*Lasiodiplodia theobromae*和*Pestalotiopsis microspora*对抑制铜绿假单胞菌的能力最强，其MIC值为0.125mg/mL；*Pestalotiopsis* sp.对抑制粪肠球菌的能力最强，其MIC值为0.015mg/mL。

红茄苳内生真菌发酵产物中，从大米培养基中发酵获得的3株发酵产物抑制4种指示菌能力最强，有2株从查氏培养基中发酵获得，有1株从PDA培养基中发酵获得。所以，大米培养基更容易发酵出具有抗菌活性的产物。

表3-9 红海榄内生真菌发酵粗提物抗菌初筛结果
Tab. 3-9 Antimicrobial acticity of the Endophytic fungal from *R. stylosa*

编号	种名	PDA培养基				查氏培养基				大米培养基				麦麸培养基			
		M.A.	S.A.	P.A.	E.F.	M.A.	S.A.	P.A.	E.F.	M.A.	S.A.	P.A.	E.F.	M.A.	S.A.	P.A.	E.F.
1	*Botryosphaeria dothidea*	+	−	+	−	−	−	−	−								
2	*Cladosporium cladosporioides*	−	−	−	−	−	−	−	−								
3	*Cytospora rhizophorae*	−	+	−	+	−	+	+	−	−	+	+	+	−	−	+	−
4	*Diaporthe ceratozamiae*	−	−	−	−	−	−	−	−	+	+	−	−				
5	*Diaporthe eucalyptorum*					−	+	−	−	+	+	−	−				
6	*Diaporthe perseae*					−	−	+	−	+	+	−	−				
7	*Diaporthe sp.*					−	−	−	−								
8	*Fusarium solani*	+	−	−	−	−	−	−	−								
9	*Guignardia mangiferae*		−			−											
10	*Lasiodiplodia ps eudotheobromae*		+		−		+										
11	*Lasiodiplodia theobromae*		+			+	+	+	−	−	+	−	−				
12	*Neofusicoccum mangiferae*		−														
13	*Neofusicoccum parvum*																
14	*Neopestalotiopsis protearum*		+			+	+	+	+	+	+	+	−				
15	*Pestalotiopsis microspora*					−	−	+	−	+	−	−	−	+	+	−	−
16	*Pestalotiopsis palmarum*					−	−	−	−								

3 红茄苳和红海榄内生真菌的活性筛选

（续表）

编号	种名	PDA培养基				查氏培养基				大米培养基				麦麸培养基			
		M.A.	S.A.	P.A.	E.F.	M.A.	S.A.	P.A.	E.F.	M.A.	S.A.	P.A.	E.F.	M.A.	S.A.	P.A.	E.F.
17	*Pestalotiopsis photiniae*				-						+						
18	*Pestalotiopsis* sp.				-												
19	*Pestalotiopsis theae*				-												
20	*Phomopsis asparagi*				-	+											
21	*Phomopsis glabrae*				-												
22	*Phomopsis longicolla*				-	+	+			+	+						
23	*Phomopsis* sp.				-						+						
24	*Seiridium ceratosporum*				-					+	+						
25	*Valsa brevispora*				-					+	+						

注：M.A.表示白色念珠菌；S.A.表示耐甲氧基金黄色葡萄球菌；P.A.表示铜绿假单胞菌；E.F.表示粪肠球菌。"+"表示有抗菌活性；"-"表示无抗菌活性下同。

表3-10 红海榄内生真菌发酵产物抑制病原菌的MIC值

Tab. 3-10 The MIC value of antimicrobial acticity of the Endophytic fungal from *R. stylosa*

编号	种名	PDA培养基（mg/mL）				查氏培养基（mg/mL）				大米培养基（mg/mL）				麦麸培养基（mg/mL）			
		M.A.	S.A.	P.A.	E.F.	M.A.	S.A.	P.A.	E.F.	M.A.	S.A.	P.A.	E.F.	M.A.	S.A.	P.A.	E.F.
1	*Botryosphaeria dothidea*	1	—	—	—	—	—	—	—	—	—	—	—	—	—	—	—
3	*Cytospora rhizophorae*	—	1	—	—	—	0.06	0.03	—	—	1	—	1	—	1	1	—
4	*Diaporthe ceratozamiae*	—	—	—	—	—	—	—	—	—	1	—	—	—	—	—	—
5	*Diaporthe eucalyptorum*	—	—	—	—	—	1	—	—	1	1	—	—	—	—	—	—
6	*Diaporthe perseae*	—	—	—	—	—	—	—	—	—	1	—	—	—	—	—	—
7	*Diaporthe* sp.	—	—	—	—	—	1	—	—	1	1	—	—	—	—	—	—
8	*Fusarium solani*	1	—	—	—	—	—	—	—	—	—	—	—	—	—	—	—
11	*Lasiodiplodia theobromae*	—	1	—	0.12	—	0.12	0.12	—	—	—	—	—	—	—	—	—
12	*Neofusicoccum mangiferae*	—	1	—	—	—	—	—	—	—	0.25	—	—	—	—	—	—
13	*Neofusicoccum parvum*	—	—	—	—	—	—	—	—	—	0.25	—	—	—	—	—	—
14	*Neopestalotiopsis protearum*	—	—	1	—	1	0.06	—	0.06	1	0.12	—	—	—	—	—	—
15	*Pestalotiopsis microspora*	—	—	—	—	—	1	0.12	—	0.125	0.5	1	0.5	1	1	—	—
17	*Pestalotiopsis photiniae*	—	—	—	—	—	—	—	—	—	1	—	—	—	—	—	—
20	*Phomopsis asparagi*	—	—	—	—	—	—	—	—	1	—	—	—	—	—	—	—
22	*Phomopsis longicolla*	—	—	—	—	1	1	—	—	—	0.25	—	—	—	—	—	—
24	*Seiridium ceratosporum*	—	—	—	—	—	—	—	—	—	0.5	—	—	—	—	—	—
25	*Valsa brevispora*	—	—	—	—	—	—	—	—	1	0.25	—	—	—	—	—	—

3　红茄苳和红海榄内生真菌的活性筛选

表3-11　红茄苳内生真菌发酵粗提物抗菌初筛结果

Tab. 3-11　Antimicrobial acticity of the Endophytic fungal from *R. mucronata*

编号	种名	PDA培养基				查氏培养基				大米培养基				麦麸培养基			
		M.A.	S.A.	P.A.	E.F.	M.A.	S.A.	P.A.	E.F.	M.A.	S.A.	P.A.	E.F.	M.A.	S.A.	P.A.	E.F.
1	*Aspergillus fumigatus*	+															
2	*Botryosphaeria fusispora*																
3	*Colletotrichum gloeosporioides*		+														
4	*Diaporthe eucalyptorum*					+	−	−	+	+							
5	*Diaporthe pascoei*																
6	*Diaporthe phaseolorum*				+		+	+	+								
7	*Diaporthe sp.*				+	+			+			+					
8	*Eutypella scoparia*																
9	*Fusarium verticillioides*		+					+									
10	*Lasiodiplodia theobromae*		+				+	+									
11	*Neofusicoccum mangiferae*		+								+						
12	*Neofusicoccum parvum*											+					

（续表）

编号	种名	PDA培养基				查氏培养基				大米培养基				麦麸培养基			
		M.A.	S.A.	P.A.	E.F.	M.A.	S.A.	P.A.	E.F.	M.A.	S.A.	P.A.	E.F.	M.A.	S.A.	P.A.	E.F.
13	*Neopestalotiopsis protearum*			+	+				+	+	+	+					
14	*Paraconiothyrium hawaiiense*																
15	*Pestalotiopsis microspora*				−	+	+	+		+		+		+	+		
16	*Pestalotiopsis protearum*					+					+						
17	*Pestalotiopsis sp.*	+	+		+	+		+		+	+	+	+				
18	*Phomopsis glabrae*								+								
19	*Phomopsis longicolla*				−	+	+			+	+						
20	*Pseudofusicoccum stromaticum*									+	+						
21	*Valsa brevispora*																

3 红茄苳和红海榄内生真菌的活性筛选

表3-12 红茄苳内生真菌发酵产物抑制病原菌的MIC值

Tab. 3-12 The MIC value of antimicrobial acticity of the Endophytic fungal from *R. mucronata*

编号	种名	PDA培养基				查氏培养基				大米培养基				麦麸培养基			
		M.A.	S.A.	P.A.	E.F.	M.A.	S.A.	P.A.	E.F.	M.A.	S.A.	P.A.	E.F.	M.A.	S.A.	P.A.	E.F.
3	*Colletotrichum gloeosporioides*		1														
4	*Diaporthe eucalyptorum*					1	—	—	1	1							
5	*Diaporthe pascoei*	1															
6	*Diaporthe phaseolorum*						0.062	1	1								
7	*Diaporthe* sp.					1			0.25		0.125						
9	*Fusarium verticillioides*				0.062			0.5									
10	*Lasiodiplodia theobromae*		1		0.125		0.125	0.125									
11	*Neofusicoccum mangiferae*		1			1					0.25						
12	*Neofusicoccum parvum*					1					0.25						
13	*Neopestalotiopsis protearum*			1	—	1	0.062		0.062	1	0.125	0.5					
15	*Pestalotiopsis microspora*				—		1	0.125		0.125	0.5	1		1			
16	*Pestalotiopsis protearum*					1					0.031			1			
17	*Pestalotiopsis* sp.	1	1		0.015	1		1		1	0.031	1					
19	*Phomopsis longicolla*						1			1	0.25	1					
21	*Valsa brevispora*									1	0.25						

3.2.3 抗肿瘤活性筛选

通过不同培养基发酵红海榄和红茄苳内生真菌获得的产物，用DMSO配制成100mg/mL的母液，实验前，在无菌条件下，用细胞培养液配制粗提物为200μg/mL，备用。通过初步筛选，其抑制细胞生长率超过50%，则视为有抗肿瘤活性。选取具有抗肿瘤活性的样品，用细胞培养液再配制成100μg/mL、200μg/mL、400μg/mL和600μg/mL的待测液，进一步测得粗提物抗肿瘤的IC_{50}值，抗肿瘤实验分别以肺癌细胞（A549）、宫颈癌细胞（Hela）和肝癌细胞（HepG2）作为指示细胞，以阿霉素（Doxorubicin）和5氟尿嘧啶（5-Fu）作为阳性参照。

3.2.3.1 红海榄内生真菌抗肿瘤活性测定

（1）抑制肺癌细胞（A549）。红海榄内生真菌发酵产物抑制A549结果（表3-13）表明，有10种内生真菌的发酵产物具有抑制A549的作用，分别是*Diaporthe ceratozamiae*、*Diaporthe perseae*、*Neofusicoccum parvum*、*Neopestalotiopsis protearum*、*Pestalotiopsis microspora*、*Pestalotiopsis* sp.、*Phomopsis asparagi*、*Phomopsis longicolla*、*Phomopsis* sp.和*Seiridium ceratosporum*。

表3-13 红海榄内生真菌抑制肿瘤细胞A549的初筛结果

Tab. 3-13 Anti-tumor activity of Endophytic fungal from *R. stylosa*

样品编号	菌名称	清除率（%）			
		PDA培养基	查氏培养基	大米培养基	麦麸培养基
1	*Botryosphaeria dothidea*	0.57 ± 0.38	9.67 ± 1.27	45.34 ± 5.49	40.22 ± 0.23
2	*Cladosporium cladosporioides*	22.19 ± 2.35	29.23 ± 5.79	10.23 ± 0.89	17.44 ± 0.46
3	*Cytospora rhizophorae*	5.58 ± 1.38	15.30 ± 1.96	37.46 ± 3.41	33.25 ± 1.25
4	*Diaporthe ceratozamiae*	23.08 ± 1.58	36.65 ± 1.01	62.37 ± 1.86	45.28 ± 5.36
5	*Diaporthe eucalyptorum*	15.78 ± 2.87	1.73 ± 1.58	25.44 ± 1.43	1.56 ± 0.25
6	*Diaporthe perseae*	0.08 ± 1.95	39.39 ± 2.45	65.41 ± 2.17	29.36 ± 0.45
7	*Diaporthe* sp.	17.6 ± 1.75	9.09 ± 25.23	2.85 ± 1.68	11.77 ± 2.56

（续表）

样品编号	菌名称	清除率（%）			
		PDA培养基	查氏培养基	大米培养基	麦麸培养基
8	*Fusarium solani*	45.69 ± 2.72	5.48 ± 19.48	28.85 ± 10.12	15.25 ± 2.06
9	*Guignardia mangiferae*	0.12 ± 0.23	10.78 ± 0.25	35.46 ± 0.29	11.50 ± 1.12
10	*Lasiodiplodia pseudotheobromae*	37.23 ± 4.58	13.85 ± 3.54	23.84 ± 4.07	19.83 ± 2.87
11	*Lasiodiplodia theobromae*	2.56 ± 0.89	3.78 ± 2.56	5.76 ± 3.55	17.13 ± 0.13
12	*Neofusicoccum mangiferae*	5.07 ± 1.82	0.76 ± 0.35	19.52 ± 1.63	0.54 ± 0.35
13	*Neofusicoccum parvum*	1.30 ± 13.02	65.05 ± 2.34	25.34 ± 1.12	1.57 ± 2.31
14	*Neopestalotiopsis protearum*	30.80 ± 0.60	70.78 ± 2.09	47.30 ± 20.71	66.67 ± 1.58
15	*Pestalotiopsis microspora*	9.75 ± 0.80	7.61 ± 1.31	68.70 ± 1.06	38.51 ± 2.68
16	*Pestalotiopsis palmarum*	0.61 ± 0.77	10.68 ± 0.53	8.56 ± 2.31	40.37 ± 2.51
17	*Pestalotiopsis photiniae*	5.45 ± 0.71	38.71 ± 1.20	49.46 ± 3.57	42.55 ± 1.23
18	*Pestalotiopsis* sp.	15.23 ± 1.24	34.92 ± 1.46	68.64 ± 1.73	34.34 ± 5.61
19	*Pestalotiopsis theae*	10.32 ± 2.80	10.10 ± 1.31	41.12 ± 2.15	5.61 ± 2.54
20	*Phomopsis asparagi*	7.61 ± 1.60	11.89 ± 2.85	63.44 ± 2.46	39.46 ± 2.82
21	*Phomopsis glabrae*	4.23 ± 1.34	23.38 ± 1.73	33.12 ± 1.58	17.89 ± 0.23
22	*Phomopsis longicolla*	61.6 ± 4.76	59.31 ± 1.73	33.81 ± 1.91	70.02 ± 1.47
23	*Phomopsis* sp.	3.72 ± 2.16	6.49 ± 1.17	65.77 ± 4.11	25.73 ± 3.44
24	*Seiridium ceratosporum*	65.99 ± 3.96	59.45 ± 1.32	36.02 ± 1.33	0.25 ± 0.23
25	*Valsa brevispora*	6.08 ± 0.13	29.21 ± 0.98	39.37 ± 1.17	25.77 ± 0.25

筛选出以上10种内生真菌的发酵产物进一步做抗肿瘤活性测定，每组平行3次，并计算出IC_{50}值。红海榄内生真菌抑制肿瘤细胞的作用随着粗提物浓度的增加而增强（图3-17至图3-20）。

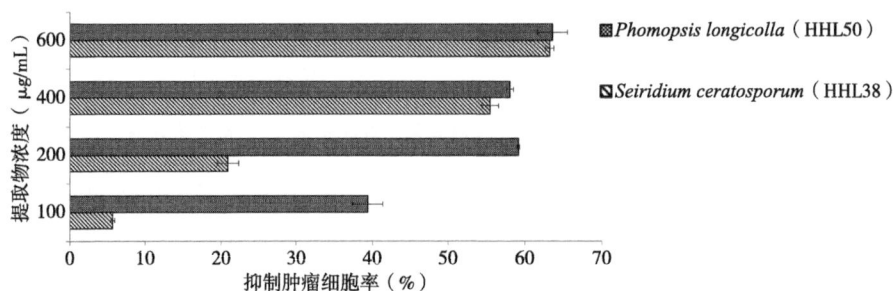

图3-17　PDA培养基发酵红海榄内生真菌抑制A549

Fig. 3-17　Anti-tumor activity of Endophytic fungal from *R. stylosa* growed on PDA madium

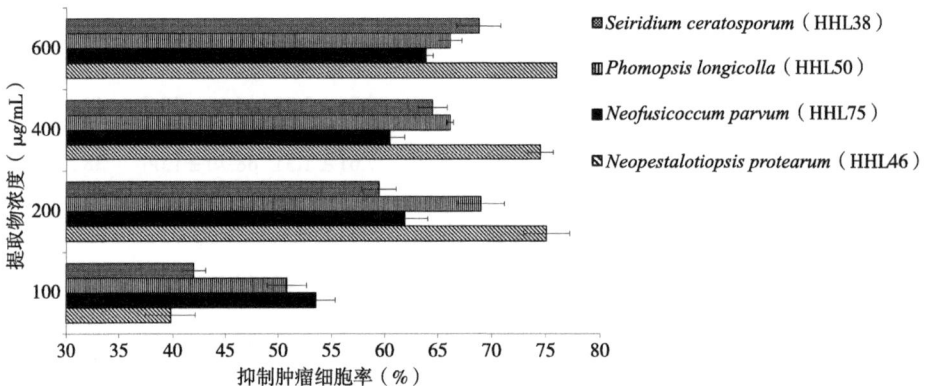

图3-18　查氏培养基发酵红海榄内生真菌抑制A549

Fig. 3-18　Anti-tumor activity of Endophytic fungal from *R. stylosa* growed on Czapek's Agar

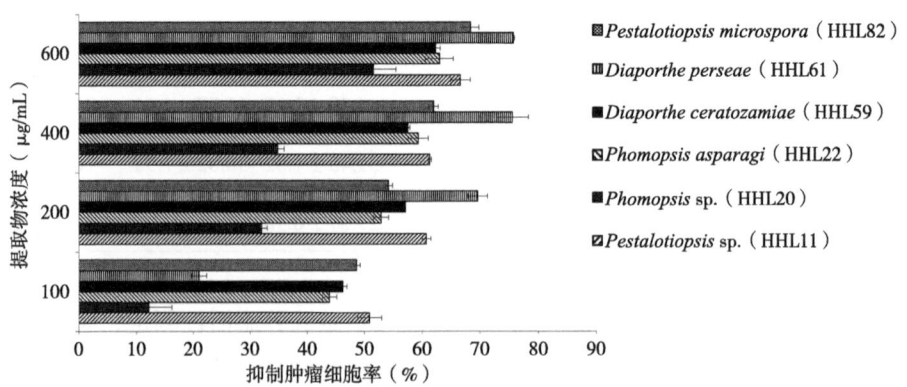

图3-19　大米培养基发酵红海榄内生真菌抑制A549

Fig. 3-19　Anti-tumor activity of Endophytic fungal from *R. stylosa* growed on rice culture

3 红茄苳和红海榄内生真菌的活性筛选

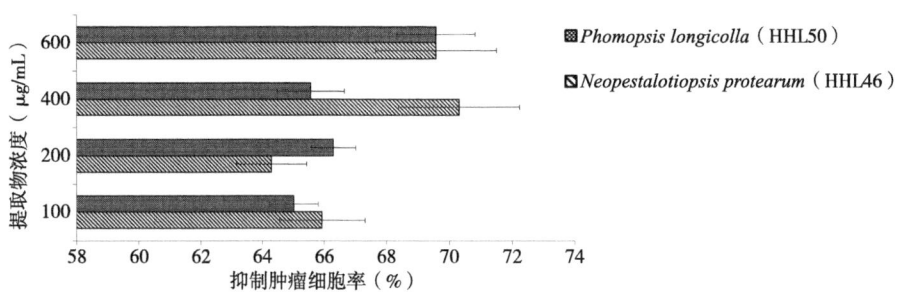

图3-20 麦麸培养基发酵红海榄内生真菌抑制A549

Fig. 3-20 Anti-tumor activity of Endophytic fungal from *R. stylosa* growed on grain culture

红海榄内生真菌发酵产物抑制A549复筛实验表明（表3-14），抑制A549活性最强的4株内生真菌依次是*Neopestalotiopsis protearum*［（11.65±0.34）μg/mL］、*Phomopsis longicolla*［（16.31±0.36）μg/mL］、*Neofusicoccum parvum*［（64.38±3.40）μg/mL］和*Pestalotiopsis* sp.［（97.21±1.36）μg/mL］。

表3-14 红海榄内生真菌抑制A549的IC_{50}值

Tab. 3-14 Anti-tumor activity of Endophytic fungal from *R. stylosa*

样品编号	菌名称	IC_{50}值（μg/mL）			
		PDA培养基	查氏培养基	大米培养基	麦麸培养基
4	*Diaporthe ceratozamiae*	—	—	140.46±5.61	—
5	*Diaporthe eucalyptorum*	—	—	—	—
6	*Diaporthe perseae*	—	—	201.04±1.22	—
13	*Neofusicoccum parvum*	—	64.38±3.40	—	—
14	*Neopestalotiopsis protearum*	—	144.39±1.58	—	11.65±0.34
15	*Pestalotiopsis microspora*	—	—	123.35±1.29	—
18	*Pestalotiopsis* sp.	—	—	97.21±1.36	—
20	*Phomopsis asparagi*	—	—	170.84±1.99	—
22	*Phomopsis longicolla*	192.96±2.62	108.53±2.09	—	16.31±0.36
23	*Phomopsis* sp.	—	—	605.5±1.51	—
24	*Seiridium ceratosporum*	386.35±3.82	151.1±2.25	—	—

红海榄内生真菌发酵产物中,从麦麸培养基发酵获得的2株内生真菌粗提物抑制A549活性最强,有1株从查氏培养基中发酵获得,有1株从大米培养基中发酵获得。所以,麦麸培养基更容易发酵出具有抑制A549活性的物质。

(2)抑制宫颈癌细胞(Hela)。红海榄内生真菌的发酵产物抑制Hela细胞的初筛结果(表3-15),有7株内生真菌发酵产物具有抑制Hela细胞的作用,分别是*Neofusicoccum parvum*、*Neopestalotiopsis protearum*、*Pestalotiopsis microspora*、*Pestalotiopsis theae*、*Phomopsis asparagi*、*Phomopsis longicolla*和*Phomopsis* sp.。

表3-15 红海榄内生真抑制肿瘤细胞Hela初筛结果

Tab. 3-15 Anti-tumor activity of Endophytic fungal from *R. stylosa*

样品编号	菌名称	清除率(%)			
		PDA培养基	查氏培养基	大米培养基	麦麸培养基
1	*Botryosphaeria dothidea*	2.73 ± 0.10	9.67 ± 1.27	2.05 ± 0.52	27.14 ± 2.56
2	*Cladosporium cladosporioides*	34.09 ± 1.05	32.21 ± 4.79	7.23 ± 0.89	19.25 ± 1.46
3	*Cytospora rhizophorae*	41.86 ± 1.74	15.30 ± 0.96	39.47 ± 1.31	41.53 ± 5.13
4	*Diaporthe ceratozamiae*	19.42 ± 2.35	36.65 ± 1.01	24.31 ± 2.55	30.78 ± 2.70
5	*Diaporthe eucalyptorum*	20.24 ± 0.99	3.21 ± 5.58	38.10 ± 0.89	24.84 ± 2.34
6	*Diaporthe perseae*	21.00 ± 1.28	39.39 ± 2.45	19.61 ± 1.16	22.54 ± 1.35
7	*Diaporthe* sp.	13.00 ± 1.82	9.09 ± 2.23	1.46 ± 0.21	0.56 ± 1.23
8	*Fusarium solani*	2.64 ± 1.96	5.48 ± 1.48	13.96 ± 0.54	18.55 ± 0.64
9	*Guignardia mangiferae*	0.12 ± 0.23	10.78 ± 0.25	35.46 ± 0.29	11.50 ± 1.12
10	*Lasiodiplodia pseudotheobromae*	23.23 ± 1.73	1.85 ± 0.54	9.27 ± 1.32	14.38 ± 1.69
11	*Lasiodiplodia theobromae*	5.78 ± 0.67	4.05 ± 1.23	8.76 ± 1.55	1.58 ± 1.13
12	*Neofusicoccum mangiferae*	30.41 ± 1.98	25.37 ± 1.91	0.30 ± 0.54	2.28 ± 1.19
13	*Neofusicoccum parvum*	39.97 ± 1.50	59.88 ± 4.77	19.13 ± 1.89	7.89 ± 2.54
14	*Neopestalotiopsis protearum*	8.63 ± 1.83	25.90 ± 1.04	66.45 ± 1.02	29.56 ± 2.56
15	*Pestalotiopsis microspora*	5.85 ± 0.77	17.30 ± 1.22	54.99 ± 1.59	8.87 ± 0.85

（续表）

样品编号	菌名称	清除率（%）			
		PDA培养基	查氏培养基	大米培养基	麦麸培养基
16	*Pestalotiopsis palmarum*	4.99 ± 3.50	2.68 ± 1.53	61.61 ± 0.91	40.28 ± 2.56
17	*Pestalotiopsis photiniae*	2.31 ± 1.78	1.88 ± 1.87	29.28 ± 1.17	30.53 ± 5.78
18	*Pestalotiopsis* sp.	10.66 ± 1.93	0.92 ± 0.46	45.73 ± 1.52	35.78 ± 2.69
19	*Pestalotiopsis theae*	55.91 ± 2.08	10.10 ± 1.31	10.71 ± 1.19	15.23 ± 2.67
20	*Phomopsis asparagi*	1.42 ± 1.56	2.89 ± 1.85	62.58 ± 0.83	10.23 ± 2.36
21	*Phomopsis glabrae*	27.30 ± 1.77	23.38 ± 1.73	31.17 ± 1.87	25.16 ± 2.58
22	*Phomopsis longicolla*	57.35 ± 2.95	58.01 ± 2.84	69.19 ± 4.37	6.26 ± 1.14
23	*Phomopsis* sp.	4.17 ± 0.38	2.49 ± 1.17	67.03 ± 3.03	38.23 ± 1.69
24	*Seiridium ceratosporum*	22.18 ± 2.11	3.85 ± 1.74	2.41 ± 1.98	27.23 ± 2.69
25	*Valsa brevispora*	18.50 ± 1.14	5.88 ± 1.70	36.34 ± 0.01	59.43 ± 1.72

选取以上7株内生真菌的发酵产物，进一步测定抗肿瘤活性，每组平行3次，并计算出IC$_{50}$值。红海榄内生真菌抑制Hela细胞的作用随着粗提物浓度的增加而增强（图3-21至图3-24）。

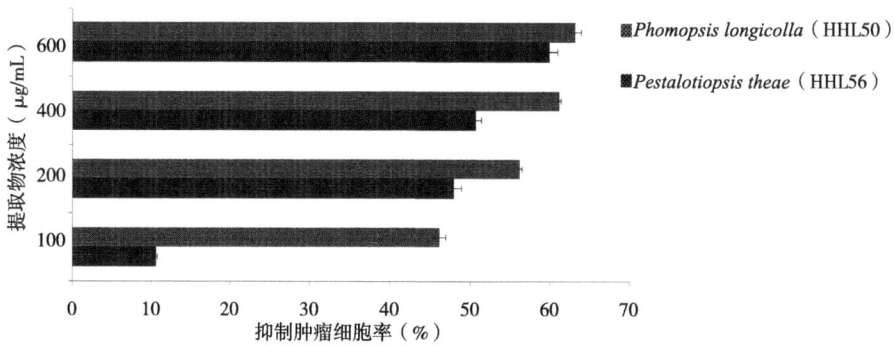

图3-21 PDA培养基发酵红海榄内生真菌抑制Hela

Fig. 3-21 Anti-tumor activity of Endophytic fungal from *R. stylosa* growed on PDA agar

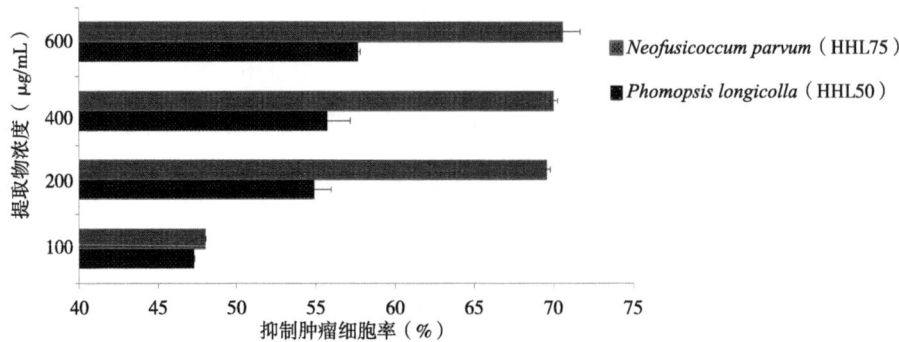

图3-22 查氏培养基发酵红海榄内生真菌抑制Hela

Fig. 3-22 Anti-tumor activity of Endophytic fungal from *R. stylosa* growed on Czapek's Agar

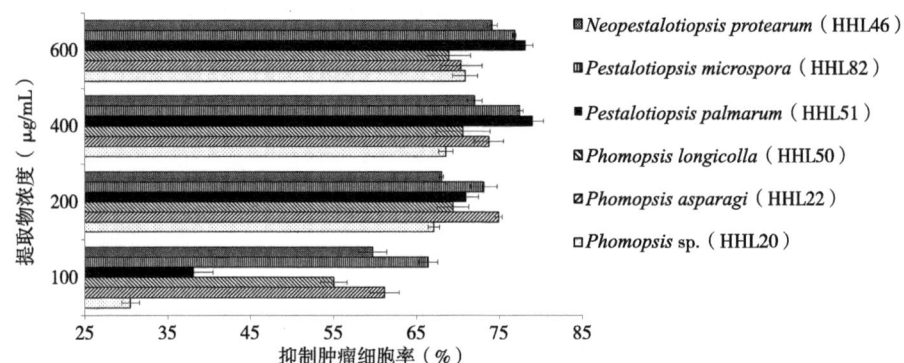

图3-23 大米培养基发酵红海榄内生真菌抑制Hela

Fig. 3-23 Anti-tumor activity of Endophytic fungal from *R. stylosa* growed on rice medium

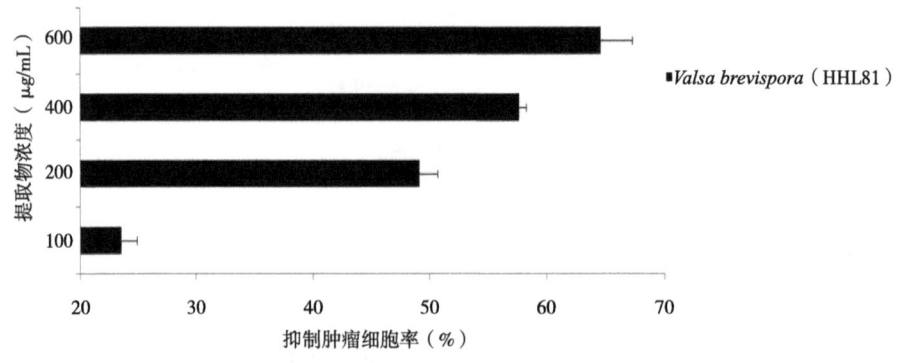

图3-24 麦麸培养基发酵红海榄内生真菌抑制Hela

Fig. 3-24 Anti-tumor activity of Endophytic fungal from *R. stylosa* growed on grain medium

红海榄内生真菌发酵产物抑制Hela复筛实验表明（表3-16），抑制Hela活性最强的4株内生真菌依次是 *Pestalotiopsis microspore* [（14.38±1.84）μg/mL]、*Neopestalotiopsis protearum* [（31.03±1.21）μg/mL]、*Phomopsis asparagi* [（70.55±1.37）μg/mL] 和 *Phomopsis longicolla* [（73.18±1.64）μg/mL]。

表3-16 红海榄内生真菌抑制Hela的IC_{50}值

Tab. 3-16 **Anti-tumor activity of Endophytic fungal from *R. stylosa***

样品编号	菌名称	IC_{50}值（μg/mL）			
		PDA培养基	查氏培养基	大米培养基	麦麸培养基
13	*Neofusicoccum parvum*		109.77±1.21		
14	*Neopestalotiopsis protearum*			31.03±1.21	
15	*Pestalotiopsis microspora*			14.38±1.84	
16	*Pestalotiopsis palmarum*			142.77±1.97	
19	*Pestalotiopsis theae*	341.14±1.37			
20	*Phomopsis asparagi*			70.55±1.37	
22	*Phomopsis longicolla*	137.73±2.53	120.38±1.79	73.18±1.64	
23	*Phomopsis* sp.			190.74±1.39	
25	*Valsa brevispora*				277.67±2.02

红海榄内生真菌发酵产物中，抑制Hela活性最强的4株内生真菌产物，均发酵于大米培养基中。

（3）抑制肝癌细胞（HepG2）。红海榄内生真菌发酵产物，抑制HepG2细胞的结果如表3-17所示，红海榄中有13种内生真菌具有抑制HepG2的作用，分别是 *Diaporthe ceratozamiae*、*Diaporthe eucalyptorum*、*Diaporthe perseae*、*Neofusicoccum parvum*、*Neopestalotiopsis protearum*、*Pestalotiopsis microspora*、*Pestalotiopsis photiniae*、*Pestalotiopsis* sp.、*Phomopsis asparagi*、*Phomopsis glabrae*、*Phomopsis longicolla*、*Phomopsis* sp.、*Seiridium ceratosporum*和*Valsa brevispora*。

表3-17 红海榄内生真抑制肿瘤细胞HepG2初筛结果
Tab. 3-17 Anti-tumor activity of Endophytic fungal from *R. stylosa*

样品编号	菌名称	清除率（%）			
		PDA培养基	查氏培养基	大米培养基	麦麸培养基
1	*Botryosphaeria dothidea*	1.54 ± 0.52	23.79 ± 3.40	2.51 ± 0.94	3.10 ± 1.80
2	*Cladosporium cladosporioides*	2.57 ± 1.56	8.11 ± 2.69	5.77 ± 1.69	10.23 ± 0.88
3	*Cytospora rhizophorae*	5.93 ± 1.03	18.93 ± 1.94	7.95 ± 0.84	10.38 ± 0.58
4	*Diaporthe ceratozamiae*	1.05 ± 0.33	67.31 ± 1.96	8.12 ± 1.45	44.12 ± 0.45
5	*Diaporthe eucalyptorum*	1.27 ± 0.47	9.71 ± 4.68	62.27 ± 2.50	40.26 ± 1.68
6	*Diaporthe perseae*	2.65 ± 0.36	6.80 ± 0.61	65.14 ± 1.06	35.00 ± 0.19
7	*Diaporthe* sp.	10.87 ± 0.18	7.09 ± 2.66	3.54 ± 0.55	28.15 ± 0.28
8	*Fusarium solani*	1.96 ± 0.81	34.62 ± 4.84	8.90 ± 1.66	18.14 ± 0.89
9	*Guignardia mangiferae*	2.87 ± 0.69	5.78 ± 0.11	0.87 ± 0.11	8.99 ± 0.58
10	*Lasiodiplodia pseudotheobromae*	12.52 ± 0.89	21.26 ± 1.59	24.43 ± 0.37	22.36 ± 0.87
11	*Lasiodiplodia theobromae*	5.12 ± 1.00	4.32 ± 3.10	3.45 ± 1.58	14.25 ± 1.10
12	*Neofusicoccum mangiferae*	45.22 ± 1.11	3.94 ± 1.36	2.34 ± 0.44	2.91 ± 1.29
13	*Neofusicoccum parvum*	15.71 ± 0.59	70.06 ± 2.39	10.54 ± 0.66	15.74 ± 5.16
14	*Neopestalotiopsis protearum*	10.00 ± 0.88	20.61 ± 2.72	53.93 ± 2.77	3.94 ± 1.34
15	*Pestalotiopsis microspora*	2.55 ± 1.68	5.76 ± 1.64	58.71 ± 3.67	3.39 ± 1.20
16	*Pestalotiopsis palmarum*	1.56 ± 0.32	13.85 ± 1.71	20.47 ± 1.62	15.28 ± 0.14
17	*Pestalotiopsis photiniae*	1.55 ± 0.04	26.38 ± 0.37	65.14 ± 5.71	24.15 ± 0.15
18	*Pestalotiopsis* sp.	3.21 ± 0.23	15.94 ± 3.86	70.06 ± 1.48	45.12 ± 0.67
19	*Pestalotiopsis theae*	0.93 ± 0.05	15.37 ± 1.30	6.77 ± 0.43	18.21 ± 0.69
20	*Phomopsis asparagi*	10.60 ± 1.75	10.37 ± 2.28	68.12 ± 2.24	10.65 ± 3.11
21	*Phomopsis glabrae*	10.10 ± 1.52	70.53 ± 0.97	19.80 ± 1.03	25.78 ± 1.23
22	*Phomopsis longicolla*	0.83 ± 0.81	54.59 ± 1.93	67.64 ± 1.22	5.36 ± 1.29
23	*Phomopsis* sp.	12.52 ± 1.13	36.39 ± 2.75	57.28 ± 2.20	25.11 ± 1.44
24	*Seiridium ceratosporum*	63.96 ± 1.83	40.90 ± 1.8	29.13 ± 3.18	35.12 ± 2.03
25	*Valsa brevispora*	16.66 ± 1.81	24.43 ± 1.89	2.81 ± 1.60	3.79 ± 0.27

选取以上13种内生真菌的发酵产物，进一步抑制HepG2细胞，每组平行3次，并计算出IC$_{50}$，结果如图3-25至图3-27所示。

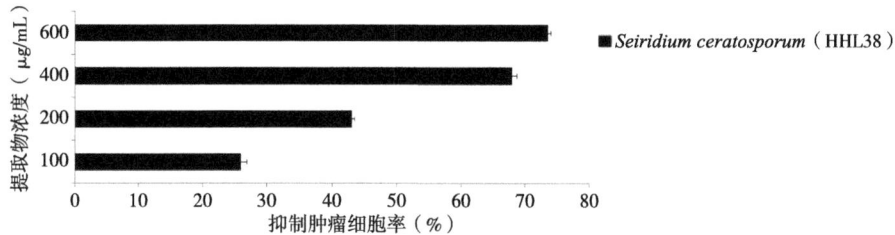

图3-25　PDA培养基发酵红海榄内生真菌抑制HepG2

Fig. 3-25　Anti-tumor activity of Endophytic fungal from *R. stylosa*

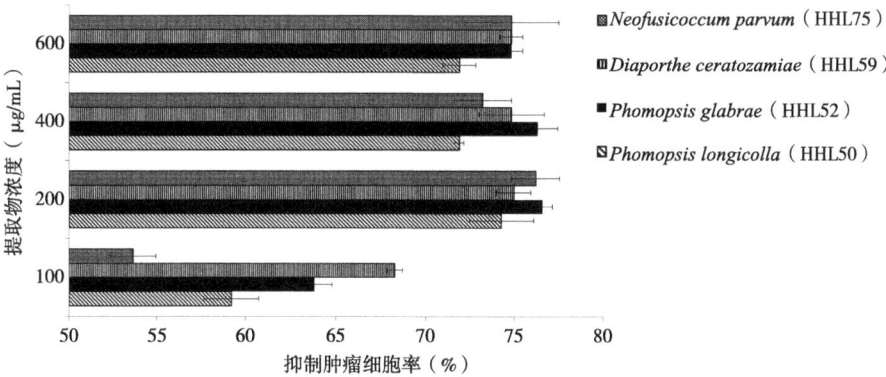

图3-26　查氏培养基发酵红海榄内生真菌抑制HepG2

Fig. 3-26　Anti-tumor activity of Endophytic fungal from *R. stylosa*

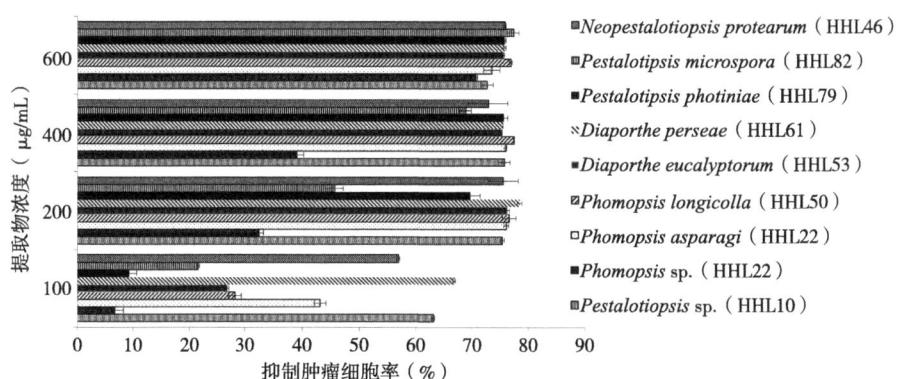

图3-27　大米培养基发酵红海榄内生真菌抑制HepG2

Fig. 3-27　Anti-tumor activity of Endophytic fungal from *R. stylosa*

在初筛的基础之上,进一步测定红海榄内生真菌发酵产物抑制HepG2的能力(表3-18),抑制HepG2能力最强的4株内生真菌的IC_{50}值依次是 Diaporthe perseae [(23.17±4.26)μg/mL]、Diaporthe ceratozamiae [(26.54±3.73)μg/mL]、Pestalotiopsis sp. [(39.09±1.38)μg/mL]、Neopestalotiopsis protearum [(69.15±1.63)μg/mL]。

表3-18 红海榄内生真菌抑制HepG2的IC_{50}值

Tab. 3-18 Anti-tumor activity of Endophytic fungal from *R. stylosa*

样品编号	菌名称	IC_{50}值(μg/mL)			
		PDA培养基	查氏培养基	大米培养基	麦麸培养基
4	Diaporthe ceratozamiae		26.54±3.73		
5	Diaporthe eucalyptorum			185.03±3.22	
6	Diaporthe perseae			23.17±4.26	
13	Neofusicoccum parvum		84.23±1.61		
14	Neopestalotiopsis protearum			69.15±1.63	
15	Pestalotiopsis microspora			237.47±1.75	
17	Pestalotiopsis photiniae			224.42±1.43	
18	Pestalotiopsis sp.			39.09±1.38	
20	Phomopsis asparagi			137.13±1.71	
21	Phomopsis glabrae		33.04±1.21		
22	Phomopsis longicolla		55.05±1.92	177.71±4.76	
23	Phomopsis sp.			378.08±1.59	
24	Seiridium ceratosporum	239.82±1.89			

抑制HepG2能力最强的4株内生真菌发酵产物有3株发酵于大米培养基,1株发酵于查氏培养基。

3.2.3.2 红茄苳内生真菌抗肿瘤活性测定

(1)抑制肺癌细胞(A549)。红茄苳内生真菌发酵产物,抑制A549细胞的结果如表3-19所示,红茄苳内生真菌中,有12株具有抑制A549的作用,分别是 Aspergillus fumigatus、Botryosphaeria fusispora、Colletotrichum gloeosporioides、Diaporthe pascoei、Diaporthe sp.、Eutypella scoparia、Fusarium verticillioides、

Neofusicoccum parvum、*Neopestalotiopsis protearum*、*Pestalotiopsis microspora*、*Pestalotiopsis protearum*、*Pestalotiopsis* sp.和*Phomopsis longicolla*。

表3-19 红茄苳内生真菌抑制A549初筛

Tab. 3-19 Anti-tumor activity of Endophytic fungal from *R. mucronata*

样品编号	菌名称	抑制率（%）			
		PDA培养基	查氏培养基	大米培养基	麦麸培养基
1	*Aspergillus fumigatus*	10.23 ± 4.69	58.60 ± 2.51	18.41 ± 2.87	40.32 ± 3.02
2	*Botryosphaeria fusispora*	65.20 ± 4.21	65.30 ± 3.98	62.57 ± 1.17	64.29 ± 3.81
3	*Colletotrichum gloeosporioides*	54.39 ± 3.26	5.78 ± 1.31	2.54 ± 0.92	15.40 ± 1.74
4	*Diaporthe eucalyptorum*	15.78 ± 2.87	1.73 ± 1.58	25.44 ± 1.43	1.56 ± 0.25
5	*Diaporthe pascoei*	64.88 ± 0.49	67.88 ± 3.49	10.33 ± 1.43	13.45 ± 1.89
6	*Diaporthe phaseolorum*	37.04 ± 1.46	14.92 ± 1.25	31.77 ± 2.76	25.17 ± 2.53
7	*Diaporthe* sp.	4.23 ± 2.00	42.31 ± 1.61	20.66 ± 1.21	52.54 ± 1.92
8	*Eutypella scoparia*	65.69 ± 3.32	8.08 ± 4.36	39.37 ± 1.92	65.24 ± 2.18
9	*Fusarium verticillioides*	55.77 ± 2.41	59.51 ± 3.43	66.08 ± 1.01	66.67 ± 2.18
10	*Lasiodiplodia theobromae*	2.56 ± 0.89	3.78 ± 2.56	5.76 ± 3.55	17.13 ± 0.13
11	*Neofusicoccum mangiferae*	5.07 ± 1.82	0.76 ± 0.35	19.52 ± 1.63	0.54 ± 0.35
12	*Neofusicoccum parvum*	1.30 ± 13.02	65.05 ± 2.34	25.34 ± 1.12	1.57 ± 2.31
13	*Neopestalotiopsis protearum*	30.80 ± 0.60	70.78 ± 2.09	47.30 ± 20.71	66.67 ± 1.58
14	*Paraconiothyrium hawaiiense*	13.98 ± 2.84	22.45 ± 0.46	3.33 ± 0.72	48.73 ± 1.70
15	*Pestalotiopsis microspora*	9.75 ± 0.80	7.61 ± 1.31	68.70 ± 1.06	38.51 ± 2.68
16	*Pestalotiopsis protearum*	32.36 ± 1.71	69.86 ± 1.65	39.05 ± 1.27	67.88 ± 4.88
17	*Pestalotiopsis* sp.	50.29 ± 2.92	36.75 ± 0.45	59.51 ± 3.43	6.19 ± 1.53
18	*Phomopsis glabrae*	4.23 ± 1.34	23.38 ± 1.73	33.12 ± 1.58	17.89 ± 0.23
19	*Phomopsis longicolla*	61.60 ± 4.76	59.31 ± 1.73	33.81 ± 1.91	70.02 ± 1.47
20	*Pseudofusicoccum stromaticum*	38.05 ± 4.45	31.31 ± 3.21	0.42 ± 0.49	2.34 ± 0.25
21	*Valsa brevispora*	6.08 ± 0.13	29.21 ± 0.98	39.37 ± 1.17	25.77 ± 0.25

选取以上25种内生真菌发酵产物进一步抑制A549活性测定，每组平行3次，并计算出IC_{50}值。结果如图3-28至图3-31所示。

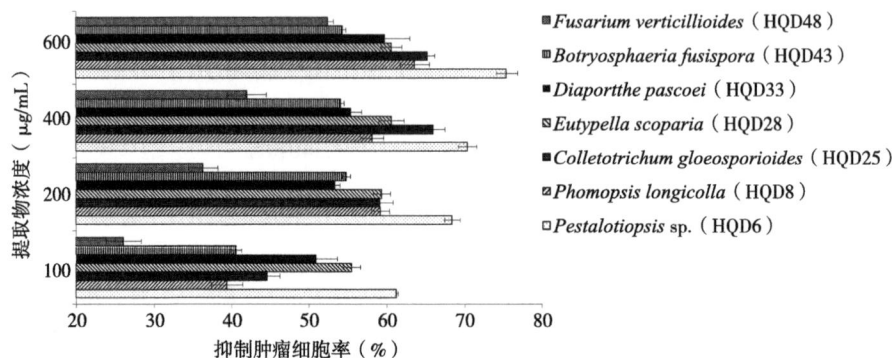

图3-28 PDA培养基发酵红茄苳内生真菌抑制A549

Fig. 3-28 Anti-tumor activity of Endophytic fungal from *R. mucronata* growed on PDA agar

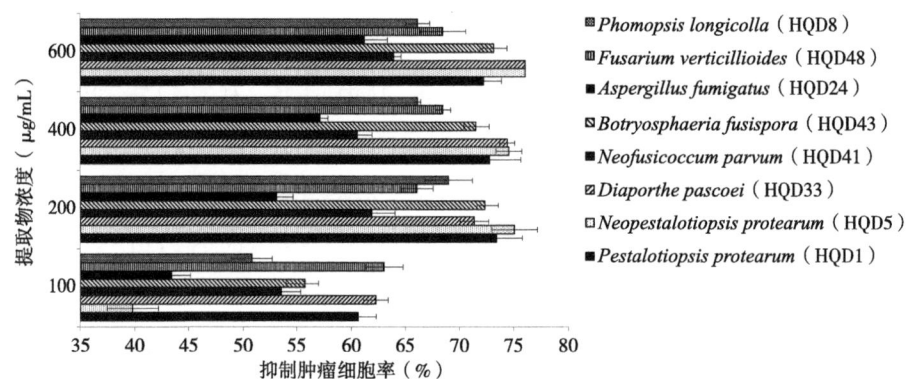

图3-29 查氏培养基发酵红茄苳内生真菌抑制A549

Fig. 3-29 Anti-tumor activity of Endophytic fungal from *R. mucronata* growed on Czapek's Agar

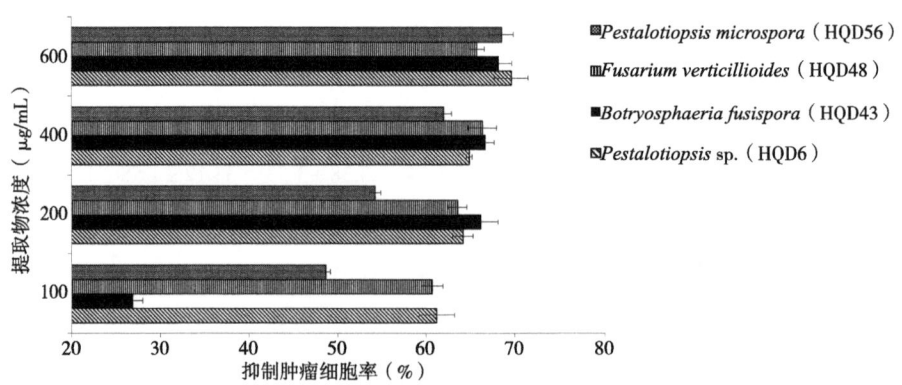

图3-30 大米培养基发酵红茄苳内生真菌抑制A549

Fig. 3-30 Anti-tumor activity of Endophytic fungal from *R. mucronata* growed on rice medium

3 红茄苳和红海榄内生真菌的活性筛选

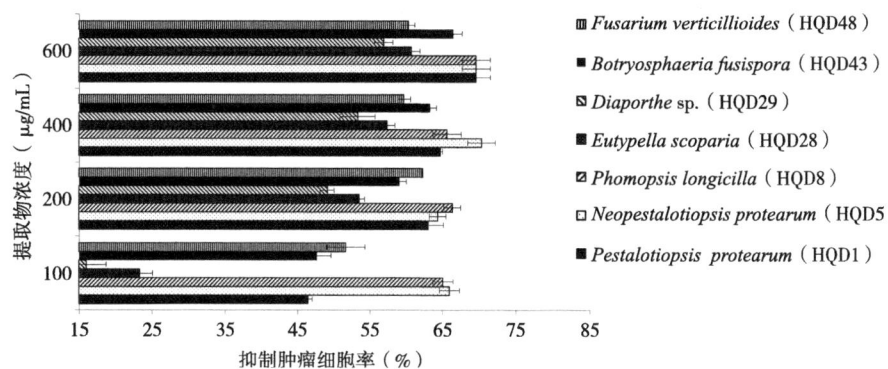

图3-31 麦麸培养基发酵红茄苳内生真菌抑制A549

Fig. 3-31 Anti-tumor activity of Endophytic fungal from *R. mucronata* growed on grain medium

在初筛的基础之上，进一步测定红茄苳内生真菌发酵产物抑制A549的能力（表3-20），抑制A549能力最强的4株内生真菌的IC_{50}值依次是*Fusarium verticillioides*〔(4.83±1.61) μg/mL〕、*Neopestalotiopsis protearum*〔(11.65±1.03) μg/mL〕、*Pestalotiopsis* sp.〔(14.99±1.62) μg/mL〕、*Diaporthe pascoei*〔(23.62±1.96) μg/mL〕。

表3-20 红茄苳内生真菌抑制A549的IC_{50}值

Tab. 3-20 Anti-tumor activity of Endophytic fungal from *R. mucronata*

样品编号	菌名称	IC_{50}值 (μg/mL)			
		PDA培养基	查氏培养基	大米培养基	麦麸培养基
1	*Aspergillus fumigatus*	179.67±1.21			
2	*Botryosphaeria fusispora*	248.17±1.22	62.63±1.63	208.13±1.42	112.17±1.63
3	*Colletotrichum gloeosporioides*	144.89±1.71			
5	*Diaporthe pascoei*	109.64±1.25	23.62±1.96		
7	*Diaporthe* sp.				331.91±1.33
8	*Eutypella scoparia*	53.81±1.37			277.58±1.30
9	*Fusarium verticillioides*	547.42±1.65	4.83±1.61	34.57±1.25	106.79±1.33
12	*Neofusicoccum parvum*		64.38±1.23		
13	*Neopestalotiopsis protearum*		144.40±1.75		11.65±1.03

（续表）

样品编号	菌名称	IC$_{50}$值（μg/mL）			
		PDA培养基	查氏培养基	大米培养基	麦麸培养基
15	*Pestalotiopsis microspora*			126.73 ± 1.21	
16	*Pestalotiopsis protearum*		40.09 ± 1.39		119.65 ± 1.38
17	*Pestalotiopsis* sp.	28.90 ± 1.26		14.99 ± 1.62	
19	*Phomopsis longicolla*	192.97 ± 1.86	108.53 ± 2.21		16.31 ± 1.26

抑制A549能力最强的4株内生真菌发酵产物有2株发酵于查氏培养基，1株发酵于大米培养基，1株发酵于麦麸培养基。

（2）抑制宫颈癌细胞（Hela）。红茄苳内生真菌在不同培养基条件下的产物抑制Hela细胞结果（表3-21），有12种内生真菌具有抑制Hela细胞的作用，分别是*Botryosphaeria fusispora*、*Diaporthe pascoei*、*Diaporthe phaseolorum*、*Diaporthe* sp.、*Fusarium verticillioides*、*Neofusicoccum parvum*、*Neopestalotiopsis protearum*、*Pestalotiopsis microspora*、*Pestalotiopsis protearum*、*Pestalotiopsis* sp.、*Phomopsis longicolla*和*Valsa brevispora*。

表3-21 红茄苳内生真菌抑制Hela初筛

Tab. 3-21 Anti-tumor activity of Endophytic fungal from *R. mucronata*

样品编号	菌名称	抑制率（%）			
		PDA培养基	查氏培养基	大米培养基	麦麸培养基
1	*Aspergillus fumigatus*	34.94 ± 1.84	47.35 ± 0.04	0.16 ± 0.25	3.30 ± 1.81
2	*Botryosphaeria fusispora*	13.59 ± 1.08	66.24 ± 2.21	11.01 ± 1.10	7.02 ± 1.61
3	*Colletotrichum gloeosporioides*	34.21 ± 1.06	38.54 ± 1.89	12.89 ± 2.47	2.36 ± 0.27
4	*Diaporthe eucalyptorum*	18.24 ± 1.99	1.73 ± 1.58	45.13 ± 1.50	37.54 ± 1.34
5	*Diaporthe pascoei*	44.84 ± 1.45	67.52 ± 3.59	12.58 ± 0.58	18.27 ± 1.97
6	*Diaporthe phaseolorum*	58.77 ± 4.23	28.13 ± 1.33	35.11 ± 0.87	24.42 ± 1.32
7	*Diaporthe* sp.	59.06 ± 2.92	10.72 ± 1.74	27.20 ± 15.26	9.91 ± 1.99
8	*Eutypella scoparia*	34.94 ± 1.84	9.13 ± 1.99	7.30 ± 1.78	1.50 ± 0.29

（续表）

样品编号	菌名称	抑制率（%）			
		PDA培养基	查氏培养基	大米培养基	麦麸培养基
9	*Fusarium verticillioides*	47.06 ± 2.23	73.35 ± 2.35	18.08 ± 1.07	65.06 ± 2.21
10	*Lasiodiplodia theobromae*	5.78 ± 0.67	4.05 ± 1.23	8.76 ± 1.55	1.58 ± 1.13
11	*Neofusicoccum mangiferae*	30.41 ± 1.98	25.37 ± 1.91	0.30 ± 0.54	2.28 ± 1.19
12	*Neofusicoccum parvum*	39.97 ± 1.50	59.88 ± 4.77	19.13 ± 1.89	7.89 ± 2.54
13	*Neopestalotiopsis protearum*	8.63 ± 1.83	25.90 ± 1.04	66.45 ± 1.02	29.56 ± 2.56
14	*Paraconiothyrium hawaiiense*	0.01 ± 1.00	2.51 ± 1.32	13.68 ± 2.29	42.11 ± 1.35
15	*Pestalotiopsis microspora*	5.85 ± 0.77	17.30 ± 1.22	54.12 ± 3.80	8.87 ± 0.85
16	*Pestalotiopsis protearum*	14.77 ± 1.17	62.42 ± 3.62	49.04 ± 1.50	25.47 ± 1.60
17	*Pestalotiopsis* sp.	54.68 ± 0.91	40.31 ± 1.23	63.48 ± 1.21	1.10 ± 0.87
18	*Phomopsis glabrae*	27.30 ± 1.77	23.38 ± 1.73	31.17 ± 1.87	25.16 ± 2.58
19	*Phomopsis longicolla*	59.94 ± 2.07	58.01 ± 2.84	67.20 ± 0.84	6.26 ± 1.14
20	*Pseudofusicoccum stromaticum*	0.00 ± 0.42	8.60 ± 0.97	5.67 ± 3.21	2.26 ± 1.85
21	*Valsa brevispora*	18.68 ± 1.86	5.88 ± 1.70	36.34 ± 0.01	59.43 ± 1.72

筛选出以上12种内生真菌发酵产物，进一步抑制Hela细胞的活性筛选，每组平行3次，并计算出IC$_{50}$值（图3-32至图3-35）。

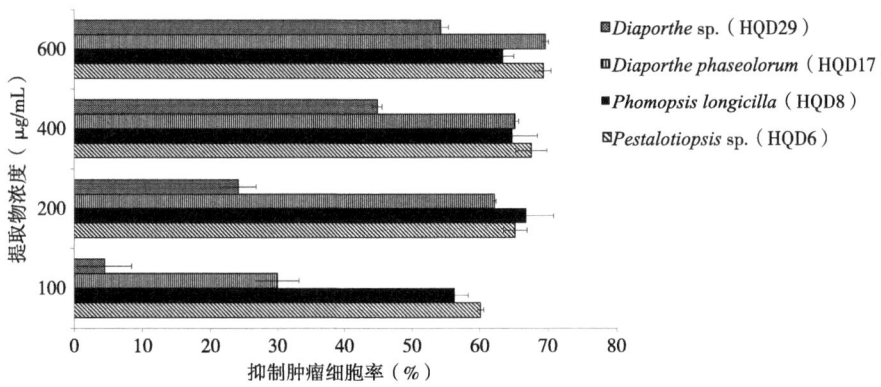

图3-32 PDA培养基发酵红茄苳内生真菌抑制Hela

Fig. 3-32 Anti-tumor activity of Endophytic fungal from *R. mucronata* growed on PDA agar

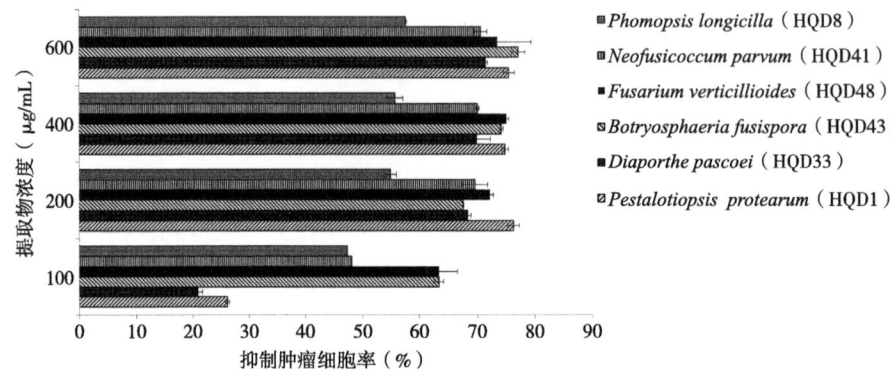

图3-33 查氏培养基发酵红茄苳内生真菌抑制Hela

Fig. 3-33 Anti-tumor activity of Endophytic fungal from *R. mucronata* growed on Czapek's agar

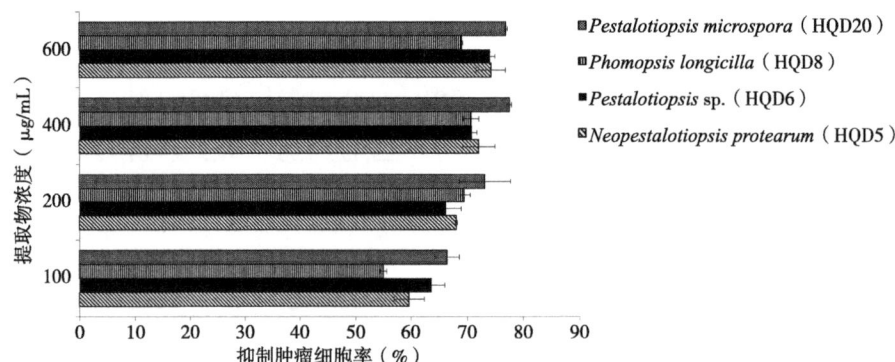

图3-34 大米培养基发酵红茄苳内生真菌抑制Hela

Fig. 3-34 Anti-tumor activity of Endophytic fungal from *R. mucronata* growed on rice medium

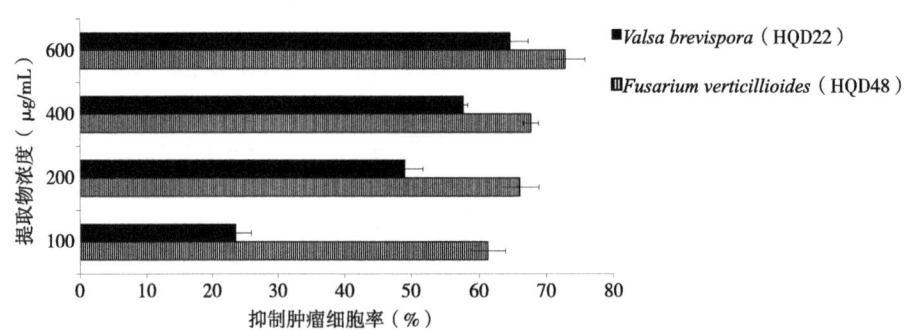

图3-35 麦麸培养基发酵红茄苳内生真菌抑制Hela

Fig. 3-35 Anti-tumor activity of Endophytic fungal from *R. mucronata* growed on grain madium

红茄苳内生真菌抑制Hela细胞复筛结果（表3-22）表明，抑制Hela细胞能力最强的4株内生真菌的IC_{50}值依次是 Pestalotiopsis sp. [（13.01±1.91）μg/mL]、Pestalotiopsis microspora [（14.38±1.84）μg/mL]、Fusarium verticillioides [（19.83±1.131）μg/mL] 和 Botryosphaeria fusispora [（30.62±1.21）μg/mL]。

表3-22 红茄苳内生真菌抑制Hela细胞IC_{50}值

Tab. 3-22 Anti-tumor activity of Endophytic fungal from *R. mucronata*

样品编号	菌名称	IC_{50}值（μg/mL）			
		PDA培养基	查氏培养基	大米培养基	麦麸培养基
2	*Botryosphaeria fusispora*		30.62±1.21		
5	*Diaporthe pascoei*		214.44±1.57		
6	*Diaporthe phaseolorum*	201.66±1.12			
7	*Diaporthe* sp.	498.96±1.66			
9	*Fusarium verticillioides*		66.78±1.72		19.83±1.13
12	*Neofusicoccum parvum*		109.77±1.22		
13	*Neopestalotiopsis protearum*			31.03±1.21	
15	*Pestalotiopsis microspora*			14.38±1.84	
16	*Pestalotiopsis protearum*		186.85±1.67		
17	*Pestalotiopsis* sp.	15.29±1.54		13.01±1.91	
19	*Phomopsis longicolla*	80.66±1.61	120.38±1.79	73.18±1.64	
21	*Valsa brevispora*			277.67±1.21	

抑制Hela能力最强的4株内生真菌发酵产物有2株发酵于大米培养基，1株发酵于查氏培养基，1株发酵于麦麸培养基。

（3）抑制肝癌细胞（HepG2）。红茄苳内生真菌发酵产物抑制HepG2结果（表3-23）显示，有11种内生真菌具有抑制HepG2的作用，分别是 Botryosphaeria *fusispora*、*Colletotrichum gloeosporioides*、*Diaporthe eucalyptorum*、*Eutypella scoparia*、*Fusarium verticillioides*、*Neofusicoccum parvum*、*Neopestalotiopsis protearum*、*Pestalotiopsis microspora*、*Pestalotiopsis* sp.、*Phomopsis glabrae*和*Phomopsis longicolla*。

表3-23 红茄苳内生真菌抑制HepG2初筛

Tab. 3-23 Anti-tumor activity of Endophytic fungal from *R. mucronata*

样品编号	菌名称	抑制率（%）			
		PDA培养基	查氏培养基	大米培养基	麦麸培养基
1	*Aspergillus fumigatus*	2.86 ± 0.46	20.59 ± 1.03	1.96 ± 1.56	1.49 ± 2.61
2	*Botryosphaeria fusispora*	64.25 ± 4.29	64.75 ± 3.56	2.37 ± 1.56	54.63 ± 3.24
3	*Colletotrichum gloeosporioides*	61.57 ± 2.82	2.11 ± 0.28	1.90 ± 0.83	2.34 ± 1.50
4	*Diaporthe eucalyptorum*	1.27 ± 0.47	9.71 ± 4.68	62.27 ± 2.50	40.26 ± 1.68
5	*Diaporthe pascoei*	33.93 ± 1.55	10.65 ± 1.60	8.18 ± 1.67	18.21 ± 2.96
6	*Diaporthe phaseolorum*	25.15 ± 1.36	2.90 ± 1.59	1.67 ± 2.69	30.09 ± 1.63
7	*Diaporthe* sp.	1.00 ± 0.36	7.85 ± 2.43	5.79 ± 17.05	5.16 ± 0.62
8	*Eutypella scoparia*	67.47 ± 3.56	3.89 ± 2.60	57.00 ± 4.29	1.36 ± 1.21
9	*Fusarium verticillioides*	60.23 ± 3.29	65.79 ± 2.64	52.10 ± 11.38	21.6 ± 2.04
10	*Lasiodiplodia theobromae*	5.12 ± 1.00	4.32 ± 3.10	3.45 ± 1.58	14.25 ± 1.10
11	*Neofusicoccum mangiferae*	45.22 ± 1.11	3.94 ± 1.36	2.34 ± 0.44	2.91 ± 1.29
12	*Neofusicoccum parvum*	15.71 ± 0.59	70.06 ± 2.39	10.54 ± 0.66	15.74 ± 5.16
13	*Neopestalotiopsis protearum*	11.11 ± 1.34	4.54 ± 1.31	53.93 ± 2.77	3.94 ± 1.34
14	*Paraconiothyrium hawaiiense*	2.18 ± 0.31	8.15 ± 1.64	6.19 ± 33.32	1.31 ± 0.94
15	*Pestalotiopsis microspora*	1.09 ± 0.69	5.76 ± 1.64	58.71 ± 3.67	3.39 ± 0.12
16	*Pestalotiopsis protearum*	10.62 ± 1.37	2.62 ± 1.39	15.05 ± 2.43	10.98 ± 1.96
17	*Pestalotiopsis* sp.	53.70 ± 3.67	45.67 ± 1.45	58.12 ± 2.92	21.53 ± 0.04
18	*Phomopsis glabrae*	10.10 ± 1.52	70.53 ± 0.97	19.80 ± 1.03	25.78 ± 1.23

(续表)

样品编号	菌名称	抑制率（%）			
		PDA培养基	查氏培养基	大米培养基	麦麸培养基
19	*Phomopsis longicolla*	0.83 ± 0.81	54.59 ± 1.93	67.64 ± 1.22	5.36 ± 1.29
20	*Pseudofusicoccum stromaticum*	43.16 ± 1.84	15.17 ± 1.77	4.87 ± 1.68	2.72 ± 0.82
21	*Valsa brevispora*	1.22 ± 1.51	24.43 ± 1.89	2.81 ± 1.60	3.79 ± 0.27

从以上21种内生真菌中筛选出11种内生真菌，用于进一步抑制HepG2细胞，每组平行3次并计算出IC_{50}（图3-36至图3-39）。

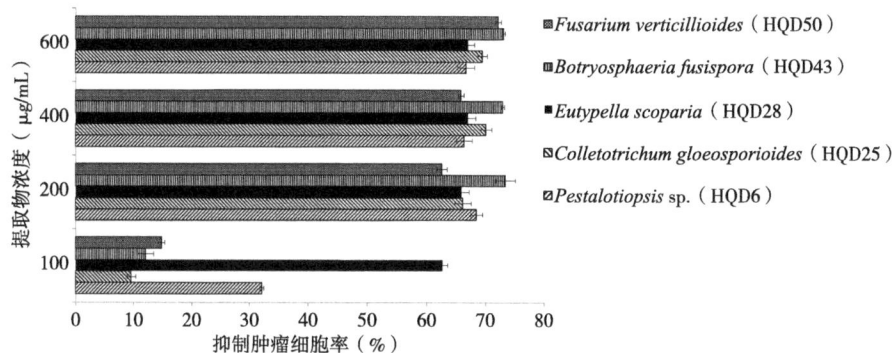

图3-36 PDA培养基发酵红茄苳内生真菌抑制HepG2

Fig. 3-36 Anti-tumor activity of Endophytic fungal from *R. mucronata* growed on PDA agar

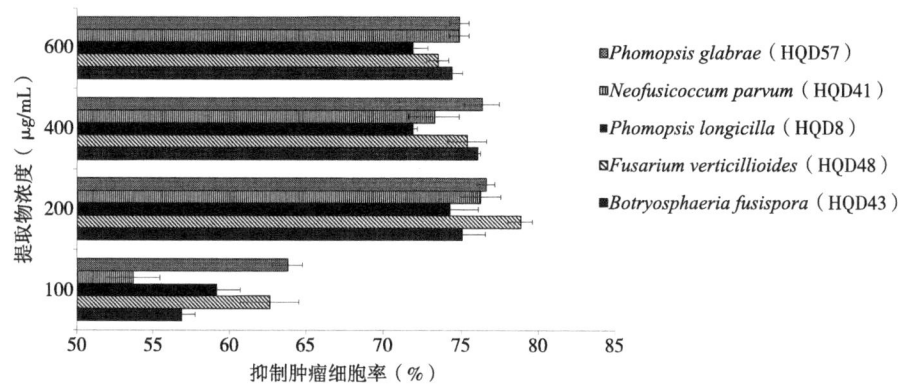

图3-37 查氏培养基发酵红茄苳内生真菌抑制HepG2

Fig. 3-37 Anti-tumor activity of Endophytic fungal from *R. mucronata* growed on Czapek's Agar

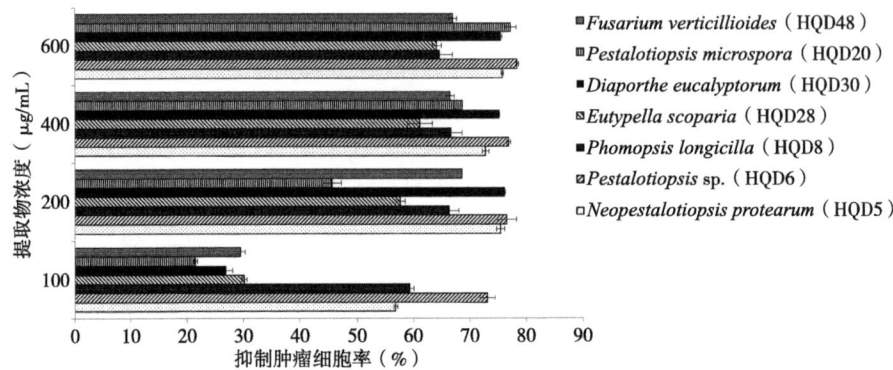

图3-38 大米培养基发酵红茄苳内生真菌抑制HepG2

Fig. 3-38 Anti-tumor activity of Endophytic fungal from *R. mucronata* growed on rice medium

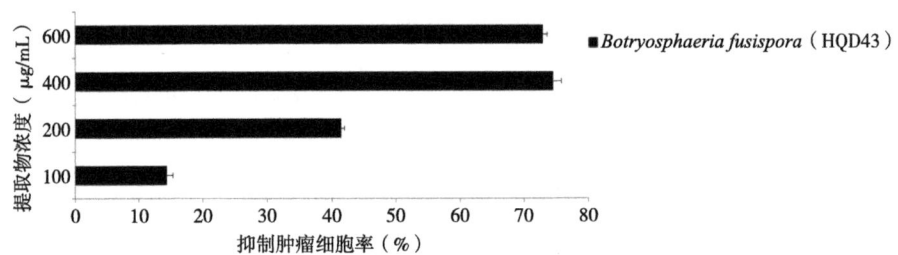

图3-39 麦麸培养基发酵红茄苳内生真菌抑制HepG2

Fig. 3-39 Anti-tumor activity of Endophytic fungal from *R. mucronata* growed on grain medium

红茄苳内生真菌抑制HepG2细胞复筛结果（表3-24）表明，抑制HepG2细胞能力最强的4株内生真菌的IC_{50}值依次是*Pestalotiopsis* sp.［（9.58±0.01）μg/mL］、*Eutypella scoparia*［（14.75±1.21）μg/mL］、*Phomopsis glabrae*［（33.04±1.21）μg/mL］和*Fusarium verticillioides*［（60.8±1.29）μg/mL］。

表3-24 红茄苳内生真菌抑制HepG2的IC_{50}值

Tab. 3-24 Anti-tumor activity of Endophytic fungal from *R. mucronata*

样品编号	菌名称	IC_{50}值（μg/mL）			
		PDA培养基	查氏培养基	大米培养基	麦麸培养基
2	*Botryosphaeria fusispora*	223.05±1.51	67.73±1.22		262.05±1.45
3	*Colletotrichum gloeosporioides*	241.22±6.19			

（续表）

样品编号	菌名称	IC$_{50}$值（μg/mL）			
		PDA培养基	查氏培养基	大米培养基	麦麸培养基
4	*Diaporthe eucalyptorum*			182.03 ± 1.32	
8	*Eutypella scoparia*	14.75 ± 1.21		227.03 ± 1.26	
9	*Fusarium verticillioides*	237.56 ± 1.20	60.80 ± 1.29	201.75 ± 1.47	
12	*Neofusicoccum parvum*		84.23 ± 1.63		
13	*Neopestalotiopsis protearum*			69.15 ± 1.63	
15	*Pestalotiopsis microspora*			237.47 ± 1.75	
17	*Pestalotiopsis* sp.	196.17 ± 1.65		9.58 ± 0.01	
18	*Phomopsis glabrae*		33.04 ± 1.21		
19	*Phomopsis longicolla*		55.05 ± 1.92	177.71 ± 4.76	

抑制HepG2能力最强的4株内生真菌发酵产物，有2株发酵于查氏培养基，1株发酵于大米培养基，1株发酵于PDA培养基。

3.3 讨论与结论

3.3.1 抗氧化活性筛选

关于红树林内生真菌抗氧化活性研究较少，将红茄苳和红海榄内生真菌的发酵产物进行抗氧化活性研究，发现同一种内生真菌的不同培养基发酵产物的抗氧化活性并不相同，这可能是不同培养基在不同程度上激活了沉默或弱表达的生物活性基因，从而诱导了内生真菌代谢出具有抗氧化活性的物质（Takahashi et al., 2013）。红海榄和红茄苳内生真菌在4种发酵培养基中，查氏和大米发酵条件下的内生真菌粗提物更具有抗氧化活性。大米培养基发酵红树林内生真菌*Aspergillus* sp. Y16的粗提物中分离获得多糖类化合物，具有显著的抗氧化活性，清除DPPH自由基和超氧自由基的EC$_{50}$值为1.5mg/mL和3.4mg/mL（Chen et al., 2011）。

结论1：红茄苳炭角菌目（Xylariales）的 *Pestalotiopsis* sp.在大米发酵条件下的产物具有显著的抗氧化活性，清除DPPH自由基的IC_{50}值为（0.65±0.19）mg/mL，红海榄中的 *Pestalotiopsis microspora* 具有较强的抗氧化活性，IC_{50}值为（1.95±0.15）mg/mL。

结论2：相对于其他3种培养基，大米培养基更适于红海榄和红茄苳内生真菌分泌出抗氧化活性的物质。

红树植物在极端的生长环境下，植物本身体内通过增强自由基（O^{2-}、H_2O_2）来诱导植物产生氧化胁迫（Jithesh et al.，2006）。植物细胞通过产生一系列酶类或非酶类的抗氧化系统去抵抗自由基的伤害（Kathiresan et al.，2001）。红茄苳可能是很好的抗氧化剂来源，在体外实验中，红茄苳的粗提物具有很强的抗氧化活性（Thatoi et al.，2014），红茄苳粗提物在大鼠脑部实验中，对亚硝酸钠诱导的氧化胁迫有保护作用（Suganthy et al.，2015）。红茄苳粗提物对DPPH自由基、羟基自由基、一氧化氮自由基、过氧化氢自由基有很强的清除作用（Anjaneyulu et al.，2001；Rahim et al.，2008）。红海榄和红茄苳中具有抗氧化活性的内生真菌主要分布于间座壳目Diaporthales（28%、23.81%）、炭角菌目（Xylariales）（16%、9.52%）和葡萄座腔菌目（Botryosphaeriales）（12%、19.05%），有趣的是，前文通过Camargo's指数分析发现间座壳目（Diaporthales）和炭角菌目（Xylariales）是红海榄和红茄苳内生真菌的优势菌群，这说明植物对选择具有抗氧化活性的菌株具有一定的偏好性（Jithesh et al.，2006；Cui et al.，2015），相似的研究发现红树林植物叶抗氧化活性低，其内生真菌的分离率也低（Ravindran et al.，2012），植物内生真菌的生物量多少与其宿主耐受一系列环境压力密切相关（Tanaka et al.，2006；Baltruschat et al.，2008；Tian et al.，2008；Swarthout et al.，2009；White，2010）。

结论3：红海榄和红茄苳可能是优势菌群间座壳目（Diaporthales）和炭角菌目（Xylariales）分泌化合物来参与宿主植物抵御外界的迫害，该结论需要更近一步的实验验证。

3.3.2 抗菌活性筛选

红树林植物是传统的药用资源，它具有抑制微生物、抗肿瘤、抗病毒和杀虫等作用，预测植物内生真菌可能也含有类似的化合物（Patra et al.，2014）。

相似的研究发现，红茄苳内生真菌的发酵产物具有抑制引起腹泻的铜绿假单胞菌（*Pseudomonas aeruginosa*）的作用（Tarman et al., 2013），*Pinus caneriensis*的内生拟盘多毛孢菌（*Pestalotiopsis* sp.）粗提物对大肠杆菌和白色念珠菌具有显著抑制作用（Thalavaipandian et al., 2012）。红海榄和红茄苳内生真菌在4种发酵培养基中，查氏和大米发酵条件下的内生真菌粗提物更具有抑制病原菌的活性。

结论1：在红海榄和红茄苳中，有16株（64%）和15株（71.43%）内生真菌对病原指示菌有不同程度的抑制作用，内生真菌*Pestalotiopsis microspora*对3种指示菌具有抑制作用，抑制白色念珠菌的能力最强，其MIC值为0.125mg/mL。红茄苳内生真菌*Pestalotiopsis* sp.对4种指示菌有不同程度的抑制作用，抑制耐甲氧基金黄色葡萄球菌和铜绿假单胞菌的能力最强，其MIC值为0.031mg/mL和0.015mg/mL。

结论2：大米和查氏培养基更适于内生真菌分泌出抗菌活性物质。

3.3.3 抗肿瘤活性筛选

近几年无论是关于红树林内生真菌的种类还是内生真菌的次生代谢产物的研究报道越来越多（Maria et al., 2005；Liu et al., 2016；Ananda et al., 2016）。红树林内生真菌能够分泌大量结构新颖且具有生物活性的次生代谢产物（Jones et al., 2008）。红海榄和红茄苳内生真菌在4种发酵培养基中，查氏和大米发酵条件下的内生真菌粗提物更具有抑制肿瘤细胞的活性。Catalina（2016）从一株来自*R. harrisonii*叶片的拟盘多毛孢菌（*Pestalotiopsis clavispora*）大米发酵产物中，发现具有抗肿瘤的新聚酮类化合物pestalpolyol I，该化合物对小鼠淋巴瘤细胞L5178Y具有强抑制活性，IC_{50}值为4.1μM，对HL-60、SMMC-7721、A-549、MCF-7和SW480有抑制作用，IC_{50}值分别为10.4μM、11.3μM、2.3μM、13.7μM和12.4μM（Catalina et al., 2016）。经过大米培养基发酵获得的海洋内生真菌*Penicillium chrysogenum* QEN-24S能够分泌出具有抗肿瘤活性的聚酮类化合物（Gao et al., 2011）。

结论1：在红海榄和红茄苳内生真菌抗肿瘤活性研究中，发现内生真菌发酵产物对肿瘤细胞A549、Hela和HepG2有不同程度的抑制作用，其中，抑制A549活性最强的2株内生真菌是红茄苳的*Fusarium verticillioides*和红海榄的*Neopestalotiopsis protearum*，其IC_{50}值为（4.83±1.61）μg/mL和（11.65±0.34）μg/mL；抑制Hela活性最强的2株内生真菌是*Pestalotiopsis microspora*和

Pestalotiopsis sp.，其IC_{50}值为（14.38±1.84）μg/mL和（13.01±1.91）μg/mL；抑制HepG2能力最强的2株内生真菌是*Diaporthe perseae*和*Pestalotiopsis* sp.，其IC_{50}值为（23.17±4.26）μg/mL和（9.58±0.01）μg/mL。

结论2：4种发酵培养基中，大米培养基更能够产生具有抗肿瘤活性的物质。

综合评价筛选出红茄苳内生真菌炭角菌目（Xylariales）拟盘多毛孢属（*Pestalotiopsis*）的*Pestalotiopsis* sp.，其NCBI的登录号为KX631742，在大米培养条件下获得的粗提物生物活性最强，其清除DPPH自由基、抑制Hela、HepG2细胞的IC_{50}值分别为（0.65±0.19）mg/mL、（13.01±1.91）μg/mL和（9.58±0.01）μg/mL。红海榄内生真菌*Pestalotiopsis microspora*，其NCBI登录号为KX631718，在大米培养条件下获得的粗提物生物活性较强，其抑制白色念珠菌和耐甲氧西林金黄色葡萄球菌的MIC值为0.125mg/mL和0.5mg/mL。抑制Hela细胞的IC_{50}值为（14.38±1.84）μg/mL。因此，筛选出以上两种内生真菌作为下一步研究的"目标菌株"。

4 两种内生真菌代谢产物的提取和分离

红树林内生真菌被认为是最重要的生物活性次生代谢产物的来源，这些化合物能够作为药学相关的先导化合物（Aly et al.，2011；Elissawy et al.，2015）。生长在红树植物中的内生真菌，在一些恶劣的环境下，如高盐、高温和低氧的环境，内生真菌势必会分泌结构特殊新颖的代谢产物，从而在这样的逆境中生存（Ebrahi et al.，2013）。因此，吸引研究工作者们去开发能产生丰富代谢产物的内生真菌（Moussa et al.，2016）。

在第3章研究的基础之上，筛选出具有强生物活性的内生真菌*Pestalotiopsis* sp.（KX631742）和*Pestalotiopsis microspora*（KX631718）进行大量的发酵，获取发酵产物，采用各种色谱柱对发酵提取物进行化合物的分离纯化，结合波谱技术（^{1}H-NMR、^{13}C-NMR、DEPT-135、^{1}H-^{1}HCOSY、HSQC、HMBC、ESI-MS和HR-ESI-MS）解析分离到的化合物。

4.1 研究材料与方法

4.1.1 研究仪器

旋转蒸发仪LABOROTA 4000（德国Heidolph）、暗箱三用紫外分析仪ZF-7（上海越众仪器设备有限公司）、核磁共振仪400MHz（瑞士布鲁克公司）、高分辨质谱仪UHR-TOF（瑞士布鲁克）、低分辨质谱仪LCQseries（清大世科科技有限公司）、高效液相仪1100（美国安捷伦）、馏分收集仪SBS-160（潍坊三水检验设备有限公司）、冷冻循环机AG-01C（北京九州同诚科技有限公司）、电子天平BP121S（美国多利斯）、循环水真空泵SHB-ⅢS（郑州长城科工贸有限公司）、柱层析硅胶300目和制备型硅胶板（青岛海洋）、葡聚糖凝胶柱层析填料Sephadex LH-20和C18反相柱层析填料ODS（德国Merck）。

4.1.2 研究试剂

通用型显色剂：5%香草醛—浓硫酸显色剂。

柱层析试剂：石油醚、二氯甲烷、氯仿、乙酸乙酯、丙酮、乙醇、甲醇等均为分析纯。

4.1.3 目标菌株的发酵和提取

综合多种活性模型的筛选结果，选取红茄苳内生真菌 *Pestalotiopsis* sp.（HQD6，KX631742）和红海榄内生真菌 *Pestalotiopsis microspora*（HHL82，KX631718）为进一步研究的目标菌株。

先将目标菌种放在PDA培养基平板上复苏3~5d，直至菌株上满培养皿获取种子菌株。随后将种子菌株接种到大米固体培养基上，发酵培养30d。PDA培养基和大米培养基配方见3.1.2。

分别刮取培养基上层的菌丝置于100L的玻璃缸中，用乙酸乙酯充分浸泡24h，过滤获取乙酸乙酯提取物，浓缩回收乙酸乙酯，重复3次，获得菌株 *Pestalotiopsis* sp.（KX631742）和菌株 *Pestalotiopsis microspora*（KX631718）的发酵产物。

4.1.4 单体化合物的分离

采用硅胶柱层析、反相硅胶柱层析C18、葡聚糖凝胶柱层析Sephadex LH-20柱层析、制备薄层层析以及重结晶分离手段对发酵产物进行分离纯化，得到单体化合物。

4.2 研究结果与分析

4.2.1 目标菌株发酵产物的提取

发酵结束后，分别获得红茄苳内生真菌HQD6 *Pestalotiopsis* sp.（KX631742）发酵产物62g，红海榄内生真菌HHL82 *Pestalotiopsis microspora*（KX631718）发酵产物50g。

4.2.2 红茄苳目标菌株 *Pestalotiopsis* sp. 发酵产物的分离

菌株HQD6 *Pestalotiopsis* sp.（KX631742）发酵产物62g，以石油醚—二氯

甲烷、二氯甲烷、二氯甲烷—甲醇为洗脱系统进行硅胶层析梯度洗脱，得到7个组分。每个组分反复经过正相硅胶柱、反相硅胶柱和葡聚糖凝胶（Sephadex LH-20）柱层析、制备型硅胶板、重结晶手段，分离获得26个单体化合物，采用波谱技术（^{1}H-NMR、^{13}C-NMR、DEPT-135、^{1}H-^{1}HCOSY、HSQC、HMBC、ESI-MS和HR-ESI-MS）以及文献对照鉴定出了13个化合物的结构。

具体分离流程如下：

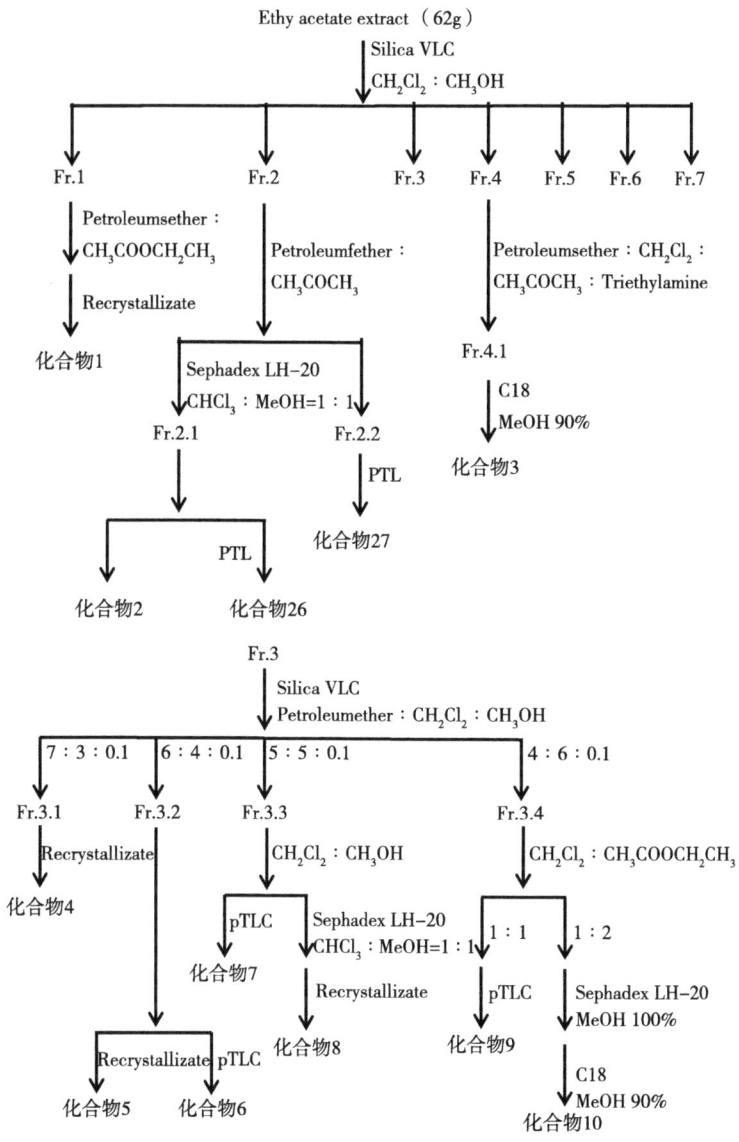

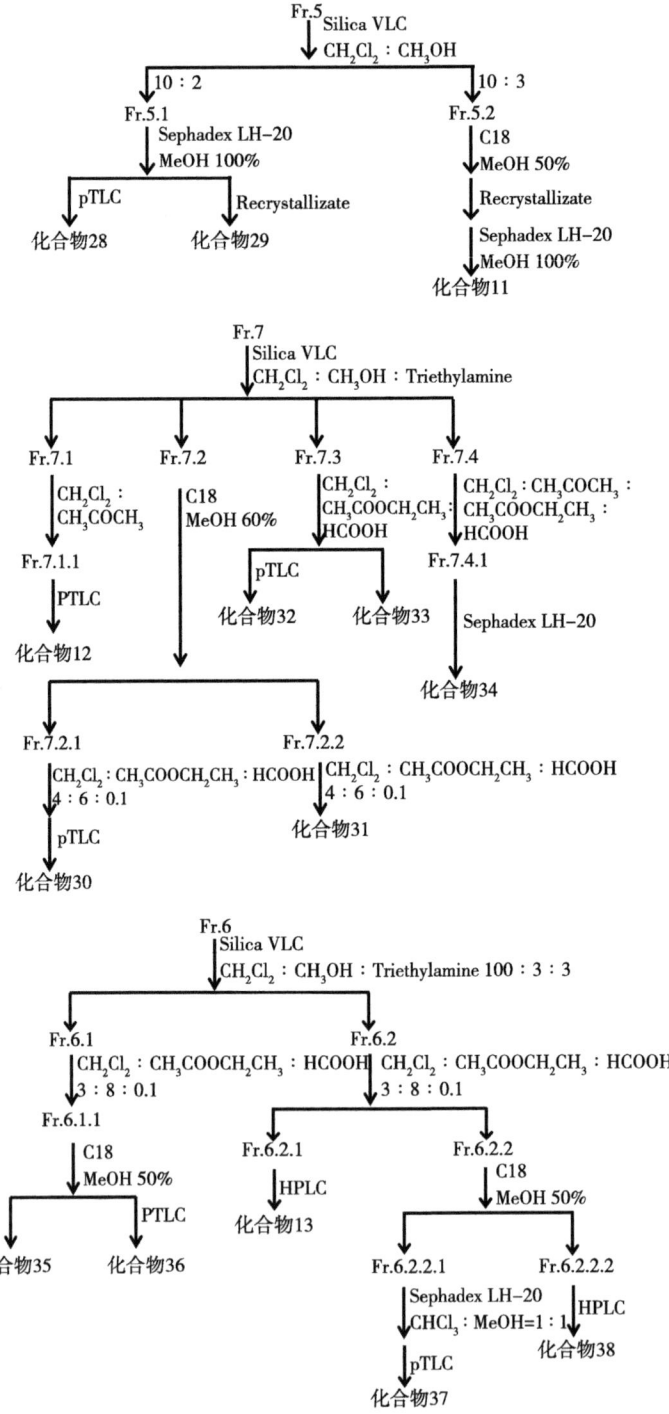

化合物1：miliacin（图4-1）

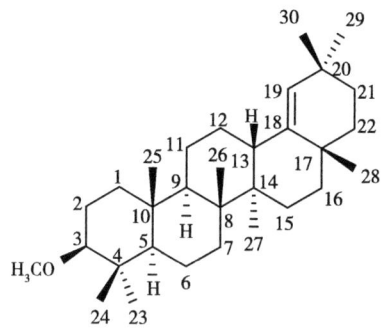

图4-1　化合物1的结构式

Fig. 4-1　The structure of compound 1

白色无定型粉末（甲醇），阳离子ESI-MS m/z 463.5[M+Na]$^+$（calcd for $C_{31}H_{52}ONa$，463.401 8），因此该化合物分子式为$C_{31}H_{52}O$。^{1}H NMR（500MHz，CDCl$_3$）δ_H 4.85（1H，brs，H-19），3.36（3H，s，3-OCH$_3$），2.65（1H，dd，J=11.8，4.3Hz，H-3），2.26（1H，dd，J=10.4，1.4Hz，H-13），1.07（3H，s，H-26），1.02（3H，s，H-28），0.95（3H，s，H-24），0.94（3H，s，H-29），0.94（3H，s，H-30），0.87（3H，s，H-25），0.75（3H，s，H-23），0.73（3H，s，H-27）；^{13}C-NMR（125MHz，CDCl$_3$）δ_C 142.8（C-18），129.7（C-19），88.6（C-3），56.0（C-5），51.2（C-9），43.3（C-14），40.8（C-8），38.8（C-1，C-4），38.4（C-13），37.7（C-16），37.4（C-22），37.3（C-10），34.6（C-7），34.3（C-17），33.3（C-21），32.3（C-20），31.4（C-29），29.2（C-30），28.0（C-23），27.5（C-15），26.2（C-12），25.3（C-28），22.2（C-2），21.1（C-11），18.1（C-6），16.1（C-24），16.7（C-25），16.2（C-26），14.6（C-27）。经与文献报道的数据比较（Smetanina et al.，2001），鉴定化合物1为miliacin。

化合物2：stigmast-4-en-3-one（图4-2）

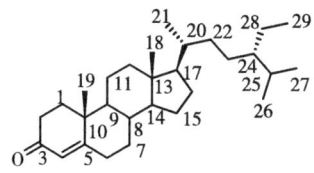

图4-2　化合物2的结构式

Fig. 4-2　The structure of compound 2

白色无定型粉末（甲醇），阳离子ESI-MS m/z 435.4[M+Na]$^+$（calcd for C$_{29}$H$_{48}$ONa, 435.370 5），因此该化合物分子式为C$_{29}$H$_{48}$O，UV（MeOH）λ_{max}245nm, 290nm。^{1}H NMR（500MHz, CDCl$_3$）δ_H 5.72（1H, brs, 4-H）, 1.17（3H, brs, H-19）, 0.91（3H, d, J=6.6Hz, H-21）, 0.85（3H, m, H-29）, 0.83（d, J=6.8Hz, 3H, H-26）, 0.80（3H, d, J=6.8Hz, H-27）, 0.70（3H, s, H-18）；^{13}C-NMR（125MHz, CDCl$_3$）δ_C 199.7（C-3）, 171.7（C-5）, 123.7（C-4）, 56.0（C-17）, 55.9（C-14）, 53.8（C-9）, 45.8（C-24）, 42.4（C-13）, 39.6（C-12）, 38.6（C-10）, 35.7（C-1）, 36.1（C-20）, 35.6（C-8）, 34.0（C-2）, 33.9（C-22）, 32.9（C-6）, 32.0（C-7）, 29.1（C-25）, 28.2（C-16）, 26.0（C-23）, 24.2（C-15）, 23.0（C-28）, 21.0（C-11）, 19.8（C-26）, 19.0（C-27）, 18.7（C-21）, 17.4（C-19）, 12.0（C-18）, 12.0（C-29）。经与文献报道的数据比较（Gaspar et al., 1993），鉴定化合物2为stigmast-4-en-3-one。

化合物3：demethylincisterol A$_3$（图4-3）

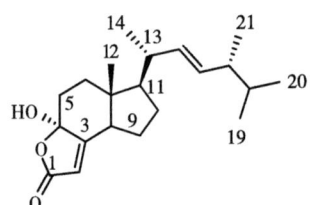

图4-3 化合物3的结构式

Fig. 4-3 The structure of compound 3

白色无定型粉末（甲醇），阳离子ESI-MS m/z 333.2[M+H]$^+$（calcd for C$_{21}$H$_{33}$O$_3$, 332.370 5），因此该化合物分子式为C$_{21}$H$_{32}$O$_3$，UV（MeOH）λ_{max}210nm, 256nm。^{1}H NMR（500MHz, CD$_3$OD）δ_H 5.63（1H, d, J=1.8Hz, H-2）, 5.26（1H, dd, J=15.3, 7.7Hz, H-16）, 5.17（1H, dd, J=15.3, 8.3Hz, H-15）, 2.64（1H, ddd, J=11.9, 6.8, 1.7Hz, H-8）, 2.27（1H, ddd, J=14.1, 4.0, 2.4Hz, H-5eq）, 1.04（3H, d, J=6.6Hz, H-14）, 0.92（3H, d, J=6.8Hz, H-21）, 0.84（3H, d, J=6.8Hz, H-20）, 0.83（3H, d, J=6.8Hz, H-19）, 0.61（3H, s, H-12）；^{13}C-NMR（125MHz, CD$_3$OD）δ_C 173.6（C-1）, 173.0（C-3）, 136.5（C-15）, 133.6（C-16）, 112.6（C-2）,

106.7（C-4）, 56.7（C-11）, 51.7（C-8）, 49.9（C-7）, 44.3（C-17）, 41.6（C-13）, 36.5（C-6）, 36.2（C-5）, 34.4（C-18）, 30.1（C-10）, 22.2（C-9）, 21.5（C-14）, 20.5（C-19）, 20.1（C-20）, 18.2（C-21）, 12.1（C-12）。经与文献报道的数据比较（Tayyab et al., 2005），鉴定化合物3为demethylincisterol A。

化合物4：stigmastan-3-one（图4-4）

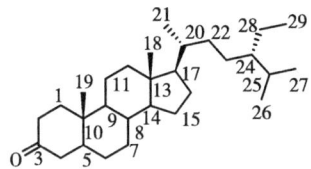

图4-4 化合物4的结构式

Fig. 4-4 The structure of compound 4

白色无定型粉末（甲醇），阳离子ESI-MS m/z 437.3 [M+Na]$^+$（calcd for $C_{29}H_{50}ONa$, 437.375 9），因此该化合物分子式为$C_{29}H_{50}O$。^{1}H NMR（500MHz, CDCl$_3$）δ_H 0.99（3H, s, H-19）, 0.89（3H, d, J=6.5Hz, H-21）, 0.83（3H, t, J=8.4Hz, H-29）, 0.81（3H, d, J=7.0Hz, H-26）, 0.79（d, J=6.8Hz, 3H, H-27）, 0.66（3H, s, H-18）; ^{13}C-NMR（125MHz, CDCl$_3$）δ_C 212.0（C-3）, 56.2（C-17）, 56.1（C-14）, 53.7（C-9）, 46.6（C-5）, 45.8（C-24）, 44.7（C-4）, 42.5（C-13）, 39.9（C-12）, 38.5（C-1）, 38.1（C-2）, 36.1（C-20）, 35.6（C-10）, 35.3（C-8）, 33.8（C-22）, 31.7（C-7）, 29.1（C-25）, 28.9（C-6）, 28.2（C-16）, 26.0（C-23）, 24.2（C-15）, 23.0（C-28）, 21.4（C-11）, 19.8（C-26）, 19.0（C-27）, 18.7（C-21）, 12.0（C-18）, 11.9（C-29）, 11.4（C-19）。经与文献报道的数据比较（赵友兴等，2005），鉴定化合物4为stigmastan-3-one。

化合物5：Ergosta-5, 7, 22-trien-3-ol（图4-5）

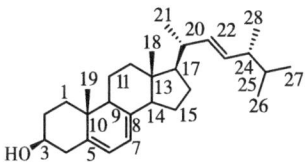

图4-5 化合物5的结构式

Fig. 4-5 The structure of compound 5

白色无定型粉末（甲醇），阳离子ESI-MS m/z 419.4[M+Na]$^+$（重测质谱，calcd for $C_{28}H_{44}ONa$, 419.370 5），因此该化合物分子式为$C_{28}H_{44}O$，UV（MeOH）λ_{max}210nm, 270nm, 281nm。^{1}H NMR（500MHz, CDCl$_3$）δ_H 5.56（1H, dd, J=5.6Hz, 2.3Hz, H-6），5.37（1H, dd, J=5.3, 2.5Hz, H-7），5.22（1H, dd, J=15.3, 7.2Hz, H-23），5.16（1H, dd, J=15.3, 7.8Hz, H-22），3.63（1H, m, 3-OH），1.03（3H, d, J=6.7Hz, H-21），0.94（3H, s, H-19），0.91（3H, d, J=6.9Hz, H-28），0.82（d, J=7.3Hz, 3H, H-26），0.81（3H, d, J=7.1Hz, H-27），0.62（3H, s, H-18）；^{13}C-NMR（125MHz, CDCl$_3$）δ_C 141.4（C-8），139.8（C-5），135.6（C-23），132.0（C-22），119.6（C-6），116.3（C-7），70.4（C-3），55.7（C-17），54.5（C-14），46.2（C-9），42.8（C-13, C-24），40.8（C-4），40.4（C-20），39.1（C-12），38.4（C-1），37.0（C-10），33.1（C-25），32.0（C-2），28.3（C-15），23.0（C-16），21.1（C-11, C-21），20.0（C-27），19.6（C-26），17.6（C-28），16.3（C-19），12.0（C-18）。经与文献报道的数据比较（李想等，2007），鉴定化合物5为Ergosta-5, 7, 22-trien-3-ol。

化合物6：dibutyl phthalate（图4-6）

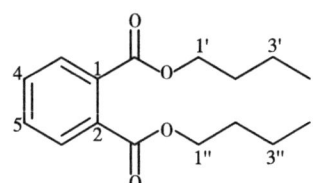

图4-6 化合物6的结构式

Fig. 4-6 The structure of compound 6

白色无定型粉末（甲醇），阳离子EI-MS m/z 412.4 [M]$^+$（calcd for $C_{16}H_{21}O_4Na$, 300.370 5），因此该化合物分子式为$C_{16}H_{21}O_4$，UV（MeOH）λ_{max} 326nm, 360nm。^{1}H NMR（500MHz, CDCl$_3$）δ_H 7.71（2H, dd, J=5.6, 3.3Hz, H-1, H-6），7.52（2H, dd, J=5.6, 3.3Hz, H-4, H-5），4.30（4H, t, J=6.7Hz, H-1′, H-1″），1.72（4H, m, H-1′, H-1″），1.45（4H, m, H-3′, H-3″），0.96（6H, t, J=7.4Hz, H-4′, H-4″）；^{13}C-NMR（125MHz, CDCl$_3$）δ_C 167.7（C=O），132.4（C-4, C-5），130.9（C-1, C-2），128.9（C-3, C-6），65.6（C-1, C-1″），30.6（C-2′, C-2″），19.2（C-3′,

C-3¢¢），13.7（C-4¢，C-4¢¢）。经与文献报道的数据比较（苏丽丽等，2011），鉴定化合物6为邻苯二甲酸二丁酯（dibutyl phthalate）。

化合物7：5, 8-epidioxy-5α, 8α-ergosta-6, 22E-dien-3β-ol（图4-7）

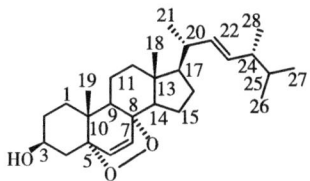

图4-7 化合物7的结构式

Fig. 4-7 The structure of compound 7

白色无定型粉末（甲醇），阳离子ESI-MS *m/z* 451.4[M+Na]$^+$（calcd for C$_{28}$H$_{44}$ONa, 451.370 5），因此该化合物分子式为C$_{28}$H$_{44}$O$_3$，UV（MeOH）λ$_{max}$207nm, 240nm。^{1}H NMR（500MHz, CDCl$_3$）δ$_H$ 6.50（1H, d, *J*=8.5Hz, H-7），6.23（1H, d, *J*=8.5Hz, H-6），5.22（1H, dd, *J*=15.3, 8.1Hz, H-23），5.14（1H, dd, *J*=15.3, 7.4Hz, H-22），3.96（1H, m, 3-OH），0.99（3H, d, *J*=6.5Hz, H-21），0.90（3H, d, *J*=7.0Hz, H-28），0.88（3H, s, H-19），0.83（3H, d, *J*=8.4Hz, H-26），0.81（3H, overlapped, H-27），0.80（3H, s, H-18）；^{13}C-NMR（125MHz, CDCl$_3$）δ$_C$ 135.4（C-6），135.2（C-22），132.3（C-23），130.7（C-7），82.1（C-5），79.4（C-8），66.4（C-3），56.2（C-17），51.7（C-14），51.1（C-9），44.5（C-13），42.8（C-24），39.7（C-20），39.3（C-12），36.9（C-4, C-10），34.7（C-1），34.7（C-19），33.0（C-25），30.1（C-2），28.6（C-16），23.4（C-15），20.9（C-21），20.6（C-11），19.9（C-27），19.6（C-26），17.5（C-28），12.9（C-18）。经与文献报道的数据比较（姜北等，2002），鉴定化合物7为5, 8-epidioxy-5α, 8α-ergosta-6, 22E-dien-3β-ol。

化合物8：flufuran（图4-8）

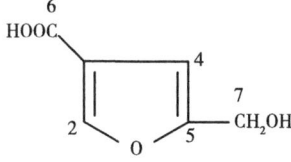

图4-8 化合物8的结构式

Fig. 4-8 The structure of compound 8

白色无定型粉末（甲醇），阳离子ESI-MS m/z 165.0[M+H]$^+$（calcd for C$_6$H$_6$O$_4$H，165.016 4），因此该化合物分子式为C$_6$H$_6$O$_4$，UV（MeOH）λ_{max}230nm，271nm。^{1}H NMR（500MHz，CD$_3$OD）δ_H 7.95（1H，s，H-2），6.50（1H，s，H-4），4.41（2H，s，H-7）；^{13}C-NMR（125MHz，CD$_3$OD）δ_C 176.9（C-6），170.4（C-5），147.4（C-3），141.0（C-2），110.7（C-4），61.2（C-7）。经与文献报道的数据比较（Evidente et al., 2009），鉴定化合物8为flufuran。

化合物9：similanpyrone B（图4-9）

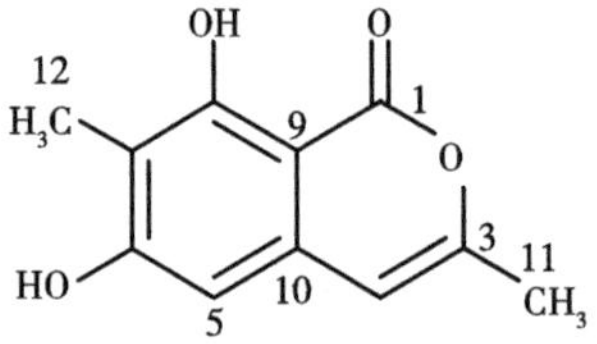

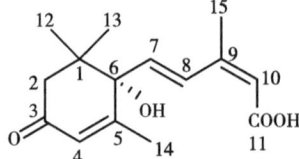

图4-9 化合物9的结构式

Fig. 4-9 The structure of compound 9

白色无定型粉末（甲醇），阳离子ESI-MS m/z 219.1[M+H]$^+$（calcd for C$_{12}$H$_{10}$O$_4$，207.065 7），因此该化合物分子式为C$_{12}$H$_{10}$O$_4$，UV（MeOH）λ_{max}241nm，277nm。^{1}H NMR（500MHz，CDCl$_3$）δ_H 6.25（1H，s，H-4），6.13（1H，s，H-5），2.24（3H，s，H-11），2.20（3H，s，H-12）；^{13}C-NMR（125MHz，CDCl$_3$）δ_C 166.7（C-1），153.6（C-3），104.2（C-4），101.2（C-5），161.2（C-6），109.9（C-7），161.1（C-8），99.6（C-9），136.7（C-10），19.3（C-11），7.7（C-12）。经与文献报道的数据比较（Prompanya et al., 2014），鉴定化合物9为similanpyrone B。

化合物10：5, 8-epidioxy-5α, 8α-ergosta-6, 22E-dien-3β-ol同化合物7

化合物11：（2-cis, 4-trans）-abscisic acid（图4-10）

图4-10 化合物11的结构式

Fig. 4-10 The structure of compound 11

白色无定型粉末（甲醇），阳离子ESI-MS *m/z* 265.0[M+H]$^+$（calcd for C$_6$H$_6$O$_4$H, 265.016 4），因此该化合物分子式为C$_{15}$H$_{20}$O$_4$，UV（MeOH）λ$_{max}$266nm, 256nm。^{1}H NMR（500MHz, CD$_3$OD）δ$_H$ 7.78（1H, d, *J*=16.2Hz, H-4），6.22（1H, d, *J*=16.2Hz, H-5），5.91（1H, s, H-8），5.74（1H, s, H-2），2.49（1H, d, *J*=16.9Hz, H-10a），2.17（1H, d, *J*=16.9Hz, H-10b），2.03（3H, s, H-15），1.93（3H, s, H-14），1.06（3H, s, H-12），1.02（3H, s, H-13）；^{13}C-NMR（125MHz, CD$_3$OD）δ$_C$ 201.0（C-9），166.9（C-1, C-3），150.8（C-7），137.8（C-5），129.4（C-4），127.5（C-8），119.6（C-2），80.7（C-6），50.8（C-10），42.8（C-11），24.8（C-12），23.2（C-13），21.2（C-16），19.6（C-14）。经与文献报道的数据比较（Yu et al., 2013），鉴定化合物11为（2-cis, 4-trans）-abscisic acid。

化合物12：（22E, 24R）-Ergosta-7, 9（11）, 22-triene-3β, 5α, 6α-triol（图4-11）

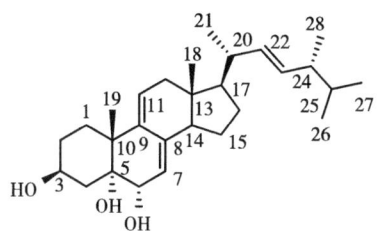

图4-11 化合物12的结构式

Fig. 4-11 The structure of compound 12

白色无定型粉末（甲醇），阳离子ESI-MS *m/z* 451.4[M+Na]$^+$（calcd for C$_{28}$H$_{444}$O$_3$Na, 415.370 5），因此该化合物分子式为C$_{28}$H$_{44}$O$_3$，UV（MeOH）λ$_{max}$210nm, 235nm, 256nm, 266nm。^{1}H NMR（500MHz, CDCl$_3$）δ$_H$ 5.63（1H, d, *J*=6.1Hz, 11-H），5.24（1H, dd, *J*=19.7, 9.3Hz, 23-H），5.21（1H, brs, 7-H），5.16（1H, dd, *J*=19.0, 10.1Hz, 22-H），4.38（1H, brs, 6-H），4.21（1H, brs, 3-H），1.01（3H, d, *J*=7.5Hz, H-21），1.00（3H, brs, H-19），0.91（d, *J*=8.7Hz, 3H, H-28），0.84（d, *J*=8.0Hz, 3H, H-26），0.83（3H, d, *J*=8.0Hz, H-27），0.54（3H, s, H-18）；^{13}C-NMR（125MHz, CDCl$_3$）δ$_C$ 138.9（C-9），137.1（C-8），135.3（C-22），132.2（C-23），122.5（C-11），120.7（C-7），77.6（C-5），71.7（C-6），68.2（C-3），56.1（C-17），51.2（C-14），42.8（C-24），42.5（C-10），42.3

（C-12）, 40.4（C-20）, 33.0（C-25）, 31.1（C-4）, 28.9（C-2）, 28.8（C-16）, 25.6（C-19）, 35.1（C-1）, 23.0（C-15）, 20.6（C-21）, 19.9（C-26）, 19.6（C-27）, 17.6（C-28）, 11.5（C-29）。HRESIMS m/z 451.317 2 [M+Na]$^+$（calcd for $C_{28}H_{44}O_3Na$, 451.318 8）与文献报道的数据比较（Ishizuka et al., 1998），鉴定化合物12为（22E, 24R）-Ergosta-7, 9（11）, 22-triene-3β, 5α, 6α-triol。

化合物13：dankasterone B（图4-12）

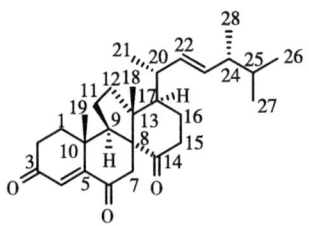

图4-12 化合物13的结构式

Fig. 4-12 The structure of compound 13

白色无定型粉末（甲醇），阳离子ESI-MS m/z 444.3[M+Na]$^+$（calcd for $C_{28}H_{40}O_3Na$, 447.375 9），因此该化合物分子式为$C_{28}H_{40}O_3$，UV（MeOH）λ_{max}210nm, 240nm。^{1}H NMR（500MHz, CDCl$_3$）δ_H 6.37（1H, s, H-4）, 5.30（1H, dd, J=15.5, 6.6Hz, H-23）, 5.26（1H, d, J=6.6Hz, H-22）, 2.83（1H, t, J=9.2Hz, H-9）, 2.67（1H, d, J=16.9Hz, Ha-7）, 2.52（1H, ddd, J=17.3, 11.9, 6.0Hz, Ha-2）, 2.51（1H, d, J=16.9Hz, Hb-7）, 2.48（1H, dt, J=17.3Hz, 5.8Hz, Hb-2）, 2.47（2H, m, H-15）, 2.43（1H, m, H-20）, 2.08（1H, dt, J=12.7Hz, 5.1Hz, Ha-1）, 2.02（1H, s, Hb-1）, 2.02（1H, m, Ha-11）, 1.93（1H, m, Ha-16）, 1.89（1H, m, H-24）, 1.85（1H, m, Hb-11）, 1.77（1H, dt, J=13.0Hz, 7.2Hz, Ha-12）, 1.71（1H, m, Hb-12）, 1.71（1H, m, Hb-16）, 1.47（1H, dd, J=13.2, 4.2Hz, H-17）, 1.28（3H, s, H-19）, 1.10（3H, d, J=7.0Hz, H-21）, 1.00（3H, s, H-18）, 0.92（3H, d, J=6.8Hz, H-28）, 0.85（d, J=6.8Hz, 3H, H-27）, 0.83（3H, d, J=6.8Hz, H-26）；^{13}C-NMR（125MHz, CDCl$_3$）δ_C 214.8（C-14）, 200.1（C-6）, 199.2（C-3）, 156.1（C-5）, 135.1（C-23）, 132.3（C-22）, 126.5（C-4）, 62.2（C-8）, 54.0

（C-13），49.4（C-9），49.3（C-17），43.2（C-24），40.8（C-7），38.9（C-1），38.3（C-12），37.9（C-15），37.2（C-20），36.0（C-10），34.4（C-2），33.1（C-25），25.1（C-11），24.0（C-19），23.6（C-21），23.2（C-16），19.7（C-26），20.1（C-27），17.6（C-28），17.1（C-18）。经与文献报道的数据比较（Amagata et al.，2007），鉴定化合物13为dankasterone B。

4.2.3 红海榄目标菌株*Pestalotiopsis microspora*发酵产物的分离

菌株HHL82 *Pestalotiopsis microspora*（KX631718）发酵产物50g，以石油醚—二氯甲烷、二氯甲烷、二氯甲烷—甲醇为洗脱系统进行硅胶层析梯度洗脱，得到6个组分。每个组分反复经过正相硅胶柱、反相硅胶柱和葡聚糖凝胶（Sephadex LH-20）柱层析、制备型硅胶板、重结晶手段，分离获得17个单体化合物，采用波谱技术（^{1}H-NMR、^{13}C-NMR、DEPT-135、^{1}H-^{1}HCOSY、HSQC、HMBC、ESI-MS和HR-ESI-MS）以及文献对照鉴定12个化合物的结构。

具体的分离流程如下：

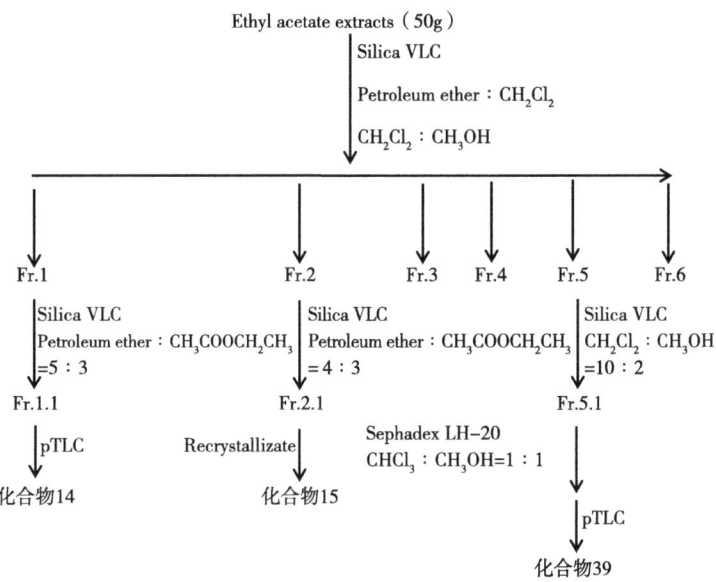

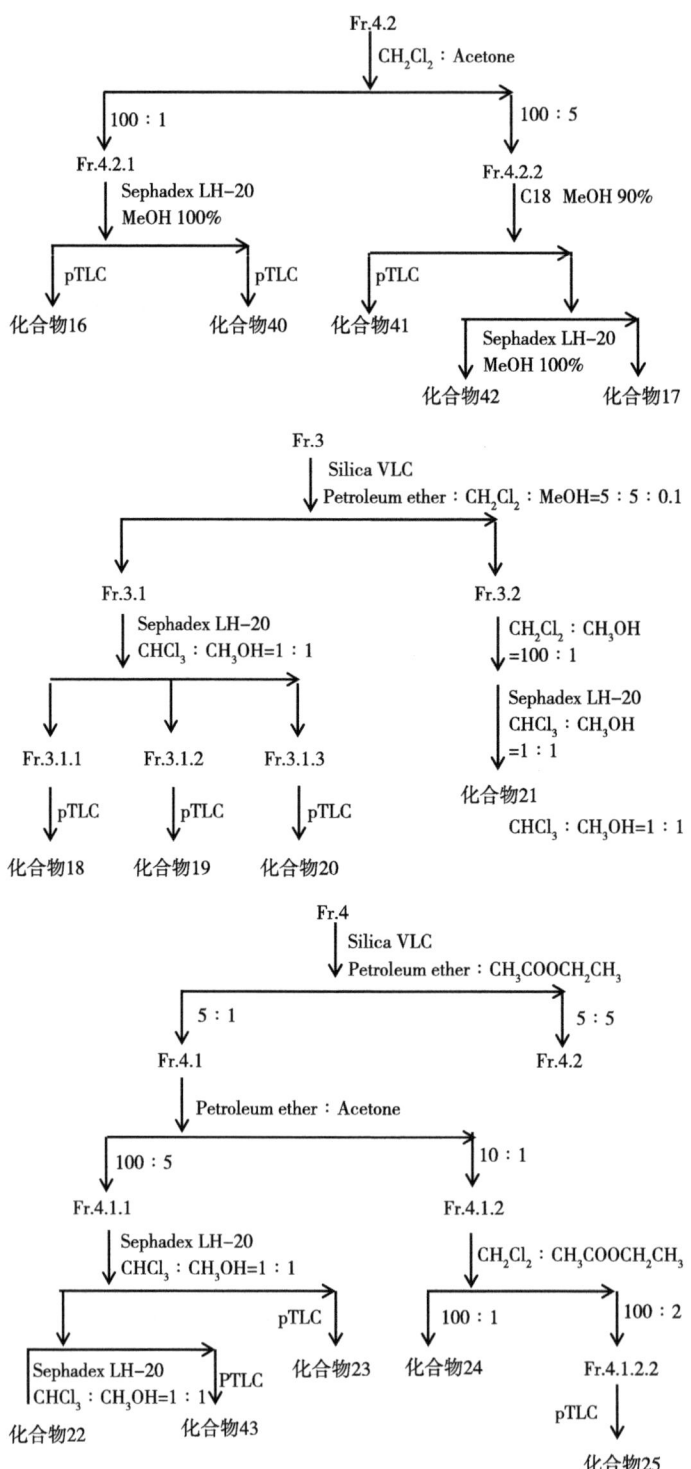

化合物14：3-Heptadecyl-5-methoxy-phenol（图4-13）

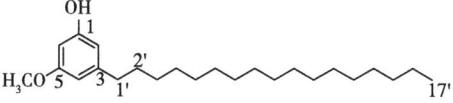

图4-13 化合物14的结构式

Fig. 4-13 The structure of compound 14

无色油状（甲醇），阳离子EI-MS m/z 362.3[M]$^+$（calcd for $C_{24}H_{42}O_2$，362.318 5），因此该化合物分子式为$C_{24}H_{42}O_2$，UV（MeOH）λ_{max} 231nm，254 nm。^{1}H NMR（500MHz，CDCl$_3$）δ_H 6.33（brs，1H，H-6），6.26（brs，1H，H-4），6.23（brs，1H，H-2），3.77（s，3H，OCH$_3$），2.51（t，J=9.5Hz，2H，H-1'），1.58（m，2H，H-2'），1.25（overlapped，28H，H-3'-H-16'），0.88（t，J=7.3Hz，3H，H-17'）；^{13}C-NMR（125MHz，CDCl$_3$）δ_C 160.8（C-3），156.4（C-1），145.8，（C-5），107.8（C-6），106.8（C-4）98.6（C-2），55.2（OCH$_3$），36.1（C-10），31.9（C-20），29.5（C-3'-C-15'），22.7（C-16'），14.1（C-17'）。经与文献报道的数据比较（Feresin et al., 2003），鉴定化合物14为3-Heptadecyl-5-methoxy-phenol。

化合物15：3-乙酰基-β-谷甾醇（图4-14）

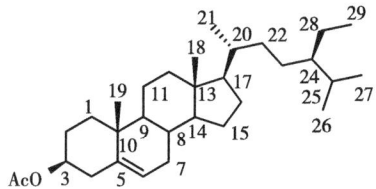

图4-14 化合物15的结构式

Fig. 4-14 The structure of compound 15

白色无定型粉末（甲醇），阳离子ESI-MS m/z 479.5[M+Na]$^+$（calcd for $C_{31}H_{52}O_2Na$，479.120 7），因此该化合物分子式为$C_{31}H_{52}O_2$，UV（MeOH）λ_{max}210nm，254nm。^{1}H NMR（500MHz，CDCl$_3$）δ_H 5.37（1H，brs，H-6），4.63-4.56（1H，m，H-3），2.31（2H，m，H-4），2.02（3H，s，CH$_3$COO-2'），2.00-1.09［30H，m，including 1s（3H，H-19）at 1.01 ppm］，0.91（3H，d，J=7.9Hz，H-21），0.84（3H，t，J=9.1Hz，H-29），0.83（3H，d，J=9.6Hz，H-26），

0.80（3H，d，$J=10.0$Hz，H-27），0.67（3H，s，H-18）；^{13}C-NMR（125MHz，CDCl$_3$）δ_C 170.1（C-1'），139.3（C-5），122.3（C-6），73.6（C-3），56.3（C-14），55.7（C-17），49.7（C-9），45.5（C-24），41.9（C-13），39.4（C-4），37.8（C-12），36.7（C-1），36.2（C-10），35.8（C-20），33.6（C-22），31.5（C-7），31.5（C-8），28.8（C-25），27.9（C-2），27.4（C-16），25.7（C-23），23.9（C-15），23.9（C-15），22.7（C-28），21.1（C-2¢），20.7（C-11），19.5（C-26），18.9（C-27），18.7（C-21），18.4（C-19），11.6（C-18），11.5（C-29）。经与文献报道的数据比较（Zhang et al.，2005），鉴定化合物15为3-乙酰基-β-谷甾醇。

化合物16：7β-hydroxysitosterol（图4-15）

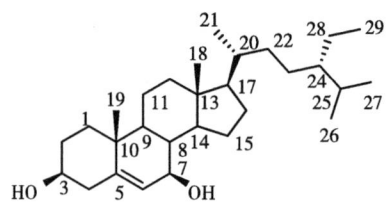

图4-15 化合物16的结构式

Fig. 4-15 The structure of compound 16

白色无定型粉末（甲醇），阳离子ESI-MS m/z 430.5[M+Na]$^+$（calcd for C$_{29}$H$_{50}$O$_2$Na，453.120 7），因此该化合物分子式为C$_{29}$H$_{50}$O$_2$，UV（MeOH）λ_{max} 210nm，254nm。^{1}H NMR（500MHz，CDCl$_3$）δ_H 5.21（1H，brs，H-6），3.55（1H，m，H-3），2.30（2H，m，H-4），2.02-1.00 [30H，m，including 1s（3H，H-19）at 1.07ppm]，0.92（3H，d，$J=7.2$Hz，H-21），0.86（3H，t，$J=7.7$Hz，H-29），0.83（3H，d，$J=9.7$Hz，H-26），0.82（3H，d，$J=9.7$Hz，H-27），0.69（3H，s，H-18）；^{13}C-NMR（125MHz，CDCl$_3$）δ_C 145.3（C-5），121.5（C-6），75.8（C-7），71.3（C-3），55.6（C-17），55.3（C-14），48.2（C-9），45.8（C-24），42.8（C-13），41.6（C-4），39.4（C-8，C-12），36.5（C-1），36.4（C-10），36.0（C-20），33.9（C-22），31.4（C-2），29.1（C-25），28.4（C-16），26.0（C-23），25.9（C-15），23.0（C-28），21.1（C-11），19.8（C-26），19.0（C-27），19.0（C-21），18.8（C-19），12.0（C-29），11.8（C-18）。经与文献报道的数据比较（Zhang et al., 2005），鉴定化合物16为7β-hydroxysitosterol。

化合物17：3β-hydroxy-5α-stigmastan-6-one（图4-16）

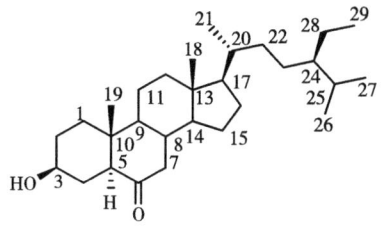

图4-16 化合物17的结构式

Fig. 4-16 The structure of compound 17

白色无定型粉末（甲醇），阳离子ESI-MS *m/z* 430.4 [M+Na]⁺（calcd for C$_{29}$H$_{50}$O$_2$Na，453.381 1），因此该化合物分子式为C$_{29}$H$_{50}$O$_2$。^{1}H NMR（500MHz，CDCl$_3$）δ_H 5.69（1H，brs，H-6），3.66（1H，m，H-3），2.31（2H，m，H-4），2.04-1.01 [30H，m，including 1s（3H，H-19）at 1.19 ppm]，0.92（3H，d，*J*=7.6Hz，H-21），0.84（3H，t，*J*=9.6Hz，H-29），0.83（3H，d，*J*=9.6Hz，H-26），0.80（3H，d，*J*=9.6Hz，H-27），0.67（3H，s，H-18）；^{13}C-NMR（125MHz，CDCl$_3$）δ_C 202.4（C-7），165.1（C-5），126.1（C-6），70.5（C-3），49.9（C-14），54.7（C-17），49.9（C-9），45.8（C-24），45.4（C-8），43.1（C-13），41.8（C-4），38.7（C-12），36.3（C-1），38.3（C-10），36.1（C-20），33.9（C-22），31.2（C-2），29.1（C-25），28.6（C-16），26.3（C-23），26.1（C-15），23.0（C-28），21.2（C-11），19.0（C-21，C-26），18.9（C-27），17.1（C-19），12.0（C-18，C-29）。经与文献报道的数据比较（张敏等，2010），鉴定化合物化合物17为3β-hydroxy-5α-stigmastan-6-one。

化合物18：β-谷甾醇（图4-17）

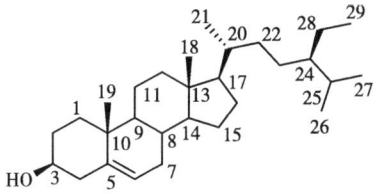

图4-17 化合物18的结构式

Fig. 4-17 The structure of compound 18

白色无定型粉末（甲醇），阳离子ESI-MS m/z 437.5[M+Na]$^+$（calcd for C$_{29}$H$_{50}$ONa, 437.120 7），因此该化合物分子式为C$_{29}$H$_{50}$O，UV（MeOH）λ_{max}210nm，254nm。^{1}H NMR（500MHz，CDCl$_3$）δ_H 5.38（1H，brs，H-6），3.55（1H，m，H-3），2.30（2H，m，H-4），2.00-1.09[30H，m，含有1s（3H，H-19）at 1.03ppm]，0.95（3H，d，J=8.0Hz，H-21），0.84（3H，t，J=7.2Hz，H-29），0.86（3H，d，J=9.3Hz，H-26），0.84（3H，d，J=10.5Hz，H-27），0.71（3H，s，H-18）；^{13}C-NMR（125MHz，CDCl$_3$）δ_C 140.7（C-5），121.7（C-6），71.7（C-3），56.7（C-14），56.0（C-17），50.1（C-9），45.8（C-24），42.3（C-13），42.2（C-4），39.7（C-12），37.2（C-1），36.5（C-10），36.1（C-20），33.9（C-22），31.9（C-7），31.9（C-8），31.6（C-2），29.1（C-25），28.2（C-16），26.0（C-23），24.3（C-15），23.0（C-28），21.1（C-11），19.4（C-26），19.8（C-27），19.0（C-21），18.7（C-19），11.9（C-29），11.8（C-18）。经与文献报道的数据比较（Chaturvedula et al.，2012），鉴定化合物18为β-谷甾醇（β-sitosterol）

化合物19：linoleic acid methyl ester（图4-18）

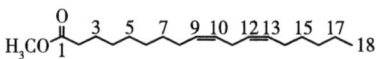

图4-18 化合物19的结构式

Fig. 4-18 The structure of compound 19

白色无定型粉末（甲醇），阳离子ESI-MS m/z 317.4[M+Na]$^+$（calcd for C$_{19}$H$_{34}$O$_2$Na, 317.370 5），因此该化合物分子式为C$_{19}$H$_{34}$O$_2$，UV（MeOH）λ_{max}231nm，254nm。^{1}H NMR（500MHz，CDCl$_3$）δ_H 5.39-5.32（4H，m，H-9，10，12，13），3.66（3H，s，-OCH$_3$），2.77（2H，t，J=7.9Hz，H-11），2.30（2H，m，H-2），2.04（4H，m，H-8，14），1.62（2H，m，H-3），1.41-1.26（14H，m，H-4，5，6，7，15，16，17），0.89（3H，t，J=8.2Hz，H-18）；^{13}C-NMR（125MHz，CDCl$_3$）δ_C 174.3（C-1），130.2（C-13），130.1（C-9），128.1（C-10），127.9（C-12），51.5（OCH$_3$），34.1（C-2），31.5（C-16），29.6（C-6），29.4（C-15），29.1（C-7），29.1（C-5），29.1（C-4），27.2（C-14），27.2（C-8），25.6（C-11），24.9（C-3），22.6（C-17），14.1（C-18）。经与文献报道的数据比较（Yoon et al.，2014），鉴定化合物19为linoleic acid methyl ester。

化合物20：citreoanthrasteroid B（图4-19）

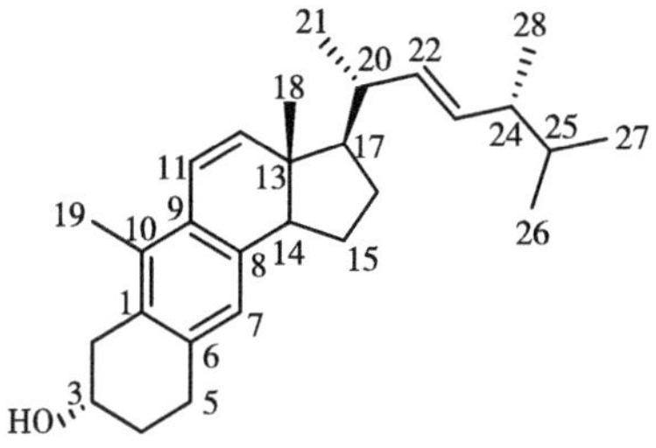

图4-19 化合物20的结构式

Fig. 4-19 The structure of compound 20

白色无定型粉末（甲醇），阳离子ESI-MS m/z 405.3[M+H]$^+$（calcd for $C_{28}H_{40}O$，393.375 9），因此该化合物分子式为$C_{28}H_{40}O$，UV（MeOH）λ_{max}210nm，254nm。^{1}H NMR（500MHz，CDCl$_3$）δ_H6.65（1H，s，H-7），6.58（1H，d，J=12.4Hz，H-12），6.49（1H，d，J=12.4Hz，H-11），4.16（1H，m，H-4），5.26（1H，dd，J=19.1，10.9Hz，H-23），5.22（1H，dd，J=19.1，7.6Hz，H-22），2.20（3H，s，H-19），1.13（3H，d，J=6.8Hz，H-21），0.92（3H，d，J=7.0Hz，H-28），0.82（3H，d，J=6.2Hz，H-26），0.84（3H，d，J=6.6Hz，H-27），0.59（3H，s，H-18）；^{13}C-NMR（125MHz，CDCl$_3$）δ_C 27.9（C-1），31.2（C-2），68.1（C-3），36.5（C-4），130.2（C-5），135.2（C-6），123.6（C-7），137.2（C-8），131.9（C-9），130.8（C-10），123.1（C-11），140.0（C-12），68.0（C-13），50.2（C-14），29.7（C-15），21.9（C-16），51.7（C-17），11.5（C-18），14.4（C-19），41.0（C-20），20.9（C-21），132.3（C-22），135.1（C-23），43.6（C-24），33.2（C-25），19.8（C-26），20.1（C-27），17.7（C-28）。经与文献报道的数据比较（Nakada et al.，2000），鉴定化合物20为citreoanthrasteroid B。

化合物21：hexadec-9-enoic acid（图4-20）

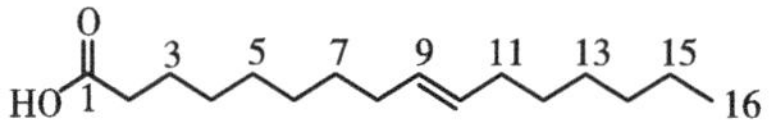

图4-20 化合物21的结构式

Fig. 4-20 The structure of compound 21

白色无定型粉末（甲醇），阳离子ESI-MS m/z 254.2[M]$^+$（calcd for

$C_{16}H_{30}O_2$, 254.226), 因此该化合物分子式为 $C_{16}H_{30}O_2$, UV (MeOH) λ_{max}234nm, 254nm。^{1}H NMR (500MHz, CDCl$_3$) δ_H 5.34 (2H, dt, J=7.0, J=4.2Hz, H-9, H-10), 2.35 (2H, d, J=9.3Hz, H-2), 2.02 (4H, dt, J=7.3, 9.2Hz, H-8, H-11), 1.63 (2H, m, J=8.8Hz, H-3), 1.31-1.25 (18H, brm, 9×CH$_2$), 0.88 (3H, t, J=8.2Hz, H-18); ^{13}C-NMR (125MHz, CDCl$_3$) δ_C 178.2 (C-1), 129.7 (C-9), 130.0 (C-10), 33.7 (C-2), 31.9 (C-14), 29.8, 29.7, 29.6, 29.3, 29.2, 29.1, 27.2 (C-8, C-11), 24.7 (C-3), 22.7 (C-15), 14.1 (C-16)。经与文献报道的数据比较 (Choi et al., 2008; Hamid et al., 2016), 鉴定化合物21为hexadec-9-enoic acid。

化合物22: stigmast-4-en-6-ol-3-one (图4-21)

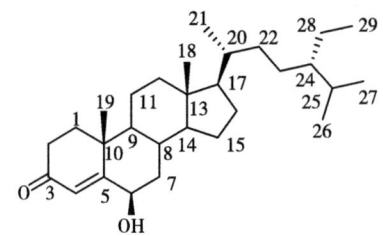

图4-21 化合物22的结构式

Fig. 4-21 The structure of compound 22

白色无定型粉末(甲醇), 阳离子ESI-MS m/z 451.5[M+Na]$^+$ (calcd for $C_{29}H_{48}O_2$Na, 307.120 7), 因此该化合物分子式为 $C_{29}H_{48}O_2$, UV (MeOH) λ_{max}210nm, 354nm。^{1}H NMR (500MHz, CDCl$_3$) δ_H 5.81 (1H, brs, 4-H), 4.35 (1H, m, 6-H), 2.03 (1H, 7-H), 1.37 (3H, brs, H-19), 0.92 (3H, d, J=7.65Hz, H-21), 0.87 (d, J=9.55Hz, 3H, H-27), 0.84 (3H, d, J=7.65Hz, H-29), 0.81 (3H, d, J=13.45Hz, H-26), 0.77 (3H, s, H-18); ^{13}C-NMR (125MHz, CDCl$_3$) δ_C 200.5 (C-3), 168.5 (C-5), 126.3 (C-4), 73.3 (C-6), 56.1 (C-17), 55.9 (C-14), 53.6 (C-9), 45.8 (C-24), 42.5 (C-13), 39.6 (C-12), 38.6 (C-7), 38.0 (C-10), 37.1 (C-1), 36.1 (C-20), 34.3 (C-2), 33.9 (C-22), 29.7 (C-8), 29.2 (C-25), 28.2 (C-16), 26.1 (C-23), 24.2 (C-15), 23.1 (C-28), 21.0 (C-11), 19.8 (C-26), 19.5 (C-19), 19.0 (C-21), 18.7 (C-27), 12.0 (C-29), 12.0 (C-18)。经与文献报道的数据比较 (Niu et al., 2001; Georges et al.,

2006），鉴定化合物22为stigmast-4-en-6-ol-3-one。

化合物23：7-ketositosterol（图4-22）

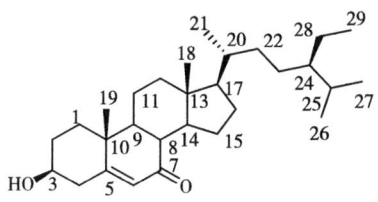

图4-22 化合物23的结构式

Fig. 4-22 The structure of compound 23

白色无定型粉末（甲醇），阳离子ESI-MS m/z 451[M+Na]$^+$（calcd for C$_{29}$H$_{48}$O$_2$Na，307.120 7），因此该化合物分子式为C$_{29}$H$_{48}$O$_2$，UV（MeOH）λ_{max}234nm，354nm。^{1}H NMR（500MHz，CDCl$_3$）δ_H 5.69（1H，brs，H-6），3.66（1H，m，H-3），2.31（2H，m，H-4），2.04-1.01［30H，m，including 1s（3H，H-19）at 1.19 ppm］，0.92（3H，d，J=7.6Hz，H-21），0.84（3H，t，J=9.6Hz，H-29），0.83（3H，d，J=9.6Hz，H-26），0.80（3H，d，J=9.6Hz，H-27），0.67（3H，s，H-18）；^{13}C-NMR（125MHz，CDCl$_3$）δ_C 202.4（C-7），165.1（C-5），126.1（C-6），70.5（C-3），49.9（C-14），54.7（C-17），49.9（C-9），45.8（C-24），45.4（C-8），43.1（C-13），41.8（C-4），38.7（C-12），36.3（C-1），38.3（C-10），36.1（C-20），33.9（C-22），31.2（C-2），29.1（C-25），28.6（C-16），26.3（C-23），26.1（C-15），23.0（C-28），21.2（C-11），19.0（C-21，C-26），18.9（C-27），17.1（C-19），12.0（C-18，C-29）。经与文献报道的数据比较（Zhang et al.，2005；Cui et al.，2010），鉴定化合物23为7-ketositosterol。

化合物24：citreoanthrasteroid B同化合物20。

化合物25：5-8-epidioxy-5α, 8α-ergosta-6, 22E-dien-3β-ol同化合物7。

4.3 讨论与结论

通过生物活性筛选到的红茄苳内生真菌*Pestalotiopsis* sp.（KX631742），HQD6扩大发酵培养，得到发酵粗提物的乙酸乙酯浸膏62g，采用硅胶柱层析、反相硅胶柱层析C18、葡聚糖凝胶柱层析Sephadex LH-20、制备薄层层析以及重结晶分离手段，从中分离到了26个化合物，采用波谱技术（EI-MS、HRMS、^{1}H-NMR、^{13}C-NMR、DEPT、^{1}H-^{1}HCOSY、HSQC、HMBC）和查阅文献比对分析从中分离到了13个化合物，其中含有8个甾体类化合物2、3、4、5、7、10、12、13，2个萜类化合物1和11，1个呋喃类化合物8，1个邻苯二酸异丁酯6和1个香豆素类化合物9。其中，化合物1、2、3、4、5、8、9、11、12、13均为首次从红树林内生真菌中分离发现。

Pestalotiopsis microspora（KX631718），HHL82扩大发酵培养，得到的发酵乙酸乙酯粗提物50g，从中分离到了17个化合物，采用波谱技术和查阅文献比对分析，鉴定出12个化合物的结构式，其中含有9个甾体类化合物（15，16，17，18，20，22，23，24，25），2个脂肪酸化合物（19，21）和1个酚类化合物14。其中，化合物14、15、16、17、19、20、21、22、23均为首次从红树林内生真菌中分离发现。

5 化合物生物活性评价以及相关活性作用的机制研究

5.1 研究材料与方法

5.1.1 研究仪器

酶标仪XMARK（日本）、GalaxyR二氧化碳培养箱（RS Biotech 英国）、BD AccuriC6流式细胞仪（美国）、共聚焦荧光倒置显微镜TCS-SP8（德国莱卡公司）。

5.1.2 研究试剂

MTT［3-（4,5-二甲基噻唑-2）-2,5-二苯基四氮唑溴盐］试剂和PI（碘化丙啶）购置于Sigma；细胞周期试剂盒、AnnexinV-FITC/PI双染法检测细胞凋亡试剂盒，线粒体膜电位试剂盒均购置于中国联科生物。

5.1.3 内生真菌代谢产物生物活性评价

5.1.3.1 抗氧化活性评价

方法同3.1.4。

5.1.3.2 抗菌活性评价

方法同3.1.5。

5.1.3.3 抗肿瘤活性评价

方法同3.1.6。

5.1.4　内生真菌代谢产物抗肿瘤机制研究

5.1.4.1　细胞周期检测

细胞周期指从一次细胞分裂完成到下一次细胞分裂结束所经历的全过程。从DNA数目上我们可以将细胞周期分为G_0/G_1期、S期、G_2/M期。由于碘化丙啶（PI）在细胞内既可以与RNA结合也可以和DNA结合，首先应用RNA抑制剂去除RNA影响，与DNA结合的PI强度则可通过流式细胞技术检测，PI-DNA复合物的激发和发射波长分别为488nm和623nm，因而直接反映了细胞DNA含量的多少。

通过MTT毒力实验检测出具有抗肿瘤活性强的化合物，采用流式细胞技术分析该化合物对肿瘤细胞周期的影响，分别用半数有效浓度（IC_{50}）处理肺癌细胞A549、人宫颈癌细胞Hela和肝癌细胞HepG2这3种肿瘤细胞，处理时间为24h、78h和72h，同时做空白对照。用不含EDTA的胰蛋白酶消化细胞，获取单细胞混悬液（2~20）×10^5个/mL。加入1mL室温下的PBS，将细胞缓慢加入3mL -20℃预冷的无水乙醇中，在-20℃下过夜固定，可以存放数天（在4℃下固定，则第二天就要上机检测）。次日，离心弃乙醇，轻弹壁管使沉淀松散，加入2~5mL室温下的PBS，放置15min使细胞再次水化，离心弃PBS。按照试剂盒说明在细胞沉淀中加入1mL细胞染料，避光，室温下染色30min，在BD流式细胞仪上检测各个细胞周期的数目。在流式细胞仪上记录的实验数据以.fcs格式导出，通过FlowJo软件分析不同处理下的细胞周期分布，分析G_0/G_1期、S期和G_2/M期细胞各占的比例（Li et al.，2017）。每个处理组重复3次。

5.1.4.2　细胞凋亡检测

细胞凋亡是对抗癌症发展有效的一种方式，细胞凋亡敏感性的丧失是癌症的标志之一（Brown et al.，2005）。在细胞凋亡中，细胞显示出独特的形态特征，其中一个是磷脂酰丝氨酸（PS）脂膜内侧翻向外侧和丧失膜原来的完整性（Van et al.，1998）。暴露到膜外面的磷脂酰丝氨酸可以被异硫氰酸荧光素标记的Annexin V检测到（Vermes et al.，1995）。

Annexin V是一种分子量为35~36kD的Ca^{2+}依赖性磷脂结合蛋白，能与细胞凋亡过程中翻转到膜外的PS高亲和力特异性结合。PS外翻发生在细胞破裂和DNA片段化凋亡相关蛋白出现之前，这时Annexin V与PS的结合成为凋亡早期的一种重要检测标志。用标记FITC的Annexin V作为荧光探针,利用流式细胞仪检测细胞凋亡的发生,细胞坏死的过程也会发生细胞膜损伤,坏死的细胞会结合Annexin V-FITC。正常细胞和早期凋亡细胞具有完整的细胞膜,碘化丙啶(PI)是一种核酸染料,它不能透过完整的细胞膜,但是凋亡中晚期和坏死的细胞,PI能够透过细胞膜和核酸结合呈现粉红色。将Annexin V与PI结合使用,可以将凋亡早期的细胞和晚期的细胞以及死细胞区分开。坏死细胞可以同时与Annexin V-FITC和PI结合显色,而PI则排除在活细胞(FTIC阴性区)和早期凋亡细胞(FITC阳性)之外。在没有巨噬细胞的情况下,凋亡的最后阶段会像细胞坏死一样发生整个细胞的解体,从而使凋亡晚期的细胞也同时被FITC和PI结合染色呈现双阳性(图5-1)。

被样品处理后的细胞在双变量流式细胞机的散点图上,左下象限显示活细胞,为(FITC$^-$/PI$^-$),右上象限是非活细胞,即坏死细胞,为(FTIC$^+$/PI$^+$),而右下象限为早期凋亡细胞,显示(FITC$^+$/PI$^-$),左上象限则为操作过程中处理不当的死细胞,显示(FITC$^-$/PI$^+$)。

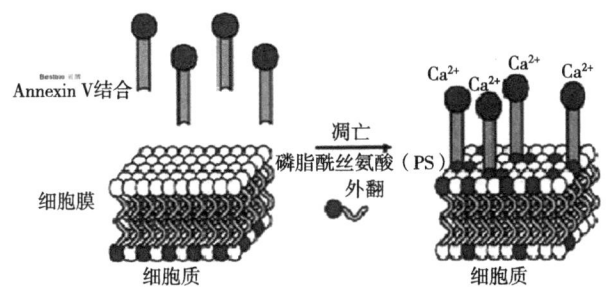

图5-1 Annexin V-FITC检测细胞凋亡原理

Fig. 5-1 Apoptosis was detected by Annexin V-FITC

同细胞周期实验一样,半数有效的质量浓度(IC$_{50}$)(11.14 ± 0.14)nM(A549)、(0.17 ± 0.00)nM(Hela)和(14.16 ± 0.56)nM(HepG2),分别用半数有效浓度处理肿瘤细胞,处理时间为24h、78h和72h,同时做空白对照。在6孔板中,每孔细胞作为一个处理被收集,肿瘤细胞为贴壁细胞,凋亡实验中贴壁细胞的消化和收集至关重要,贴壁细胞诱导凋亡时如有漂浮细胞,需要将漂浮细胞和贴壁细胞合并收集,处理贴壁细胞时要小心操作,尽量避免人为的损伤细胞,胰蛋白酶消化时间过短,细胞需要用力吹打才能脱落,容易造成细胞膜的损伤,PI摄入过多,消化时间过长,细胞膜同样易造成损伤。甚至会影响细胞膜上磷脂酰丝氨酸与AnnexinV-FITC的结合。消化时将胰蛋白酶铺满底后，轻摇使胰蛋白酶与细胞充分接触，然后倒掉大部分胰蛋白酶，利用剩余的少量胰蛋白酶再消化一段时间，待细胞间隙增大，皿底呈花斑状即可终止，在显微镜下观察细胞变圆，一般时间为3~5min。由于EDTA会与Annexin形成沉淀影响与PS结合，因此凋亡实验中所采用的消化酶不含EDTA。用PBS洗涤细胞2次，尽可能吸净PBS。加入400μL的Biding buffer制得悬浮细胞，浓度约为（2~10）×10^5个/mL，在细胞悬浮液中加入5μL AnnexinV-FITC染色液，轻轻混匀后在冰上避光条件下孵育15min，加入10μL的PI染色液后轻轻混匀在冰上避光条件下孵育5min，立即用流式细胞仪检测。BD流式细胞仪上只要涉及到双染检测，就要进行荧光补偿。在检测细胞凋亡双染实验中，制备3个样本来进行流式细胞仪的荧光补偿和设"十"字门，没有染色的细胞、仅用Annexin V-FITC染色的细胞和仅用PI染色的细胞，在流式细胞摸索好条件以后，将处理好的样品逐个上机检测，AnnexinV-FITC的信号通道是FL1，PI的信号通道可以选择FL2或FL3，一般选用FL3（Anasamy et al., 2016），获取到实验室数据以.fcs格式导出，通过FlowJo软件进行数据分析，分组实验平行3次。

激光共聚焦显微镜观察：滴加30~50μL用AnnexinV-FITC/PI双染的细胞悬液于凹槽载玻片上，并用盖玻片盖上细胞，在激光共聚焦显微镜下观察肿瘤细胞形态的变化，Annexin V-FITC的激发波长为488nm，发射光波长为530nm；PI的激发波长为620nm。Annexin V-FITC染色阳性的细胞将在细胞膜上呈现明亮的苹果绿色，PI染色阳性的细胞则会在整个细胞质内呈现不同强度的黄—红色。早期凋亡细胞不会被PI染色，而坏死或晚期凋亡细胞则会显示出黄—红色的细胞质，红色的细胞核和环绕细胞的绿色细胞膜，在晚期凋亡细胞中还可以观察到细胞膜皱缩和起泡等凋亡现象。

5.1.4.3 线粒体膜电位

细胞培养于6孔板中过夜，在MTT实验结果基础之上，用样品的抑制半数有效浓度处理3种（Hela、A549、HepG2）肿瘤细胞，处理时间为24h、48h和72h，同时做空白对照。用不含EDTA的胰蛋白酶消化细胞，收集细胞[（2~10）×10^5个/mL]，加入1mL Staining Buffer，加入终浓度为2μM的JC-1（5, 5′, 6, 6′-tetrachloro-1, 1′, 3, 3′-tetraethylbenzimidazolocarbocyanine iodide），在5%CO_2培养箱中孵育15~30min，离心后加入500μL PBS重悬。在BD流式细胞仪上检测，

获取到实验室数据以.fcs格式导出，通过FlowJo软件进行数据分析，分组实验平行3次（Waziri et al., 2016）。

5.2 研究结果与分析

5.2.1 内生真菌代谢产物生物活性评价

抗氧化活性结果显示，两种红树属植物的2株活性内生真菌中分离鉴定出的25个化合物中，化合物8对DPPH自由基和ABTS自由基有不同程度的清除作用，IC_{50}分别是（245 ± 1.56）μM和（68 ± 0.58）μM。

从两种内生真菌发酵产物中分离鉴定出25个化合物对铜绿假单胞菌（*Pseudomonas aeruginosa*）、粪肠球菌（*Enterococcus faecalis*）、耐甲氧西林金黄色葡萄球菌（Methicillin sensitive *Staphylococcus aureus*）、白色念珠菌（*Monilia albican*）4种指示菌均无抑制作用。

抗肿瘤活性测试结果显示（表5-1），红海榄和红茄苳的两种内生拟盘多毛孢的25个化合物中，有11个化合物对肺癌细胞A549、人宫颈癌细胞Hela和肝癌细胞HepG2有不同程度的抑制作用，尤其是demethylincisterol A_3（3）在抑制肺癌细胞A549、人宫颈癌细胞Hela和肝癌细胞HepG2具有显著作用，IC_{50}值分别是（11.14 ± 0.14）nM（A549）、（0.17 ± 0.00）nM（Hela）和（14.16 ± 0.56）nM（HepG2），值得进一步研究。

表5-1 化合物对3种肿瘤细胞的抑制作用

Tab. 5-1 Cytotoxicities of compounds in three cancer cell lines

样品	Hela（IC_{50}）	A549（IC_{50}）	HepG2（IC_{50}）
Demethylincisterol A_3（nM）	0.17 ± 0.00	11.14 ± 0.14	14.16 ± 0.56
Ergosta-5，7，22-trien-3-ol（μM）	21.06 ± 0.68	11.44 ± 0.45	—
Stigmatan-3-one（μM）	19.66 ± 0.00	—	20.07 ± 2.42
Stigmast-4-en-3-one（μM）	—	—	33.11 ± 0.00
Stigmast-4-en-6-ol-3-one（μM）	36.73 ± 1.07	—	25.56 ± 1.12
Flufuran（μM）	—	—	102.11 ± 7.82

（续表）

样品	Hela（IC$_{50}$）	A549（IC$_{50}$）	HepG2（IC$_{50}$）
Miliacin（μM）	—	—	33.00 ± 0.64
β-谷甾醇（μM）	25.99 ± 0.29	—	—
3-乙酰基-β谷甾醇（μM）	19.06 ± 0.55	27.70 ± 1.25	—
3-heptadecyl-5-methoxy-phenol（μM）	29.94 ± 0.41	—	—
7β-hydroxysitosterol（μM）	—	35.77 ± 2.04	—
5-Fu尿嘧啶（μM）	22.06 ± 0.02	29.03 ± 0.02	76.92 ± 0.02
Doxirubicin（nM）	8.60 ± 0.10	0.17 ± 0.01	137 ± 0.90
Pestalotiopsis sp.浸膏（μg/mL）	13.01 ± 1.91	14.99 ± 1.62	9.58 ± 0.01
Pestalotiopsis microspora浸膏（μg/mL）	14.38 ± 1.84	126.73 ± 1.21	237.47 ± 1.75

5.2.2　内生真菌代谢产物抗肿瘤机制研究

5.2.2.1　细胞周期检测

前文研究了化合物demethylincisterol A$_3$能明显抑制肺癌细胞A549、人宫颈癌细胞Hela和肝癌细胞HepG2的增殖，并促进细胞的凋亡，现阶段使用demethylincisterol A$_3$的半数有效浓度（IC$_{50}$）处理肿瘤细胞，采用流式细胞技术初步探索化合物demethylincisterol A$_3$通过使细胞停滞于细胞周期的哪个阶段，来抑制细胞的增殖。如彩图5-1所示。

表5-2　化合物5对肿瘤细胞的抑制作用

Tab. 5-2　Cytotoxicities of compound 5 in three cancer cell lines

化合物	细胞	抑制率（%）			
		6（μM）	15（μM）	30（μM）	40（μM）
demethylincisterol A$_3$	A549	78.55 ± 1.56	81.04 ± 3.15	84.09 ± 0.89	90.02 ± 1.54
	Hela	77.12 ± 2.14	81.24 ± 1.55	84.23 ± 1.75	86.12 ± 2.14
	HepG2	74.69 ± 1.89	79.38 ± 1.08	86.32 ± 2.34	86.12 ± 1.58

细胞周期调控是正常细胞分裂的重要事件，而诱导细胞周期阻滞是抗癌药物的标志。本实验通过PI染料和流式细胞仪分析，化合物demethylincisterol A_3对Hela、A549和HepG2肿瘤细胞处理24h、48h和72h后的细胞周期分布。半数抑制浓度（IC_{50}）处理细胞后发现，随着处理时间的延长G_0/G_1细胞分布比例增加，例如，被demethylincisterol A_3处理的A549细胞显示，在24h时的G_0/G_1的细胞比例为51.6%，处理72h后G_0/G_1期细胞的比例上升到62.15%，而未被处理的A549细胞G_0/G_1期细胞的比例为43.40%。表明被demethylincisterol A_3处理的肿瘤细胞主要是被阻滞于G_0/G_1期。然而在Hela和HepG2细胞中，随着处理时间的增加G_0/G_1期细胞比例也增加，但处理72h时，G_0/G_1期细胞的比例却相对降低，Sub G_0/G_1期细胞的比例急剧增加至33.00%（Hela）和25.16%（HepG2），说明被demethylincisterol A_3处理的细胞G_0/G_1期急剧向Sub G_0/G_1期转变，代表着在细胞经历凋亡中，会出现形成细胞碎片DNA的阶段。

5.2.2.2 细胞凋亡检测

采用Annexin V-FITC/PI双染试剂盒检测化合物demethylincisterol A_3对Hela、A549和HepG2细胞进行不同时间的处理，按照Annexin V-FITC双染试剂盒进行实验操作，最后用流式细胞仪检测细胞的凋亡情况，用FlowJo软件分析细胞的各凋亡时期的比例，与此同时，滴加30~50μL用AnnexinV-FITC/PI双染的细胞悬液于凹槽载玻片上，并用盖玻片盖上细胞，在激光共聚焦显微镜下（扩大倍数200×）观察肿瘤细胞的形态变化和染色结果，如彩图5-2和彩图5-3所示。

细胞凋亡是抗癌症发展一种有效地方式，细胞凋亡敏感性的丧失是癌症的标志之一。本实验以Annexin V-FITC/PI双染料，对demethylincisterol A_3处理的Hela、A549和HepG2肿瘤细胞进行染色，通过流式细胞仪对染色的肿瘤细胞进行细胞凋亡分析和激光共聚焦显微镜下观察被Annexin V-FITC/PI染色的肿瘤细胞的形态变化。在显微镜下观察大部分被demethylincisterol A_3处理的细胞，与Annexin V-FITC/PI染料结合后，呈现绿色和红色，表现出典型的凋亡特征，包括细胞膜皱起，染色质浓缩和凋亡小体的形成，而未被demethylincisterol A_3处理的细胞呈现出细胞膜的完整，细胞没有发生形变，也没有与Annexin V-FITC/PI染料相结合（彩图5-2）。通过流式细胞仪检测结果发现，被demethylincisterol A_3处理的Hela、A549和HepG2细胞，随着处理时间的增加，能与Annexin V-FTIC结合（Annexin V阳性）的细胞也越多，Hela、A549和HepG2细胞从处理时间

24～72h，Annexin V阳性细胞数由20.88%、33.17%和15.96%增加至81.22%、98.10%和99.80%。Annexin V阳性细胞显著增加，表明demethylincisterol A_3促进了肿瘤细胞凋亡的作用。

5.2.2.3 线粒体膜电位

凋亡，又称为程序性细胞死亡，是靶向化疗诱导癌细胞死亡或增加癌细胞对细胞毒性药物或放疗敏感性的主要机制。线粒体跨膜电位（$\Delta\Psi m$）是凋亡早期的事件，阳离子亲脂性染料JC-1检测活细胞线粒体跨膜电位（$\Delta\Psi m$）的变化，适合于凋亡细胞的检测。在正常细胞里，JC-1积聚在高线粒体跨膜电位（$\Delta\Psi m$）的线粒体基质中，形成红色荧光的聚集体。破坏线粒体膜电位（低线粒体$\Delta\Psi m$）去极化事件会阻止JC-1燃料积聚在线粒体中，因此该染料会扩散到整个细胞，使红色荧光转变为绿色荧光（JC-1单体），如彩图5-4所示。

在被demethylincisterol A_3处理的Hela、A549和HepG2肿瘤细胞实验中，表明，肿瘤细胞的线粒体膜电位（$\Delta\Psi m$）去极化率与demethylincisterol A_3药物处理细胞的时间成正比，凋亡细胞数量随着处理时间的增长而增多。如在处理24h下Hela、A549和HepG2的凋亡细胞为64.00%、37.4%和22.70%，经过处理时间延长至72h后，凋亡细胞的比例增至82.20%、62.80%和98.20%，相比于未处理下的凋亡细胞为0.98%、12.40%和1.24%，demethylincisterol A_3对3种肿瘤细胞有明显促进细胞凋亡的作用。

5.3 讨论与结论

5.3.1 内生真菌代谢产物生物活性评价

通过多生物活性模型筛选，从红茄苳中筛选出一株能够代谢出具有显著抗氧活性的呋喃类flufuran（8），清除DPPH自由基和ABTS自由基的IC_{50}分别是（245±1.56）μM和（68±0.58）μM。经过查阅文献flufuran（8）最初是在可培养内生真菌*Polyporus* spp.中分离得到（Cabrera et al.，2002），后续发现在真菌*Aspergillus flavus*（Evidente et al.，2009）、*Aspergillus oryzae*（Lee et al.，2016）也可以产生flufuran（8），在生物活性测试表现flufuran（8）能显著抑制疫霉属（*Phytophthora*）植物病原菌（Evidente et al.，2009）。

在抑菌活性评价中，分离鉴定出的25个化合物中对铜绿假单胞菌（*Pseudomonas aeruginosa*）、粪肠球菌（*Enterococcus faecalis*）、耐甲氧西林金黄色葡萄球菌（Methicillin sensitive *Staphylococcus aureus*）、白色念珠菌（*Monilia albican*）4种指示菌均无抑制作用。

在抗肿瘤评价中，11个化合物表现出对肺癌细胞A549、人宫颈癌细胞Hela和肝癌细胞HepG2有不同程度的抑制作用。尤其是demethylincisterol A_3（3）具有显著作用，IC_{50}值分别是（11.14±0.14）nM（A549）、（0.17±0.00）nM（Hela）和（14.16±0.56）nM（HepG2），值得进一步研究。demethylincisterol A_3（3）是属于麦角甾醇的衍生物，曾在海洋内生真菌*Peniophora* sp.中分离获得过（周静等，2012），通过查阅文献，发现该化合物对肿瘤细胞K526、MKN28、PC6、MCF7、HT29和HT1080表现出很好的细胞毒活性，IC_{50}值为2.5μg/mL、2.7μg/mL、2.9μg/mL、4μg/mL、2.9μg/mL和2.5μg/mL，还有抑制DNA聚合酶的活性（Togashi et al.，1998）。

5.3.2 内生真菌代谢产物抗肿瘤机制研究

到目前为止，发现demethylincisterol A_3（3）可作为潜在的免疫抑制剂，在被植物血凝素（PHA）激活的人外周血单个核细胞（PBMC）中，对肿瘤坏死因子-α、白细胞介素-2（IL-2）和IL-4的mRNA的抑制表达与demethylincisterol A_3（3）呈浓度依赖型，同时降低细胞增殖因子NF-AT和NF-κB的表达，以及上流信号细胞钙离子浓度和蛋白激酶C的活性（Tsai et al.，2013）。demethylincisterol A_3（3）可作为选择性蛋白抑制剂，可抑制蛋白酪氨酸磷酸酶SHP2依赖型细胞在人体内传导信号（Chen et al.，2017）。蛋白酪氨酸磷酸酶SHP2被认为与癌症密切相关，SHP2在乳腺癌中的高表达是促进乳腺癌的重要标志（Zhou et al.，2008）。同时还可以通过激活酪氨酸蛋白激酶SRC家族以及下游靶点从而影响了肿瘤细胞的迁移和侵袭能力（Sausgruber et al.，2015）。抑制SHP2的表达能够诱导凋亡并且能促进白细胞的凋亡（Xie et al.，2014）。

采用流式细胞技术初步探索demethylincisterol A_3（3）抑制3种肿瘤细胞的作用机制，发现随着处理时间的延长，G_2/M期和S期的细胞比例数越来越少，表明化合物demethylincisterol A_3（3）可能是通过使细胞主要停留于G_0/G_1期而抑制肿瘤细胞的增殖，G_0/G_1期的细胞比例首先是增多，而后随着处理时间的延长，细胞的比例又降低，可能是细胞受到药物长时间的处理，细胞内核酸开始降解的结果。

在处理细胞凋亡研究中，发现demethylincisterol A_3处理的肿瘤细胞Hela、A549和HepG2与Annexin V-FITC/PI标记为阳性的细胞类群，从左下角转到右下象限，然后再往右上角移动，细胞类群这样的转移方向，是细胞由早期凋亡到晚期凋亡最后到细胞坏死的一个指示。被药物处理后的Hela细胞，由Annexin V-FITC标记为阳性的类群比例从20.88%～81.22%，在处理48h后，细胞类群由右上象限转移至左上象限。在被处理的A549细胞中，在处理72h后被Annexin V-FITC标记为阳性的类群占98.10%。这与被处理的HepG2细胞类群相似，其被处理72h后，Annexin V-FITC标记为阳性的类群占到99.80%。

目前比较认同的两条导致细胞凋亡的信号传导途径，即细胞外部凋亡通路（细胞死亡受体通路）和细胞内部凋亡通路（线粒体通路）（Xiong et al., 2012）。线粒体膜电位（MMP）崩溃发生于细胞凋亡的早期阶段，先于细胞核碎裂。MMP崩溃过程中，线粒体膜电位通道开放，导致MMP丧失（Zamzami et al., 1996），进而导致线粒体膜通透性增加，细胞色素C等促凋亡分子从线粒体释放出来。细胞色素C与ATP、凋亡蛋白激活因子1和Caspase-9相互作用，激活Caspase-3，启动Caspase依赖的细胞凋亡通路（Yan et al., 2010）。本研究发现，demethylincisterol A_3处理后的肿瘤细胞，随着处理时间的延长，线粒体去极化率增高，那么demethylincisterol A_3可能上调肿瘤细胞内的Caspase-3和Caspase-9蛋白的表达来促进细胞的凋亡。

6 总结、问题与展望

6.1 研究结论

本研究选用了红树属的两种植物，本地种红海榄和引进种红茄苳，对这两种红树属植物内生真菌进行了分离鉴定，并对其内生真菌的构成和多样性进行比对分析。采用抗氧化活性、抑制病原菌和抑制肿瘤细胞多种生物模型，筛选红海榄和红茄苳内生真菌在不同培养基下获得的发酵提取物，筛选出具有强生物活性的内生真菌以及优化发酵条件，扩大培养，提取分离内生真菌的代谢产物，并对内生真菌的代谢产物进行生物活性评价。其中表现出显著生物活性的化合物对其生物活性进行机制的初步探究。主要结果和结论如下。

6.1.1 对两种植物内生真菌的分离

从红海榄375个组织块中分离出135株内生真菌，通过形态学结合分子生物学方法鉴定为25个种，隶属于12个属5个目。25个种分别为 *Lasiodiplodia pseudotheobromae*、*Lasiodiplodia theobromae*、*Guignardia mangiferae*、*Botryosphaeria dothidea*、*Neofusicoccum parvum*、*Neofusicoccum mangiferae*、*Cladosporium cladosporioides*、*Cytospora rhizophorae*、*Diaporthe ceratozamiae*、*Diaporthe eucalyptorum*、*Diaporthe perseae*、*Diaporthe* sp.、*Phomopsis asparagi*、*Phomopsis glabrae*、*Phomopsis longicolla*、*Phomopsis* sp.、*Valsa brevispora*、*Fusarium solani*、*Pestalotiopsis theae*、*Neopestalotiopsis protearum*、*Pestalotiopsis microspora*、*Pestalotiopsis palmarum*、*Pestalotiopsis photiniae*、*Pestalotiopsis* sp. 和 *Seiridium ceratosporum*。从红茄苳300个组织块中分离出90株内生真菌，通过形态学结合分子生物学方法鉴定为21个种，隶属于13个属，7个目。21个种分别为 *Botryosphaeria fusispora*、*Lasiodiplodia theobromae*、*Neofusicoccum mangiferae*、*Neofusicoccum parvum*、*Pseudofusicoccum stromaticum*、*Paraconiothyrium hawaiiense*、*Aspergillus fumigatus*、*Fusarium verticillioides*、*Diaporthe eucalyptorum*、*Diaporthe pascoei*、*Diaporthe phaseolorum*、*Diaporthe* sp.、*Phomopsis glabrae*、*Phomopsis longicolla*、*Valsa brevispora*、*Colletotrichum gloeosporioides*、*Eutypella scoparia*、*Neopestalotiopsis protearum*、*Pestalotiopsis microspore*、*Pestalotiopsis protearum*和*Pestalotiopsis* sp.。

有8个种为红海榄和红茄苳的共有种，分别是拟盘多毛孢属的*Neopestalotiopsis protearum*、*Pestalotiopsis microspora*，拟茎点霉属的*Phomopsis glabrae*，间座壳属的*Diaporthe eucalyptorum*，毛色二孢属的*Lasiodiplodia theobromae*，壳梭孢属的*Neofusicoccum mangiferae*、*Neofusicoccum parvum*和黑腐皮壳属的*Valsa brevispora*，其相似性指数为0.43。比较分析红海榄和红茄苳内生真菌的差异性结果表明，两种植物茎中的内生真菌分离率（72%、58.67%）均高于其他组织部位；红茄苳中的内生真菌多样性大于红海榄中的内生真多样性；炭角菌目（Xylariales）和间座壳目（Diaporthales）是红海榄和红茄苳内生真菌的优势菌群。

6.1.2 对两种植物内生真菌的筛选

以抗氧化活性、抗菌活性和抗肿瘤多种生物活性模型为导向，筛选红海榄和红茄苳中具有生物活性的内生真菌。在抗氧化活性中，具有清除DPPH自由基的内生真菌主要分布在间座壳目（Diaporthales）（28%、23.81%）、炭角菌目（Xylariales）（16%、9.52%）和葡萄座腔菌目（Botryosphaeriales）（12%、19.05%）。与红茄苳和红海榄内生真菌多样性结果相结合分析，发现红海榄和红茄苳可能是通过优势菌群分泌化合物来抵御环境的迫害和压力，该结论需要进一步研究证明。相对于其他3种培养，大米培养基更适于红海榄和红茄苳内生真菌分泌出抗氧化活性的物质。红茄苳炭角菌目（Xylariales）的*Pestalotiopsis* sp.在大米发酵条件下的产物具有显著的抗氧化活性，清除DPPH自由基的IC_{50}值为（0.65±0.19）mg/mL，红海榄中的*Pestalotiopsis microspora*具有较强的抗氧化活性，IC_{50}值为（1.95±0.15）mg/mL。

在抗菌活性中，大米培养基更适于红海榄和红茄苳内生真菌分泌出抗菌活性的物质。有16株（64%）和15株（71.43%）内生真菌对病原指示菌有不同程度的抗菌活性，内生真菌*Pestalotiopsis microspora*对3种指示菌有抑制作用，抑制白色念珠菌的能力最强，其MIC值为0.125mg/mL。红茄苳内生真菌 *Pestalotiopsis* sp.对4种指示菌有抑制作用，抑制耐甲氧西林金黄色葡萄球菌和铜绿假单胞菌的能力最强，其MIC值为0.031mg/mL和0.015mg/mL。

在抗肿瘤活性中，发现红海榄和红茄苳内生真菌对肿瘤细胞A549、Hela和HepG2有不同程度的抑制作用，其中，抑制A549活性最强的两种内生真菌是红茄苳中的 *Fusarium verticillioides* 和红海榄中的 *Neopestalotiopsis protearum*，其IC_{50}值为（4.83±1.61）μg/mL和（11.65±0.34）μg/mL；抑制Hela活性最强的两种内生真菌是 *Pestalotiopsis microspora* 和 *Pestalotiopsis* sp.，其IC_{50}值为（14.38±1.84）μg/mL和（13.01±1.91）μg/mL；抑制HepG2能力最强的两种内生真菌是 *Diaporthe perseae* 和 *Pestalotiopsis* sp.，其IC_{50}值为（23.17±4.26）μg/mL和（9.58±0.01）μg/mL。

综合评价筛选出红茄苳中炭角菌目（Xylariales）拟盘多毛孢属（*Pestalotiopsis*）的 *Pestalotiopsis* sp.，其NCBI的登录号为KX631742，在大米培养条件下获得的粗提物生物活性最强，其清除DPPH自由基、抑制Hela和HepG2细胞的IC_{50}值分别为（0.65±0.19）mg/mL、（13.01±1.91）μg/mL和（9.58±0.01）μg/mL。红海榄内生真菌 *Pestalotiopsis microspora*，其NCBI登录号为KX631718，在大米培养条件下获得的粗提物生物活性较强，其抑制白色念珠菌和耐甲氧西林金黄色葡萄球菌的MIC值为0.125mg/mL和0.5mg/mL。抑制Hela细胞的IC_{50}值为（14.38±1.84）μg/mL。因此，筛选出以上两种内生真菌作为下一步研究的"目标菌株"。

6.1.3 对两种植物内生真菌的提取

在大米培养基上，大量发酵红海榄和红茄苳中的两种强生物活性的内生真菌，采用硅胶柱层析、反相硅胶柱层析C18、葡聚糖凝胶柱层析Sephadex LH-20、制备薄层层析以及重结晶分离手段，从中分离到了43个化合物，采用波谱技术（EI-MS、HRMS、^{1}H-NMR、^{13}C-NMR、DEPT、^{1}H-^{1}HCOSY、HSQC、HMBC）和查阅文献比对分析，鉴定了25个化合物的结构式，包含17个甾体类化合物（2、3、4、5、7、10、12、13、15、16、17、18、20、22、23、24、25），2个萜类化合物（1和11）、2个脂肪酸（16和21）、1个呋喃类化合物8、1个香豆素类化合物9、1个邻苯二酸异丁酯6以及1个酚类化合物14。其中，19个化合物（1~5、8~17、19~23）均为首次从红树林内生真菌中分离发现。

6.1.4 对两种植物内生真菌代谢产物生物活性的鉴定

采用多种生物模型评价两种内生真菌的25个代谢产物,进一步深度挖掘代谢产物的生物活性,发现flufuran(8)有强抗氧化活性,清除DPPH自由基和ABTS自由基的IC_{50}分别是(245 ± 1.56)μM和(68 ± 0.58)μM。有11个化合物对肺癌细胞A549、人宫颈癌细胞Hela和肝癌细胞HepG2有不同程度的抑制作用,尤其是demethylincisterol A_3(3),A549、Hela和HepG2的IC_{50}值分别是(11.14 ± 0.14)nM、(0.17 ± 0.00)nM和(14.16 ± 0.56)nM。25个化合物对铜绿假单胞菌(*Pseudomonas aeruginosa*)、粪肠球菌(*Enterococcus faecalis*)、耐甲氧西林金黄色葡萄球菌(Methicillin sensitive *Staphylococcus aureus*)、白色念珠菌(*Monilia albican*)4种指示菌均无抑制作用。

采用流式细胞技术初步研究demethylincisterol A_3(3)抑制3种肿瘤细胞机制研究,在肿瘤细胞周期研究中,发现随着处理时间的延长,G_2/M期和S期的细胞比例数越来越少,表明demethylincisterol A_3(3)可能是通过让细胞主要停滞于G_0/G_1期,来抑制肿瘤细胞的增殖,G_0/G_1期的细胞比例首先是增多,但在处理72h后,G_0/G_1期急剧向Sub G_0/G_1期转变,代表着在细胞经历凋亡过程中,会形成细胞碎片DNA的阶段。

在肿瘤细胞凋亡研究中,发现被demethylincisterol A_3(3)处理的Hela、A549和HepG2肿瘤细胞与Annexin V-FITC/PI染料结合后,在共聚焦显微镜下观察,呈现绿色和红色,表现出典型的凋亡特征,包括细胞膜皱起、染色质浓缩和凋亡小体的形成,而未被demethylincisterol A_3处理的细胞呈现出细胞膜的完整,细胞没有发生形变,也没有与Annexin V-FITC/PI染料相结合。通过流式细胞仪检测结果发现,被demethylincisterol A_3处理的Hela、A549和HepG2细胞,随着处理时间的增加,能与Annexin V-FTIC结合(Annexin V阳性)的细胞也越多,Hela、A549和HepG2细胞从处理时间24~72h,Annexin V阳性细胞数由20.88%、33.17%和15.96%增加至81.22%、98.10%和99.80%。Annexin V阳性细胞显著增加,表明在demethylincisterol A_3促进了肿瘤细胞凋亡的作用。

在线粒体膜电位研究细胞凋亡中,肿瘤细胞的线粒体膜电位($\Delta\Psi m$)去极化率与demethylincisterol A_3处理细胞的时间成正比,凋亡细胞数量随着处理时间的延长而增多。如在处理24h下Hela、A549和HepG2的凋亡细胞为64.00%、37.4%和22.70%,经过处理时间延长至72h后,凋亡细胞的比例增至82.20%、

62.80%和98.20%，相比于未处理下的凋亡细胞为0.98%、12.40%和1.24%，demethylincisterol A$_3$对3种肿瘤细胞有明显促进细胞凋亡的作用。

6.2　创新之处

（1）以多种生物活性模型筛选为导向，深度挖掘红海榄和红茄苳内生真菌生物活性的潜力，丰富了红树属植物活性真菌的种质资源，并构建系统发育树，对生物活性关系进行了初步研究。

（2）对分离自红茄苳内生真菌*Pestalotiopsis* sp.（KX631742）的具显著细胞毒活性的麦角甾醇类化合物demethylincisterol A$_3$，首次采用流式细胞技术初步研究其抑制肿瘤细胞的机制。

6.3　建议与展望

红树属植物内生真菌作为生物活性天然产物来源的重要宝库，能分泌出结构新颖和生物活性强的次生代谢产物。本研究从红茄苳和红海榄内生真菌发酵产物中分离鉴定出25个代谢产物，发现demethylincisterol A$_3$（3）具有很强的抗肿瘤活性。可以将红茄苳内生真菌HQD6 *Pestalotiopsis* sp.作为"目标菌株"进一步深入研究，希望能从中挖掘出结构新颖和生物活性的代谢产物。

在抗肿瘤方面，本研究在体外首次采用流式细胞技术初步探索了化合物demethylincisterol A$_3$抑制肿瘤细胞的机制，建议后续能够通过小鼠实验进一步研究探索化合物demethylincisterol A$_3$抑制肿瘤的机制，为抗肿瘤药物的开发和利用提供基础。

参考文献

高剑，2013. 内生真菌多样性及其生态分布[D]. 广州：广东海洋大学.

姜北，赵勤实，彭丽艳，等，2002. 雪茶化学成分研究[J]. 植物分类与资源学报，24（4）：525-530.

李想，姚燕华，孙光芝，等，2007. 红树植物内生真菌Penicillium sp. 的化学成分[J]. 天然产物研究与开发，19（5）：804-806.

廖宝文，张乔民，2014. 中国红树林的分布、面积和树种组成[J]. 湿地科学，12（4）：435-440.

林文翰，2005. 红树附生微生物的化学成分研究[C]//第三届海洋生物高技术论坛论文集：41-47.

刘爱荣，吴晓鹏，徐同，2007. 红树林内生真菌研究进展[J]. 应用生态学报，18（4）：912-918.

孙志强，张星耀，朱彦鹏，等，2011. 应用物种指示值法解析昆仑山植物群落类型和植物多样性[J]. 生态学报，31（11）：3120-3132.

吴令上，2012. 南方红豆杉内生真菌多样性、次生代谢产物及其与宿主的相关性研究[D]. 上海：第二军医大学.

徐静，2015. 红树林微生物天然产物化学研究[M]. 北京：科学出版社.

徐树兰，汤历，梁卿，等，2016. 海洋红树林内生真菌（*Diaporthe phaseolorum* var. *sojae*）对白纹伊蚊的毒杀作用[J]. 广东化工，43（15）：97-98.

张敏，唐旭利，李国强，2010. 滨海湿地耐盐植物二色补血草化学成分研究[J]. 中国海洋大学学报（自然科学版），40（5）：89-92.

赵友兴，李承森，罗晓东，等，2005. 上新世华山松化石中的甾体化合物[J]. 有机化学，25（9）：1100-1102.

周静，陈敏，李筠，等，2012. 一株枝网刺柳珊瑚共附生真菌Peniophora sp. 次级代谢产物研究[J]. 中国海洋药物（4）：8-13.

AFZAL-RAFII Z, DODD R S, FAUVEL M T, 1999. A case of natural selection in Atlantic-East-Pacific, Rhizophora[J]. Hydrobiologia, 413: 1-9.

AGRIOS, 2005. Plant Pathology[D]. 5th edn. London: Elsevier Academic Press.

ALBRECTSEN B R, BJÖRKÉN L, VARAD A, et al., 2010. Endophytic fungi in European aspen (*Populus tremula*) leaves—diversity, detection, and a suggested correlation with herbivory resistance[J]. Fungal Diversity, 41(1): 17-28.

ALY A H, DEBBAB A, PROKSCH P, 2011. Fifty years of drug discovery from fungi[J]. Fungal Diversity, 50(1): 3.

AMAGATA T, MORINAKA B I, AMAGATA A, et al., 2006. A chemical study of cyclic depsipeptides produced by a sponge-derived fungus[J]. Journal of Natural Products, 69(11): 1560.

AMAGATA T, TANAKA M, YAMADA T, et al., 2007. Variation in cytostatic constituents of a sponge-derived Gymnascella dankaliensis by manipulating the carbon source[J]. Journal of Natural Products, 70(11): 1731.

AN C Y, LI X M, LI C S, et al., 2013. Aniquinazolines A-D, four new quinazolinone alkaloids from marine-derived endophytic fungus *Aspergillus nidulans*[J]. Mar Drugs, 11(7): 2682-2694.

AN C Y, LI X M, LUO H, et al., 2013a. 4-Phenyl-3, 4-dihydroquinolone derivatives from *Aspergillus nidulans* MA-143, an endophytic fungus isolated from the mangrove plant *Rhizophora stylosa*[J]. Journal of Natural Products, 76(10): 1896-1901.

ANANDA K, SRIDHAR K R, 2002. Diversity of endophytic fungi in the roots of mangrove species on the west coast of India[J]. Canadian Journal of Microbiology, 48(10): 871-878.

ANANDA K, SRIDHAR K R, 2002. Diversity of endophytic fungi in the roots of mangrove species on the west coast of India[J]. Canadian Journal of Microbiology, 48(10): 871-878.

ANASAMY T, THY C K, LO K M, et al., 2016. Tribenzyltin carboxylates as anticancer drug candidates: effect on the cytotoxicity, motility and invasiveness of breast cancer cell lines[J]. European Journal of Medicinal Chemistry, 125: 770.

ANJANEYULU A S, RAO V L, Rhizophorin A, 2001. A novel secolabdane diterpenoid from the Indian mangrove plant *Rhizophora mucronata*[J]. Natural Product Letters, 15 (1): 13.

ARFI Y, BUÉE M, MARCHAND C, et al., 2011. Multiple markers pyrosequencing reveals highly diverse and host-specific fungal communities on the mangrove trees *Avicennia marina* and *Rhizophora stylosa*[J]. Fems Microbiology Ecology, 79 (2): 433-444.

ARNOLD A E, HERRE E A, 2003. Canopy cover and leaf age affect colonization by tropical fungal endophytes: Ecological pattern and process in *Theobroma* cacao (Malvaceae) [J]. Mycologia, 95 (3): 388-398.

ARNOLD A E, LUTZONI F, 2007. Diversity and host range of foliar fungal endophytes: are tropical leaves biodiversity hotspots?[J]. Ecology, 88 (3): 541-549.

AZEVEDO J L, JR W M, PEREIRA J O, et al., 2000. Endophytic microorganisms: a review on insect control and recent advances on tropical plants[J]. Electronic Journal of Biotechnology, 3 (1): 40-65.

BALL M C, 1980. Patterns of secondary succession in a mangrove forest of Southern Florida[J]. Oecologia, 44 (2): 226-235.

BALTRUSCHAT H, FODOR J, HARRACH B D, et al., 2008. Salt tolerance of barley induced by the root endophyte Piriformospora indica is associated with a strong increase in antioxidants[J]. New Phytologist, 180 (2): 501.

BANDARANAYAKE W M, 2002. Bioactivities, bioactive compounds and chemical constituents of mangrove plants[J]. Wetlands Ecology and Management, 10 (6): 421-452.

BARRETO M B, MÓNACO S L, DÍAZ R, et al., 2016. Soil organic carbon of mangrove forests (*Rhizophora*, and *Avicennia*) of the Venezuelan Caribbean coast[J]. Organic Geochemistry, 100: 51-61.

BEAU J, MAHID N, BURDA W N, et al., 2012. Epigenetic tailoring for the production of anti-infective cytosporones from the marine fungus leucostoma persoonii[J]. Marine Drugs, 10 (4): 762-774.

BHIMBA B V, DA A D F, MATHEW J M, et al., 2012. Anticancer and antimicrobial activity of mangrove derived fungi *Hypocrea lixii* VB1[J]. Chinese

Journal of Natural Medicines, 10（1）: 77-80.

BOEHM F R, SANDRINI-NETO L, MOENS T, et al., 2016. Sewage input reduces the consumption of *Rhizophora mangle* propagules by crabs in a subtropical mangrove system[J]. Marine Environmental Research, 122: 23-32.

BOTELLA L, DIEZ J J, 2011. Phylogenic diversity of fungal endophytes in Spanish stands of Pinus halepensis[J]. Fungal Diversity, 47（1）: 9-18.

BRADY S F, WAGENAAR M M, SINGH M P, et al., 2000. The Cytosporones, new octaketide antibiotics isolated from an Endophytic Fungus[J]. Organic Letters, 32（10）: 4043-4046.

BRETELER F J, 1969. The atlantic species of rhizophora[J]. Acta Botanica Neerlandica, 18（3）: 434-441.

BROWN J M, ATTARDI L D, 2005. The role of apoptosis in cancer development and treatment response[J]. Nature Reviews Cancer, 5（3）: 231.

BURMEISTER H R, BENNETT G A, VESONDER R F, et al., 1974. Antibiotic produced by *Fusarium equiseti* NRRL 5537[J]. Antimicrobial Agents & Chemotherapy, 5（6）: 634.

CABRERA G M, ROBERTI M J, WRIGHT J E, et al., 2002. Cryptoporic and isocryptoporic acids from the fungal cultures of *Polyporus arcularius*, and *P. ciliatus*[J]. Phytochemistry, 61（2）: 189-193.

CAMARGO J A, 1992. Can dominance influence stability in competitive interactions?[J]. Oikos, 64（3）: 605-609.

CARROLL G, PETRINI O, 1983. Patterns of substrate utilization by some fungal endophytes from *Coniferous Foliage*[J]. Mycologia, 75（1）: 53-63.

CERÓNSOUZA I, RIVERAOCASIO E, MEDINA E, et al., 2010. Hybridization and introgression in New World red mangroves, *Rhizophora*（Rhizophoraceae）[J]. American Journal of Botany, 97（6）: 945-957.

CHAO A, CHAZDON R L, COLWELL R K, et al., 2005. A new statistical approach for assessing similarity of species composition with incidence and abundance data[J]. Ecology Letters, 8（2）: 148-159.

CHATURVEDULA V S P, PRAKASH I, 2012. Isolation of stigmasterol and β-Sitosterol from the dichloromethane extract of *Rubus suavissimus*[J]. International

Current Pharmaceutical Journal, 1 (9) 239-242.

CHEN C, LIANG F, CHEN B, et al., 2017. Identification of demethylincisterol A_3 as a selective inhibitor of protein tyrosine phosphatase Shp2[J]. European Journal of Pharmacology, 795: 124-133.

CHEN J, QIU X, WANG R, et al., 2009. Inhibition of human gastric carcinoma cell growth in vitro and in vivo by cladosporol isolated from the paclitaxel-producing strain *Alternaria alternata* var. *monosporus*[J]. Biological & pharmaceutical bulletin, 32 (12): 2072-2074.

CHEN L Z, WANG W Q, ZHANG Y H, et al., 2009. Recent progresses in mangrove conservation, restoration and research in China[J]. Journal of Plant Ecology, 2 (2): 45-54.

CHEN Y, MAO W, TAO H, et al., 2011. Structural characterization and antioxidant properties of an exopolysaccharide produced by the mangrove endophytic fungus *Aspergillus* sp. Y16[J]. Bioresource Technology, 102 (17): 8179-8184.

CHENG Z S, PAN J H, TANG W C, et al., 2009. Biodiversity and biotechnological potential of mangrove-associated fungi[J]. Journal of Forestry Research, 20 (1): 63-72.

CHENG Z S, TANG W C, XU S L, 2008. First report of an endophyte (*Diaporthe phaseolorum* var. *sojae*) from *Kandelia candel*[J]. Journal of Forestry Research, 19 (4): 277-282.

CHOI J, CHOI E, JUNG H, et al., 2008. Melanogenesis inhibitory compounds from *Saussureae Radix*[J]. Archives of Pharmacal Research, 31 (3): 294-299.

CLAY K, HOLAH J, 1999. Fungal endophyte symbiosis and plant diversity in successional fields[J]. Science, 285 (5434): 1742-1744.

CLOUGH B, DANG T T, PHUONG D X, et al., 2000. Canopy leaf area index and litter fall in stands of the mangrove *Rhizophora apiculata* of different age in the Mekong delta, Vietnam[J]. Aquatic Botany, 66 (4): 311-320.

COHEN S D, 2006. Host selectivity and genetic variation of discula umbrinella, isolates from two oak species: Analyses of intergenic spacer region sequences of ribosomal DNA[J]. Microbial Ecology, 52 (3): 463-469.

COLWELL R K, CODDINGTON J A, 1994. Estimating terrestrial biodiversity through extrapolation[J]. Philosophical Transactions of the Royal Society of London, 345 (1311): 101-118.

COLWELL R K, ELSENSOHN J E, 2014. EstimateS turns 20: statistical estimation of species richness and shared species from samples, with non-parametric extrapolation[J]. Ecography, 37 (6): 609-613.

CORNEJO X, 2013. Lectotypification and a new status for *Rhizophora × Harrisonii* (Rhizophoraceae), a Natural Hybrid Between *R.Mangle* and *R.Racemosa*[J]. Harvard Papers in Botany, 18 (1): 37.

CROZIER J, THOMAS S E, AIME M C, et al., 2006. Molecular characterization of fungal endophytic morphospecies isolated from stems and pods of *Theobroma cacao*[J]. Plant Pathology, 55 (6): 783-791.

CUI H, LIU Y, NIE Y, et al., 2016. Polyketides from the Mangrove-Derived Endophytic Fungus *Nectria* sp. HN001 and their α-Glucosidase inhibitory Activity[J]. Marine Drugs, 14 (5): 86.

CUI J L, GUO T T, REN Z X, et al., 2015. Diversity and antioxidant activity of culturable endophytic fungi from alpine plants of *Rhodiola crenulata*, *R.angusta*, and *R.sachalinensis*[J]. Plos One, 10 (3): e0118204.

DANGAN-GALON F, DOLOROSA R G, SESPEÑE J S, et al., 2016. Diversity and structural complexity of mangrove forest along Puerto Princesa Bay, Palawan Island, Philippines[J]. Journal of Marine & Island Cultures, 5 (2): 118-125.

DEBBAB A, ALY A H, PROKSCH P, 2011. Bioactive secondary metabolites from endophytes and associated marine derived fungi[J]. Fungal Diversity, 49 (1): 1-12.

DEBBAB, ABDESSAMAD A, AMAL H, et al., 2013. Mangrove derived fungal endophytes-a chemical and biological perception[J]. Fungal Diversity, 61 (1): 1-27.

DENG C M, LIU S X, HUANG C H, et al., 2013. Secondary metabolites of a Mangrove Endophytic Fungus *Aspergillus terreus* (No. GX7-3B) from the South China Sea[J]. Marine Drugs, 11 (7): 2616-2624.

DING B, WANG Z Y, HUANG X S, et al., 2016. Bioactive α-pyrone meroterpenoids from mangrove endophytic fungus Penicillium sp. [J]. Nat Prod Res., 30 (24): 2805-2812.

DOURADO M N, FERREIRA A, ARAÚJO W L, et al., 2012. The diversity of endophytic methylotrophic bacteria in an oil-contaminated and an oil-Free mangrove ecosystem and their tolerance to heavy metals[J]. Biotechnology Research International (8): 1-8.

DUKE N C, 2010. Overlap of eastern and western mangroves in the South-western Pacific: hybridization of all three *Rhizophora* (Rhizophoraceae) combinations in New Caledonia[J]. Blumea Journal of Plant Taxonomy & Plant Geography, 55 (2): 171-188.

EBRAHIM W, ALY A H, WRAY V, et al., 2013. ChemInform abstract: unusual octalactones from corynespora cassiicola, an endophyte of *Laguncularia racemosa*[J]. Tetrahedron Letters, 54 (48): 6611-6614.

ELAVARASI A, RATHNA G S, KALAISELVAM M, 2012. Taxol producing mangrove endophytic fungi *Fusarium oxysporum*, from *Rhizophora annamalayana*[J]. Asian Pacific Journal of Tropical Biomedicine, 2 (2): S1081-S1085.

ELISSAWY, AHMED M, ELSHAZLY, 2015. Bioactive terpenes from Marine-Derived Fungi[J]. Marin Drugs, 13: 1966-1992.

EVIDENTE A, CRISTINZIO G, PUNZO B, et al., 2009. Flufuran, an antifungal 3, 5-disubstituted furan produced by *Aspergillus flavus* link[J]. Chemistry & Biodiversity, 40 (30): 328-334.

FAN Y, YI W, LIU P, et al., 2013. Indole-Diterpenoids with Anti-H1N1 Activity from the aciduric fungus *Penicillium camemberti* OUCMDZ-1492[J]. Journal of Natural Products, 76 (7): 1328-1336.

FERESIN G E, TAPIA A, SORTINO M, et al., 2003. Bioactive alkyl phenols and embelin from *Oxalis erythrorhiza*[J]. Journal of Ethnopharmacology, 88 (2-3): 241-247.

FERREIRA A C, LACERDA L D, 2016. Degradation and conservation of Brazilian mangroves, status and perspectives[J]. Ocean & Coastal Management, 125: 38-46.

FLD S S, ROMÃODUMARESQ A S, LACAVA P T, et al., 2013. Species diversity of culturable endophytic fungi from Brazilian mangrove forests[J]. Current Genetics, 59 (3): 153-166.

GAO S S, LI X M, DU F Y, 2011. Secondary Metabolites from a Marine-Derived Endophytic Fungus *Penicillium chrysogenum* QEN-24S[J]. Marine Drugs, 9（1）：59.

GAO S S, LI X M, KATHERINE W, 2016. Rhizovarins A–F, Indole-Diterpenes from the Mangrove-Derived Endophyti Fungus *Mucor irregularis* QEN-189[J]. Journal of Natural Products, 79（8）：2066-2074.

GASPAR E M M, NEVES H J C D, 1993. Steroidal constituents from mature wheat straw[J]. Phytochemistry, 34（34）：523-527.

GAZIS R, CHAVERRI P, 2010. Diversity of fungal endophytes in leaves and stems of wild rubber trees（*Hevea brasiliensis*）in Peru[J]. Fungal Ecology, 3（3）：240-254.

GEORGES P, SYLVESTRE M, RUEGGER H, et al., 2006. Ketosteroids and hydroxyketosteroids, minor metabolites of sugarcane wax[J]. Steroids, 71（8）：647.

GODOY M D, DE LACERDA L D, 2015. Mangroves response to climate change: A review of recent findings on mangrove extension and distribution[J]. Anais Da Academia Brasileira De Ciências, 87（ahead）：651.

GONZÁLEZ V, TELLO M L, 2011. The endophytic mycota associated with V itis vinifera, in central Spain[J]. Fungal Diversity, 47（1）：29-42.

GOPAL B, CHAUHAN M, 2006. Biodiversity and its conservation in the Sundarban Mangrove Ecosystem[J]. Aquatic Sciences, 68（3）：338-354.

HAMID A A, AIYELAAGBE O O, NEGI A S, et al., 2016. Bioguided isolation and antiproliferative activity of constituents from *Smilax korthalsii* A. D. C. Leaves[J]. Journal of the Chinese Chemical Society, 63（7）：562-571.

HARRISON J W, SCROWSTON R M, LYTHGOE B, 1966. Taxine. Part Ⅳ. The constiuents of taxine-I[J]. J Chem Soc, 95：1933-1945.

HEINIG U, SCHOLZ S, JENNEWEIN S, et al., 2013. Getting to the bottom of taxol biosynthesis by fungi[J]. Fungal Diversity, 60（1）：161-170.

HELMS J B, ROTHMAN J E, 1992. Inhibition by brefeldin A of a Golgi membrane enzyme that catalyses exchange of guanine nucleotide bound to ARF[J]. 360（6402）：352-354.

HEMBERGER Y, XU J, WRAY V, et al., 2013. Pestalotiopens A and B: stereochemically challenging flexible sesquiterpene-cyclopaldic acid hybrids from *Pestalotiopsis* sp. [J]. Chemistry-A European Journal, 19 (46): 15556-15564.

HEMPHILL C F P, DALETOS G, LIU Z, et al., 2016. Polyketides from the Mangrove-derived fungal endophyte *Pestalotiopsis clavispora*[J]. Tetrahedron Letters, 57 (19): 2078-2083.

HIGGINS K L, ARNOLD A E, MIADLIKOWSKA J, et al., 2007. Phylogenetic relationships, host affinity, and geographic structure of boreal and arctic endophytes from three major plant lineages[J]. Molecular Phylogenetics & Evolution, 42 (2): 543-555.

HOFFMAN M T, ARNOLD A E, 2008. Geographic locality and host identity shape fungal endophyte communities in cupressaceous trees[J]. Mycol Res, 112 (3): 331-344.

HUANG J, XU J, WANG Z, et al., 2016a. New lasiodiplodins from mangrove endophytic fungus *Lasiodiplodia* sp. 318[J]. Natural Product Research, 30 (7): 1-7.

HUANG M, LI J, LIU L, et al., 2016. Phomopsichin A-D; four new chromone derivatives from Mangrove Endophytic Fungus *Phomopsis* sp. 33#[J]. Marine Drugs, 14 (11): 215-226.

ISHIZUKA T, YAOITA Y, KIKUCHI M, 1998. ChemInform abstract: sterol constituents from the fruit bodies of grifola frondosa (FR.) S. F. GRAY[J]. Cheminform, 29 (18): 1756-1760.

JALGAONWALA R E, MOHITE B V, MAHAJAN R T, 2011. A review: natural products from plant associated endophytic fungi[J]. Journal of Microbiology and Biotechnology Research, 1 (2): 21-32.

JITHESH M N, PRASHANTH S R, SIVAPRAKASH K R, et al., 2006. Antioxidative response mechanisms in halophytes: their role in stress defence[J]. Journal of Genetics, 85 (3): 237.

JONES E B G, STANLEY S J, PINRUAN U, 2008. Marine endophyte sources of new chemical natural products: a review[J]. Botanica Marina, 51 (3): 163-170.

KATHIRESAN K, BINGHAM B L, 2001. Biology of mangroves and mangrove Ecosystems[J]. Advances in Marine Biology, 40 (1): 81-251.

KHARWAR R N, VERMA V C, STROBEL G, et al., 2008. The endophytic fungal complex of *Catharanthus roseus* (L.) G. Don[J]. Current Science, 95 (2): 228-233.

KJER J, DEBBAB A, ALY A H, et al., 2010. Methods for isolation of marine-derived endophytic fungi and their bioactive secondary products[J]. Nature Protocols, 5 (3): 479-490.

KLAIKLAY S, RUKACHAISIRIKUL V, PHONGPAICHIT S, et al., 2012b. Anthraquinone derivatives from the mangrove-derived fungus *Phomopsis* sp. PSU-MA214[J]. Phytochemistry Letters, 5 (4): 738-742.

KLAIKLAY S, RUKACHAISIRIKUL V, PHONGPAICHIT S, et al., 2013. Flavodonfuran: a new difuranylmethane derivative from the mangrove endophytic fungus *Flavodon flavus* PSU-MA201[J]. Natural Product Research, 27 (19): 1722-1726.

KLAIKLAY S, RUKACHAISIRIKUL V, TADPETCH K, et al., 2012c. Chlorinated chromone and diphenyl ether derivatives from the mangrove-derived fungus *Pestalotiopsis* sp. PSU-MA69[J]. Tetrahedron, 68 (10): 2299-2305.

KOHLMEYER J, 1991. Marine fungi of Queensland, Australia[J]. Marine & Freshwater Research, 42 (1): 91-99.

KÖNIG T, KAPUS A, SARKADI B, 1993. Effects of equisetin on rat liver mitochondria: Evidence for inhibition of substrate anion carriers of the inner membrane[J]. Journal of Bioenergetics and Biomembranes, 25 (5): 537-545.

KUKLINSKYSOBRAL J, ARAÚJO W L, MENDES R, et al., 2004. Isolation and characterization of soybean-associated bacteria and their potential for plant growth promotion[J]. Environmental Microbiology, 6 (12): 1244-1251.

KUMARESAN V, SURYANARAYANAN T S, 2002. Endophyte assemblages in young, mature and senescent leaves of *Rhizoph oraapiculata*: evidence for the role of endophytes in mangrove litter degradation[J]. Fungal Diversity, 9 (2): 81-91.

LEE M, CHO J Y, YU G L, et al., 2016. Furan, phenolic, and heptelidic acid derivatives produced by *Aspergillus oryzae*[J]. Food Science & Biotechnology, 25 (5): 1259-1264.

LI Y H, ZHANG B, YANG H K, et al., 2017. Design, synthesis, and biological evaluation of novel alkylsulfanyl-1, 2, 4-triazoles as cis-restricted combretastatin A-4 analogues[J]. European Journal of Medicinal Chemistry, 125: 1098-1106.

LIU D, LI X M, MENG L, et al., 2011. Nigerapyrones A-H, α-pyrone derivatives from the marine mangrove-derived endophytic fungus *Aspergillus niger* MA-132[J]. Journal of Natural Products, 74 (8): 1787-1791.

LIU T, LI Z, WANG Y, et al., 2011. A new alkaloid from the marine-derived fungus Hypocrea virens[J]. Natural Product Research, 25 (17): 1596-1599.

LIU Z M, CHEN Y, CHEN S H, et al., 2016. Aspterpenacids A and B, two sesterterpenoids from a mangrove endophytic fungus *Aspergillus terreus* H010[J]. Organic Letters, 18 (6): 1406-1409.

LÓPEZ-GONZÁLEZ J A, SUÁREZ-ESTRELLA F, VARGAS-GARCÍA M C, et al., 2014. Dynamics of bacterial microbiota during lignocellulosic waste composting: Studies upon its structure, functionality and biodiversity[J]. Bioresource Technology, 175: 406-416.

MANSOOR T A, HONG J, LEE C O, et al., 2005. Cytotoxic sterol derivatives from a marine sponge *Homaxinella* sp. [J]. Journal of Natural Products, 68 (3): 331-336.

MARIA G L, SRIDHAR K R, RAVIRAJA N S, 2005. Antimicrobial and enzyme activity of mangrove endophytic fungi of southwest coast of india[J]. Journal of Agricultural Technology: 67-78.

MIN J, LING C, XIN H L, et al., 2016. A friendly relationship between endophytic fungi and medicinal plants: a Systematic Review[J]. Frontiers in Microbiology, 7: 906.

MOHAPATRA, 2008. Textbook of environmental microbiology[D]. New Delhi: I K International Publishing.

MORICCA S, RAGAZZI A, 2008. Fungal endophytes in mediterranean oak forests: a lesson from *Discula quercina*[J]. Phytopathology, 98 (4): 380-386.

MORTON B, 2016. Hong Kong's mangrove biodiversity and its conservation within the context of a southern Chinese megalopolis. A review and a proposal for Lai Chi Wo to be designated as a World Heritage Site[J]. Journal of Agricultural Technology, 3 (29): 67-80.

MOUSSA M, EBRAHIM W, EL-NEKETI M, et al., 2016. Tetrahydroanthraquinone derivatives from the mangrove-derived endophytic fungus Stemphylium globuliferum[J]. Tetrahedron Letters, 57 (36): 4074-4078.

NAKADA T, YAMAMURA S, 2000. ChemInform abstract: three new metabolites of *Hybrid Strain* KO 0231, derived from penicillium citreo-viride IFO 6200 and 4692[J]. Tetrahedron, 56 (17): 2595-2602.

NIU X M, LI S H, PENG L Y, et al., 2001. Constituents from limonia crenulata [J]. Journal of Asian Natural Products Research, 3 (4): 299-311.

NORMAN C D, JAMES A A, 2006. *Rhizophora mangle, R.samoensis, R.racemosa, R.× harrisonii* (Atlantic-East Pacific red mangrove) [J]. Permanent Agriculture Resources, 11 (7): 623-640.

ONDřEJ KOUKOL, MIROSLAV KOLAřÍK, ZUZANA KOLÁřOVÁ, et al., 2012. Diversity of foliar endophytes in wind-fallen Picea abies trees[J]. Fungal Diversity, 54 (1): 69-77.

OSORIO J A, WINGFIELD M J, ROUX J, 2014. A review of factors associated with decline and death of mangroves, with particular reference to fungal pathogens[J]. South African Journal of Botany, 103: 295-301.

PATRA J K, MOHANTA Y K, 2014. Antimicrobial compounds from mangrove plants: A pharmaceutical prospective[J]. Chinese Journal of Integrative Medicine, 20 (4): 311-320.

PEI T, NAN Z, LI C, et al., 2008. Effect of the endophyte *Neotyphodium lolii* on susceptibility and host physiological response of perennial ryegrass to fungal pathogens[J]. European Journal of Plant Pathology, 122 (4): 593-602.

PENG X, WANG Y, SUN K, et al., 2011. Cerebrosides and 2-pyridone alkaloids from the halotolerant fungus *Penicillium chrysogenum* grown in a hypersaline medium. [J]. Journal of Natural Products, 74 (5): 1298-1302.

PIAPUKIEW J, WHALLEY A J S, SIHANONTH P, 2010. Endophytic fungi from mangrove plant species of Thailand: their antimicrobial and anticancer potentials[J]. Botanica Marina, 53 (6): 555-564.

PIELOU E C, 1966. The measurement of diversity in different types of biological collections[J]. J Theor Biol, 13: 131-144.

PIERCE C G, UPPULURI P, TRISTAN A R, et al., 2008. A simple and reproducible 96-well plate-based method for the formation of fungal biofilms and its application to antifungal susceptibility testing[J]. Nature Protocols, 3（9）: 1494-1500.

PROMPANYA C, DETHOUP T, BESSA L J, et al., 2014. New isocoumarin derivatives and meroterpenoids from the marine sponge-associated fungus *Aspergillus similanensis* sp. nov. KUFA 0013 [J]. Marine Drugs, 12（10）: 5160-5173.

QADRI M, RAJPUT R, ABDIN M Z, et al., 2014. Diversity, molecular phylogeny, and bioactive potential of fungal endophytes associated with the Himalayan blue pine (*Pinus wallichiana*) [J]. Microbial Ecology, 67（4）: 877-887.

RAHIM A A, ROCCA E, STEINMETZ J, et al., 2008. Antioxidant activities of mangrove *Rhizophora apiculata*, bark extracts[J]. Food Chemistry, 107（1）: 200-207.

RAHMAN M A, UDDIN N, HASANUZZAMAN M, et al., 2011. Antinociceptive, antidiarrhoeal and cytotoxic activities of *Lagerstroemia Speciosa* (L.) Pers. [J]. Pharmacologyonline, 1（1）: 604-612.

RANI V, SREELEKSHMI S, PREETHY C M, et al., 2016. Phenology and litterfall dynamics structuring ecosystem productivity in a tropical mangrove stand on South West coast of India[J]. Regional Studies in Marine Science, 8: 400-407.

RAVINDRAN C, 2012. Antioxidants in mangrove plants and endophytic fungal associations: Botanica Marina[J]. Botanica Marina, 55（3）: 269-279.

REDMAN R S, SHEEHAN K B, STOUT R G, et al., 2002. Thermotolerance generated by plant fungal symbiosis[J]. Science, 298（5598）: 1581.

RODRIGUES K F, 1994. The foliar fungal endophytes of the amazonian palm *Euterpe oleracea*[J]. Mycologia, 86（3）: 376-385.

RODRIGUEZ R J, REDMAN R S, HENSON J M, 2004. The role of fungal symbioses in the adaptation of plants to high stress environments[J]. Mitigation and Adaptation Strategies for Global Change, 9（3）: 261-272.

ROSSIANA N, MIRANTI M, RAHMAWATI R, 2016. Antibacterial activities of endophytic fungi from mangrove plants *Rhizophora apiculata* L. and *Bruguiera gymnorrhiza* (L.) Lamk. on Salmonella typhi[C]//Towards the Sustainable Use of Biodiversity in A Changing Environment: From Basic To Applied Research Proceeding of the International Conference on Biological Science.

RUKACHAISIRIKUL V, RODGLIN A, PHONGPAICHIT S, et al., 2012b.

α-Pyrone and seiricuprolide derivatives from the mangrove-derived fungi *Pestalotiopsis* spp. PSU-MA92 and PSU-MA119[J]. Phytochemistry Letters, 5 (1): 13-17.

RUKACHAISIRIKUL V, RODGLIN A, SUKPONDMA Y, et al., 2012a. Phthalide and isocoumarin derivatives produced by an *Acremonium* sp. isolated from a mangrove *Rhizophora apiculata*[J]. Journal of Natural Products, 75 (5): 853-858.

RUKACHAISIRIKUL V, SOMMART U, PHONGPAICHIT S, et al., 2008. Metabolites from the endophytic fungus *Phomopsis* sp. PSU-D15[J]. Phytochemistry, 69: 783-787.

SADRATI N, DAOUD H, ZERROUG A, et al., 2013. Screening of antimicrobial and antioxidant secondary metabolites from endophytic fungi isolated from wheat (*Triticum durum*) [J]. Journal of Plant Protection Research, 53 (2): 128-136.

SANTAMARÍA J, BAYMAN P, 2005. Fungal epiphytes and endophytes of coffee leaves (*Coffea arabica*) [J]. Microbial Ecology, 50 (1): 1-8.

SAPPAPAN R, SOMMIT D, NGAMROJANAVANICH N, et al., 2008. 11-Hydroxymonocerin from the plant endophytic fungus *Exserohilum rostratum*[J]. Journal of Natural Products, 71 (12): 1657-1659.

SAUSGRUBER N, COISSIEUX M M, BRITSCHGI A, et al., 2015. Tyrosine phosphatase SHP2 increases cell motility in triple-negative breast cancer through the activation of SRC-family kinases [J]. Oncogene, 34 (17): 2272-2278.

SCHMIT J P, SHEARER C A, 1995. A checklist of mangrove-associated fungi, their geographical distribution and known host plants[J]. Mycotaxon, 85 (1): 423-477.

SEBASTIANES F L D S, ROMÃO-DUMARESQ A S, LACAVA P T, et al., 2013. Species diversity of culturable endophytic fungi from Brazilian mangrove forests[J]. Current Genetics, 59 (3): 153-166.

SELVARAJ G, KALIAMURTHI S, THIRUGNASAMBANDAN R, 2016. Effect of glycosin alkaloid from *Rhizophora apiculata*, in non-insulin dependent diabetic rats and its mechanism of action: In vivo, and in silico, studies[J]. Phytomedicine International Journal of Phytotherapy & Phytopharmacology, 23 (6): 632-640.

SHANNON C E, WEAVER W, 1949. The mathematical theory of communication[M].

Urbana: University of Illinois Press.

SHIONO Y, SASAKI T, SHIBUYA F, et al., 2013. Isolation of a phomoxanthone A derivative, a new metabolite of tetrahydroxanthone, from a Phomopsis sp. isolated from the mangrove, *Rhizhopora mucronata*[J]. Natural Product Communications, 8 (12): 1735-1743.

SIMPSON E, 1949. Measurement of species diversity[J]. Nature, 163: 688-698.

SIVAKUMAR T, 2016. A review on biodiversity of marine and mangrove fungi[J]. International Journal of Advanced Multidisciplinary Research, 3 (5): 38-48.

SMITH J E, MOLINA R, HUSO M M, et al., 2002. Species richness, abundance, and composition of hypogeous and epigeous ectomycorrhizal fungal sporocarps in young, rotation-age, and old-growth stands of douglas-fir (*Pseudotsuga menziesii*) in the cascade range of oregon, U. S. A. [J]. Canadian Journal of Botany, 80 (2): 36.

SMETANINA O F, KUZNETZOVA T A, DENISENKO V A, et al., 2001. 3β-Methoxyolean-18-ene (Miliacin) from the marine fungus *Chaetomium olivaceum*[J]. Russian Chemical Bulletin, 33 (12): 205-205.

SPALDING M D, BLASCO F, FIELD C D, et al., 1997. World mangrove atlas. international society for mangrove ecosystems[M], Japan: Okinawa.

SRIDHAR K R, 2004. Mangrove fungi in India[J]. Current Science, 86 (12): 1586-1587.

SRIDHAR K R, MARIA G L, 2006. Fungal diversity on mangrove woody litter *Rhizophora mucronata* (Rhizophoraceae) [J]. Indian Journal of Geo-Marine Sciences, 35 (4): 318-325.

STIERLE A, STROBEL G, STIERLE D, et al., 1995. The search for a taxol-producing microorganism among the endophytic fungi of the pacific yew, taxus brevifolia[J]. Journal of Natural Products, 58 (9): 1315-1324.

STROBEL G, FORD E, WORAPONG J, et al., 2002. Isopestacin, an isobenzofuranone from *Pestalotiopsis microspora*, possessing antifungal and antioxidant activities[J]. Phytochemistry, 60 (2): 179-183.

STROBEL G, YANG X, SEARS J, et al., 1996. Taxol from *Pestalotiopsis microspora*, an endophytic fungus of *Taxus wallachiana*[J]. Microbiology, 142:

435-440.

STUART R M, ROMÃO A S, PIZZIRANI-KLEINER A A, et al., 2010. Culturable endophytic filamentous fungi from leaves of transgenic imidazolinone-tolerant sugarcane and its non-transgenic isolines[J]. Archives of Microbiology, 192（4）：307-313.

SUN H, GAO S S, LI X M, et al., 2013. Chemical constituents of marine mangrove-derived endophytic fungus Alternaria tenuissima EN-192[J]. Chinese Journal of Oceanology and Limnology, 31（2）：464-470.

SUGANTHY N, PANDIMA D K, 2015. In vitro antioxidant and anti-cholinesterase activities of Rhizophora mucronata[J]. Pharmaceutical Biology, 54（1）：1-12.

SURYANARAYANAN T S, KUMARESAN V, JOHNSON J A, 2011. Foliar fungal endophytes from two species of the mangrove *Rhizophora*[J]. Canadian Journal of Microbiology, 44（10）：1003-1006.

SURYANARAYANAN T S, SENTHILARASU G, MURUGANANDAM V, 2000. Endophytic fungi from *Cuscuta reflexa* and its host plants[J]. Fungal Diversity, 4：117-123.

SWARTHOUT D, HARPER E, JUDD S, et al., 2009. Measures of leaf-level water-use efficiency in drought stressed endophyte infected and non-infected tall fescue grasses[J]. Environmental & Experimental Botany, 66（1）：88-93.

TAKAHASHI J A, TELES A P C, GOMES D C, 2013. Classical and epigenetic approaches to metabolite diversification in filamentous fungi[J]. Phytochemistry Reviews, 12（4）：773-789.

TAN T K, PEK C L, 1997. Tropical mangrove leaf litter fungi in Singapore with an emphasis on Halophytophthora[J]. Mycological Research, 101（2）：165-168.

TANAKA A, CHRISTENSEN M J, TAKEMOTO D, et al., 2006. Reactive oxygen species play a role in regulating a fungus-perennial ryegrass mutualistic interaction[J]. Plant Cell, 18（4）：1052-1066.

TARIQ M, DAWAR S, MEHDI F S, 2006. Occurrence of fungi on mangrove plants[J]. Pakistan Journal of Botany, 38（4）34-38.

TARMAN K, SAFITRI D, SETYANINGSIH I, 2014. Endophytic fungi isolated from *Rhizophora mucronata* and their antibacterial activity[J]. Squalen Bulletin of Marine & Fisheries Postharvest & Biotechnology, 8（2）：69-77.

TEJESVI M V, KAJULA M, MATTILA S, et al., 2011. Bioactivity and genetic diversity of endophytic fungi in *Rhododendron tomentosum* Harmaja[J]. Fungal Diversity, 47（1）: 97-107.

TEJESVI M V, KINI K R, PRAKASH H S, et al., 2008. Antioxidant, antihypertensive, and antibacterial properties of endophytic Pestalotiopsis species from medicinal plants[J]. Canadian Journal of Microbiology, 54（9）: 769-780.

THALAVAIPANDIAN B, RAMESH, ARIVUDAINAMBI U, 2012. A novel endophytic fungus *Pestalotiopsis* sp. inhabiting Pinus caneriensis withantibacterial and antifungal potential[J]. International Journal of Advanced Life Sciences, 2: 1-7.

THATOI H N, PATRA J K, DAS S K, 2014. Free radical scavenging and antioxidant potential of mangrove plants: a review[J]. Acta Physiologiae Plantarum, 36（3）: 561-579.

THOMAS S, FLEMING R, SHAW L N, et al., 2016. Isolation of bioactive secondary metabolites from mangrove fungal endophytes using epigenetic regulation[J]. Planta Medica, 82（S01）: S1-S381.

TIAN X, SCHAICH K M, 2013. Effects of molecular structure on kinetics and dynamics of the trolox equivalent antioxidant capacity assay with ABTS+[J]. Journal of Agricultural & Food Chemistry, 61（23）: 5511-5519.

TOGASHI H, MIZUSHINA Y, TAKEMURA M, et al., 1998. 4-hydroxy-17-methylincisterol, an inhibitor of DNA polymerase-α activity and the growth of human cancer cells in vitro[J]. Biochemical Pharmacology, 56（5）: 583-590.

TOLEDOHERNÁNDEZ C, BONESGONZÁLEZ A, ORTIZVÁZQUEZ O E, et al., 2007. Fungi in the sea fan *Gorgonia ventalina*: diversity and sampling strategies[J]. Coral Reefs, 26（3）: 725-730.

TRINH B T, STAERK D, JÄGER A K, 2016. Screening for potential α-glucosidase and α-amylase inhibitory constituents from selected Vietnamese plants used to treat type 2 diabetes [J]. Journal of Ethnopharmacology, 186: 189-195.

TSAI W J, YANG S C, HUANG Y L, et al., 2013. 4-Hydroxy-17-methylincisterol from *Agaricus blazei* decreased cytokine production and cell proliferation in human peripheral blood mononuclear cells via inhibition of NF-AT and NF-κB Activation [J].

Evidence-based complementary and alternative medicine: eCAM, 1-44.

TWILLEY R R, POZO M, GARCIA V H, et al., 1997. Litter dynamics in riverine mangrove forests in the Guayas River estuary, Ecuador[J]. Oecologia, 111 (1): 109-122.

TYAGI A P, 2004. Precipitation effect on flowering and propagule setting in mangroves of the family Rhizophoraceae[J]. Australian Journal of Botany, 52 (6): 789-798.

VAN E M, NIELAND L J, RAMAEKERS F C, et al., 1998. Annexin V-affinity assay: a review on an apoptosis detection system based on phosphatidylserine exposure [J]. Cytometry, 31 (1): 1-9.

VERMA V C, GOND S K, KUMAR A, et al., 2007. The endophytic mycoflora of bark, leaf, and stem tissues of *Azadirachta indica* A. Juss (neem) from Varanasi (India) [J]. Microbial Ecology, 54 (1): 119-125.

VERMES I, HAANEN C, STEFFENSNAKKEN H, et al., 1995. A novel assay for apoptosis. Flow cytometric detection of phosphatidylserine expression on early apoptotic cells using fluorescein labelled Annexin V [J]. J Immunol Methods, 184 (1): 39-51.

VILLAMAYOR B M R, ROLLON R N, SAMSON M S, et al., 2016. Impact of Haiyan, on Philippine mangroves: Implications to the fate of the widespread monospecific Rhizophora, plantations against strong typhoons[J]. Ocean & Coastal Management, 132: 1-14.

WANDERLEY COSTA I P, MAIA L C, CAVALCANTI M A, 1994. Diversity of leaf endophytic fungi in mangrove plants of Northeast Brazil[M]. Le problème de l'être chez Aristote: Presses Universitaires de France.

WANG J, LU W, MIN C, et al., 2011. The endophytic fungus AGR12 in the stem of *Rhizophora stylosa* Griff and its antibacterial metabolites[J]. Chinese Journal of Antibiotics, 36 (2): 102-106.

WANG Y, ZHU H, TAM N F Y, 2014. Polyphenols, tannins and antioxidant activities of eight true mangrove plant species in South China[J]. Plant and Soil, 374 (1): 549-563.

WANI M C, TAYLOR H L, WALL M E, et al., Plant antitumor agents. VI. The isolation and structure of taxol, a novel antileukemic and antitumor agent from Taxus brevifolia[J]. J Chem Soc, 93: 2325-2327.

WAZIRI P M, ABDULLAH R, YEAP S K, et al., 2016. Clausenidin from *Clausena excavata* induces apoptosis in hepG2 cells via the mitochondrial pathway[J]. Journal of Ethnopharmacology, 194: 549.

WHEELER M H, STIPANOVIC R D, PUCKHABER L S, 1999. Phytotoxicity of equisetin and epi-equisetin isolated from *Fusarium equiseti* and *F. pallidoroseum*[J]. Mycological Research, 103(8): 967-973.

WHITE J F, TORRES M S, 2010. Is plant endophyte-mediated defensive mutualism the result of oxidative stress protection[J]. Physiologia Plantarum, 138(4): 440-446.

WIER A M, TATTAR T A, KLEKOWSKI E J, 2000. Disease of Red Mangrove (*Rhizophora mangle*) in Southwest Puerto Rico Caused by *Cytospora rhizophorae*[J]. Biotropica, 32(2): 299-306.

WU L, HAN T, LI W, et al., 2013. Geographic and tissue influences on endophytic fungal communities of Taxus chinensis vaR.mairei in China[J]. Current Microbiology, 66(1): 40-48.

XAVIER C, CARMEN B. RHIZOPHORA RACEMOSA G, 2006. Mey (Rhizophoraceae) en Ecuador y Perú, y el color de los óvulos : un nuevo caracter en Rhizophora[J]. Brenesia, 65: 11-17.

XIE H, HUANG S, LI W, et al., 2014. Upregulation of Src homology phosphotyrosyl phosphatase 2 (Shp2) expression in oral cancer and knockdown of Shp2 expression inhibit tumor cell viability and invasion in vitro[J]. Oral Surgery Oral Medicine Oral Pathology & Oral Radiology, 117(2): 234-242.

XING X, GUO S, 2011. Fungal endophyte communities in four Rhizophoraceae mangrove species on the south coast of China[J]. Ecological Research, 26(2): 403-409.

XIONG Y, LU Q J, ZHAO J, et al., 2012. Metformin inhibits growth of hepatocellular carcinoma cells by inducing apoptosis via mitochondrion-mediated pathway[J]. Asian Pacific Journal of Cancer Prevention Apjcp, 13(7): 3275-3279.

XU F, TAO W, CHENG L, et al., 2006. Strain improvement and optimization of the media of taxol-producing fungus *Fusarium maire*[J]. Biochemical Engineering

Journal, 31 (1): 67-73.

XU J, EBADA S S, PROKSCH P, 2010. Pestalotiopsis, a highly creative genus: chemistry and bioactivity of secondary metabolites[J]. Fungal Diversity, 44 (1): 15-31.

XU J, KJER J, SENDKER J, et al., 2009a. Cytosporones, coumarins, and an alkaloid from the endophytic fungus *Pestalotiopsis* sp. isolated from the Chinese mangrove plant Rhizophoramucronata[J]. Bioorganic & Medicinal Chemistry, 17 (20): 7362-7367.

XU J, KJER J, SENDKER J, et al., 2011a. Chromones from the endophytic fungus *Pestalotiopsis* sp. isolated from the chinese mangrove plant *Rhizophora mucronata*[J]. Tetrahedron Letters, 52 (1): 21-25.

XU J, LIN Q, WANG B, et al., 2011b. Pestalotiopamide E, a new amide from the endophytic fungus *Pestalotiopsis* sp. [J]. Journal of Asian Natural Products Research, 13 (4): 373-376.

YAN S L, HUANG C Y, WU S T, et al., 2010. Oleanolic acid and ursolic acid induce apoptosis in four human liver cancer cell lines[J]. Toxicology in Vitro, 24 (3): 842-848.

YILDIRIM A, MAVI A, KARA A A, 2001. Determination of antioxidant and antimicrobial activities of *Rumex crispus* L.extracts[J]. Journal of Agricultural & Food Chemistry, 49 (8): 4083-4089.

YOON J Y, KIM J H, BAEK K S, et al., 2014. A direct protein kinase B-targeted anti-inflammatory activity of cordycepin from artificially cultured fruit body of Cordyceps militaris[J]. Pharmacognosy Magazine, 11 (43): 477-485.

YU G L, CHO J Y, KIM C M, et al., 2013. Coumaroyl quinic acid derivatives and flavonoids from immature pear (Pyrus pyrifolia, nakai) fruit[J]. Food Science and Biotechnology, 22 (3): 803-810.

ZAMZAMI N, MARCHETTI P, CASTEDO M, et al., 1996. Inhibitors of permeability transition interfere with the disruption of the mitochondrial transmembrane potential during apoptosis[J]. Febs Letters, 384 (1): 53-57.

ZANG L Y, WEI W, GUO Y, et al., 1992. Sesquiterpenoids from the mangrove-derived endophytic fungus *Diaporthe* sp. [J]. Journal of Natural Products, 75

（10）：1744-1749.

ZHANG P, LI X M, LIU H, et al., 2015. Two new alkaloids from *Penicillium oxalicum*, EN-201, an endophytic fungus derived from the marine mangrove plant Rhizophora stylosa[J]. Phytochemistry Letters, 13: 160-164.

ZHANG P, LI X, WANG B G, 2016. Secondary metabolites from the marine algal-derived endophytic fungi: chemical diversity and biological activity[J]. Planta Medica, 82（9/10）: 832-842.

ZHANG W, BECKER D, CHENG Q, 2006. A mini-review of recent W. O. patents （2004-2005）of novel anti-fungal compounds in the field of anti-infective drug targets[J]. Recent patents on anti-infective drug discovery, 1（2）: 225-230.

ZHANG X, GEOFFROY P, MIESCH M, 2005. Gram-scale chromatographic purification of β-sitosterol: Synthesis and characterization of β-sitosterol oxides[J]. Steroids, 70（13）: 886-895.

ZHENG C J, HUANG G L, XU Y, et al., 2016. A new benzopyrans derivatives from a mangrove-derived fungus *Penicillium citrinum* from the South China Sea[J]. Natural Product Research, 30（7）: 821-825.

ZHOU J, ZHENG X, YANG Q, et al., 2013. Optimization of ultrasonic-assisted extraction and radical-scavenging capacity of phenols and flavonoids from *Clerodendrum cyrtophyllum* Turcz Leaves[J]. PloS one, 8（7）: e68392.

ZHOU X, COAD J, DUCATMAN B, et al., 2008. SHP2 is up-regulated in breast cancer cells and in infiltrating ductal carcinoma of the breast, implying its involvement in breast oncogenesis[J]. Histopathology, 53（4）: 389-402.

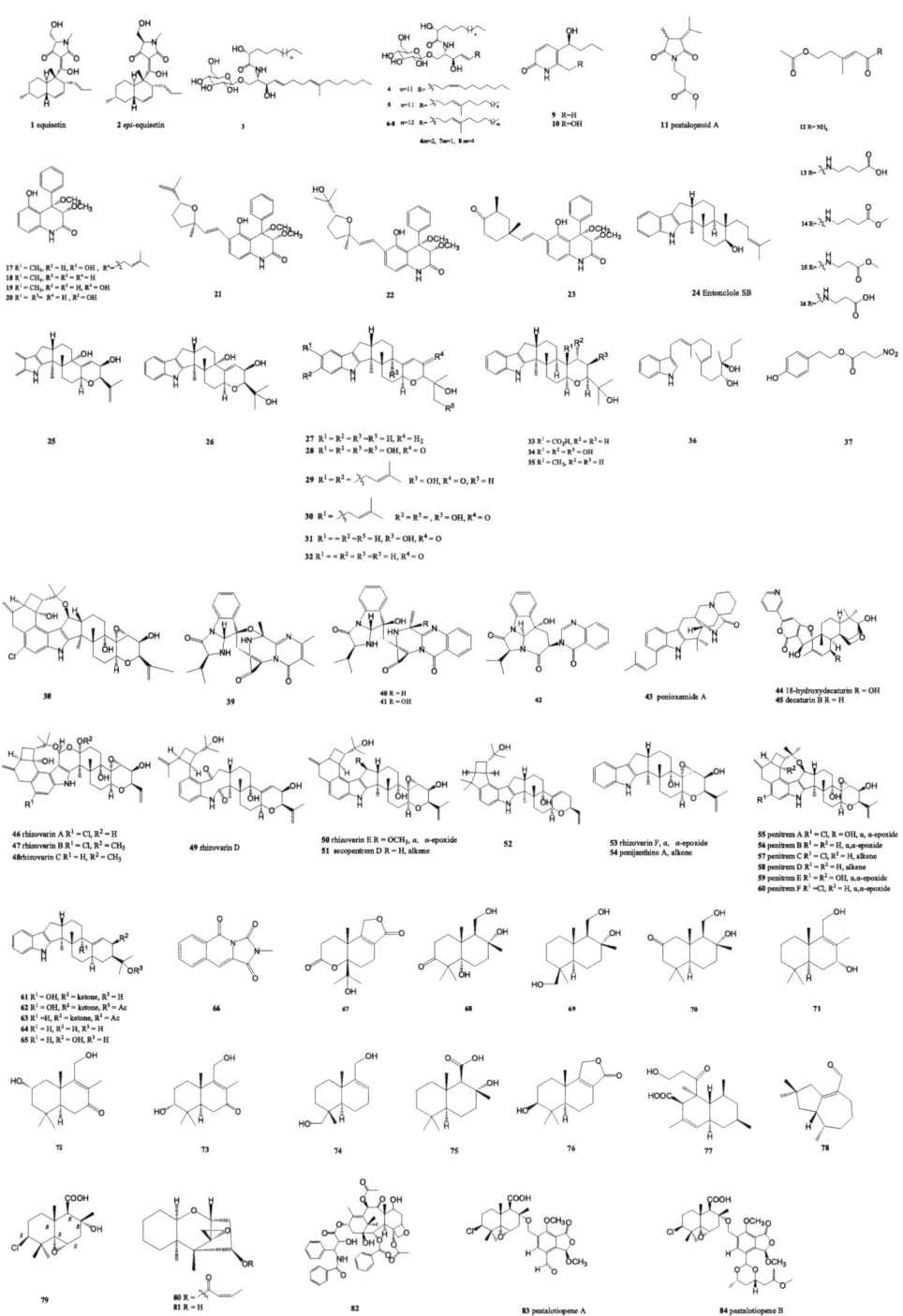

红树属内生真菌次级代谢产物

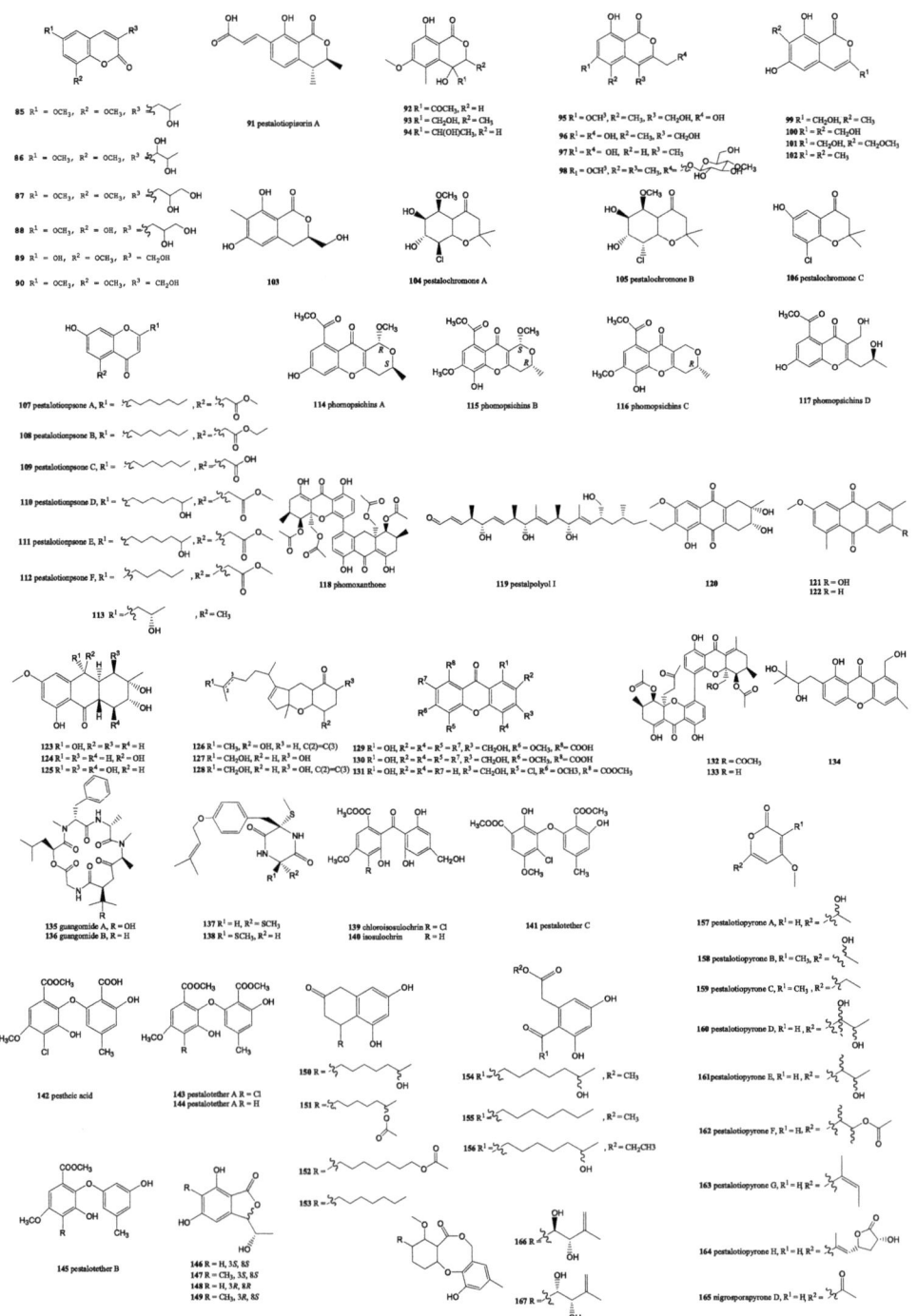

红树属内生真菌次级代谢产物

红树属内生真菌次级代谢产物

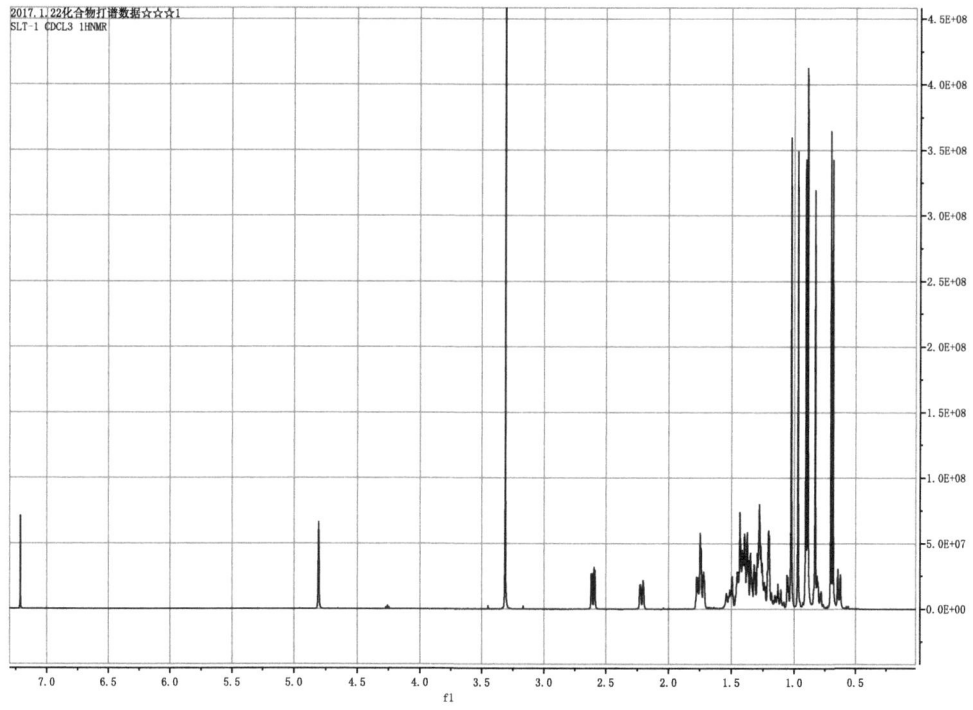

化合物1的 ^{1}H NMR（500MHz，CDCl$_3$）谱

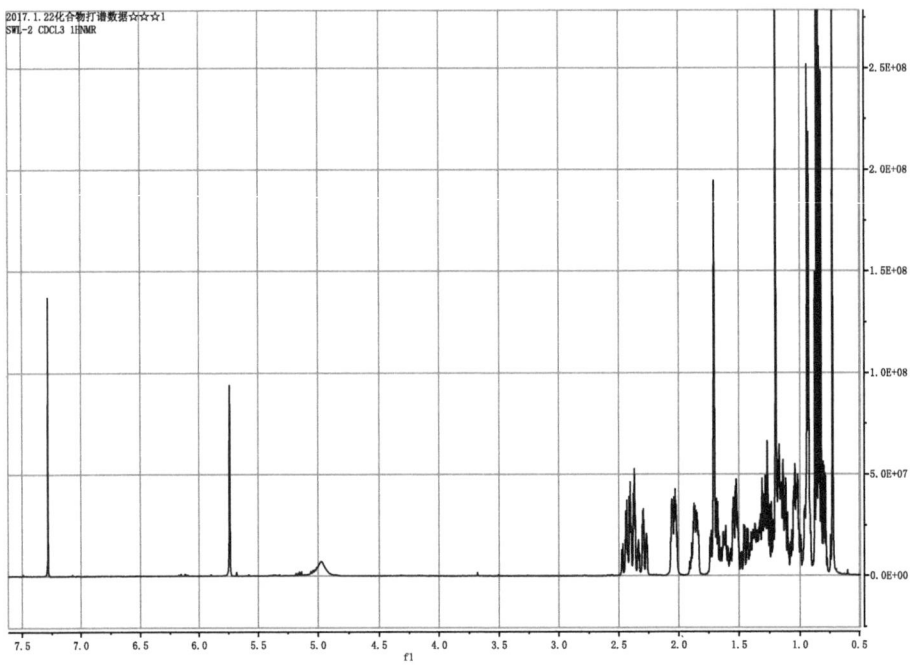

化合物2的 ^{1}H NMR（500MHz，CDCl$_3$）谱

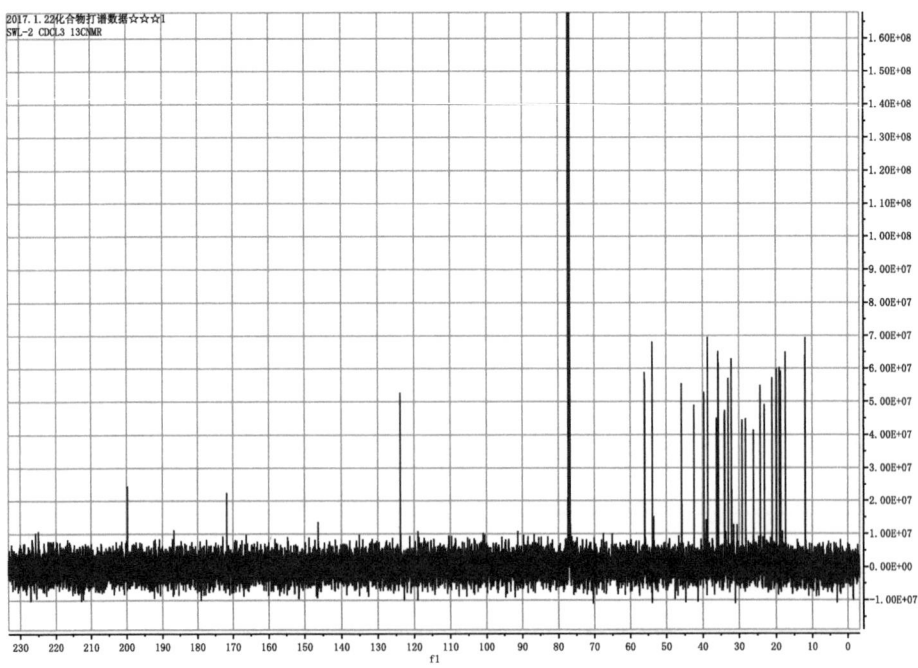

化合物2的 ^{13}C NMR（500MHZ，CDCl$_3$）谱

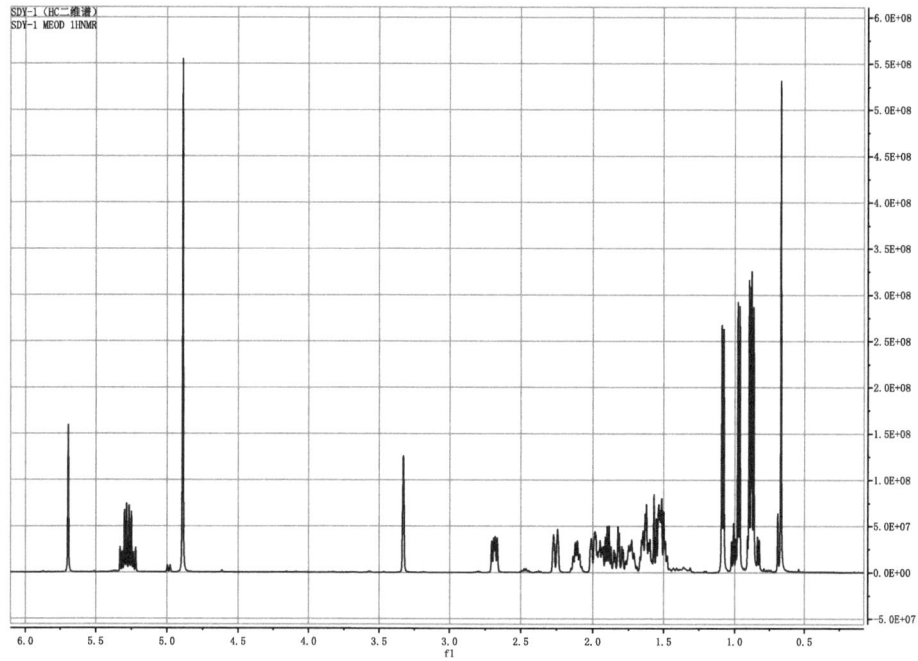
化合物3的 ^{1}H NMR（500MHz，CDCl$_3$）谱

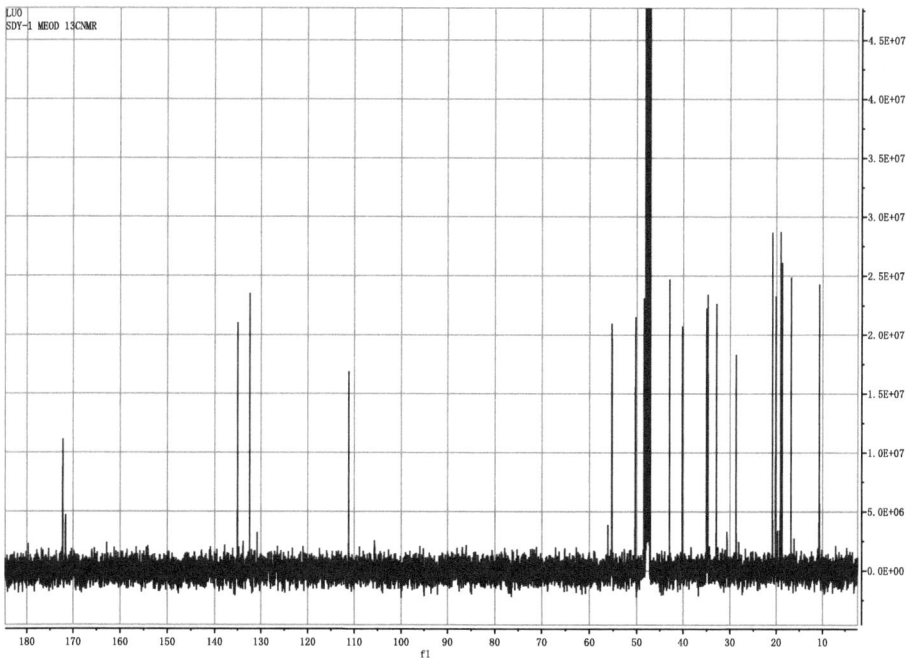
化合物3的 ^{13}C NMR（500MHZ，CDCl$_3$）谱

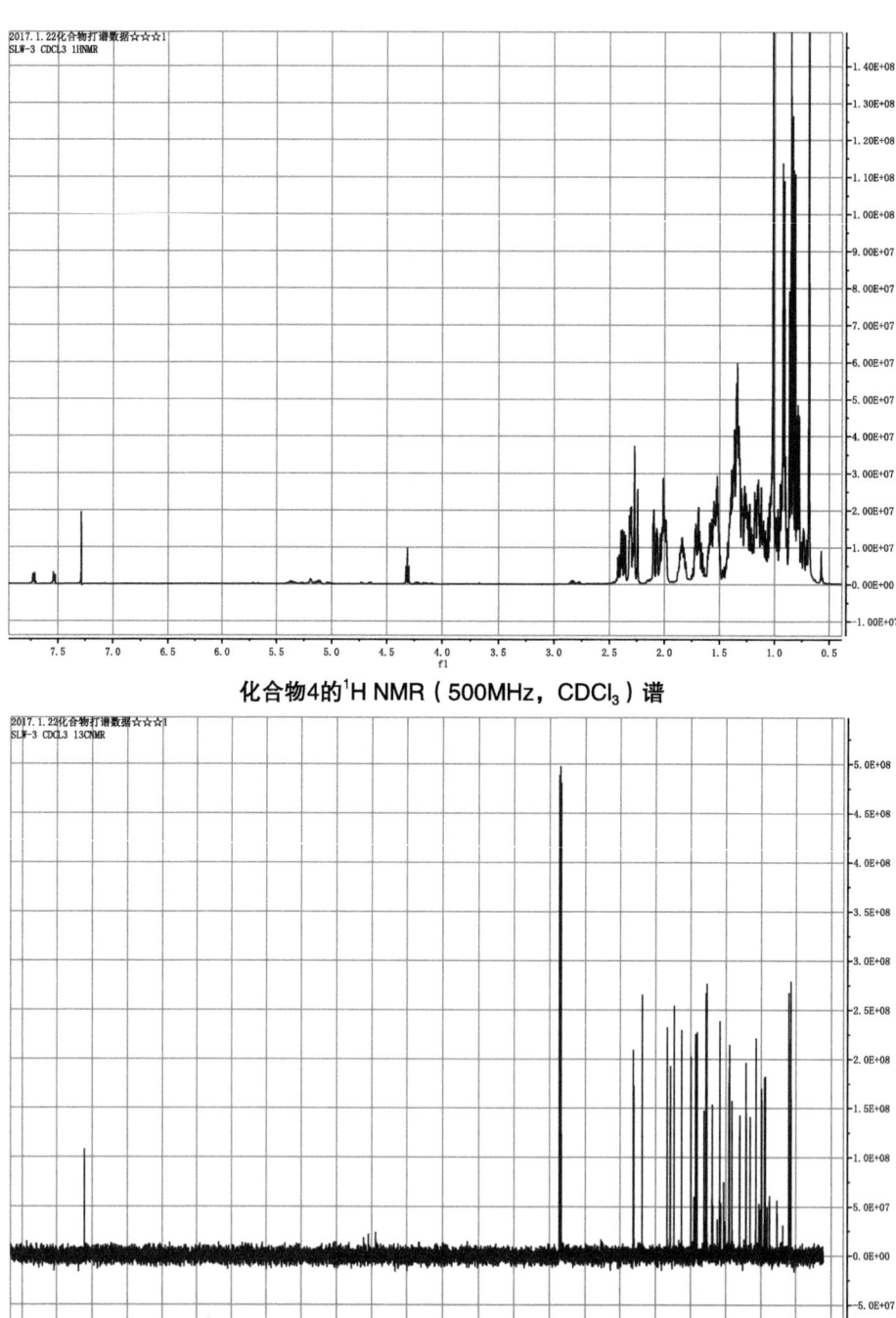

化合物4的 ^{1}H NMR（500MHZ，CDCl$_3$）谱

化合物4的 ^{13}C NMR（500MHZ，CDCl$_3$）谱

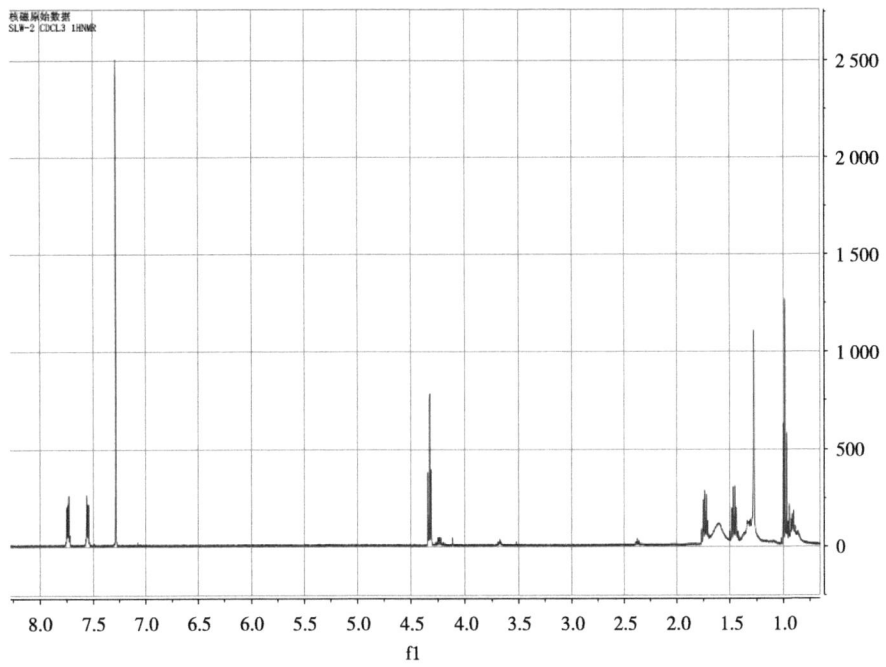

化合物6的 ^{1}H NMR(500MHz,CDCl$_3$)谱

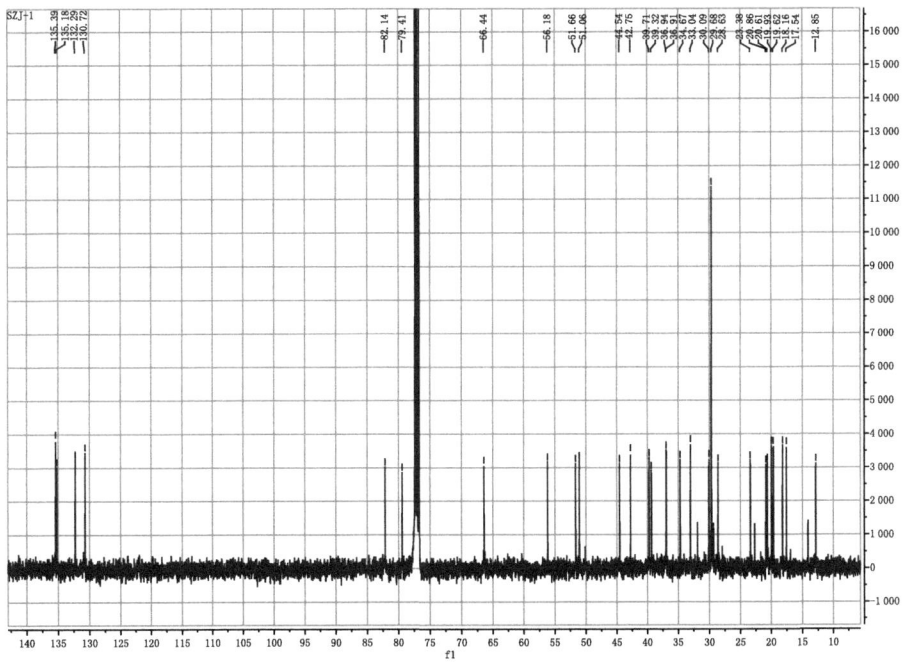

化合物7的 ^{1}H NMR(500MHz,CDCl$_3$)谱

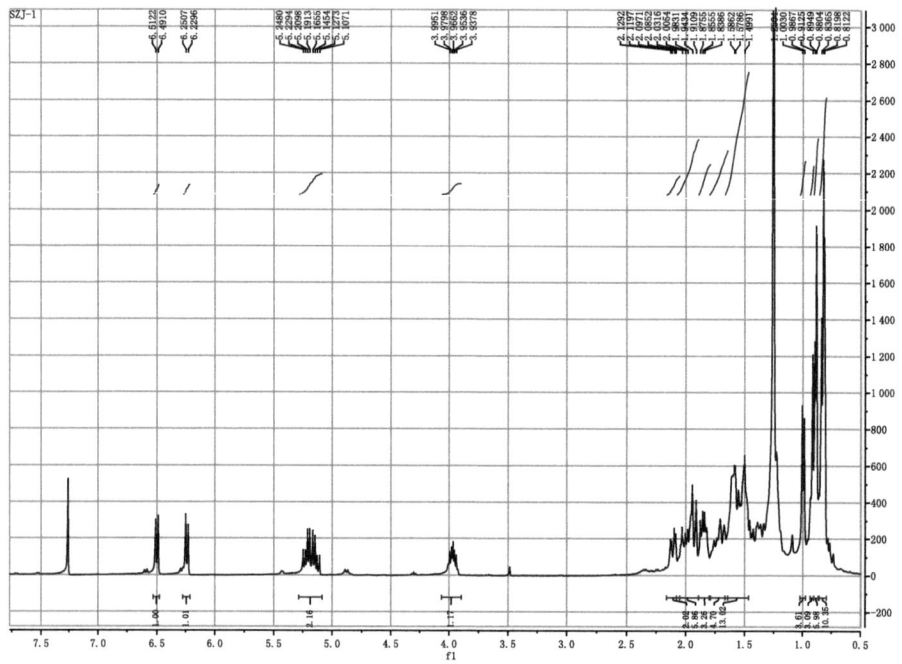

化合物7的 ^{13}C NMR（500MHZ，CDCl$_3$）谱

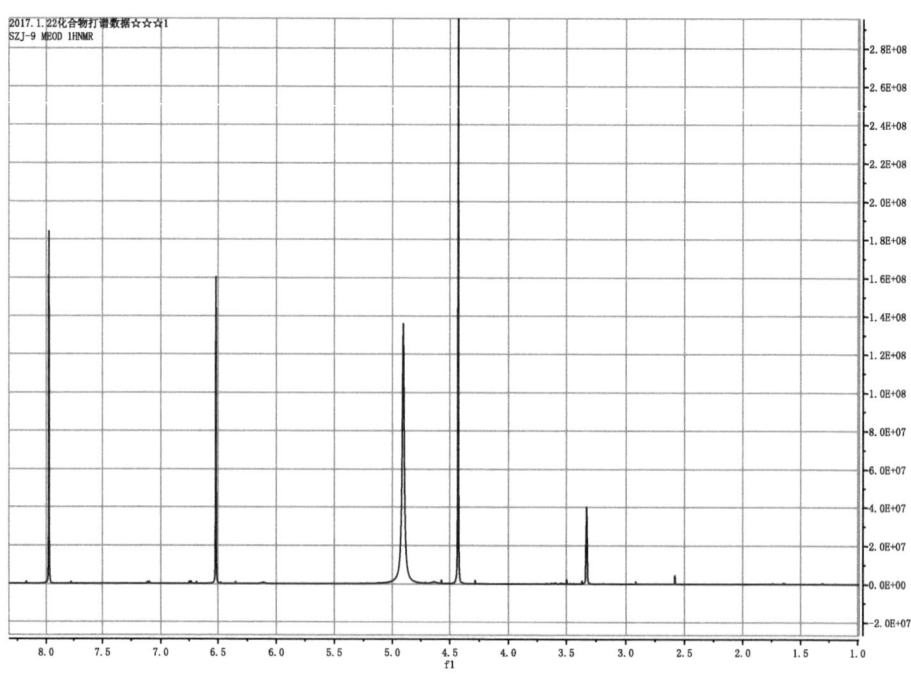

化合物8的 ^{1}H NMR（500MHZ，CDCl$_3$）谱

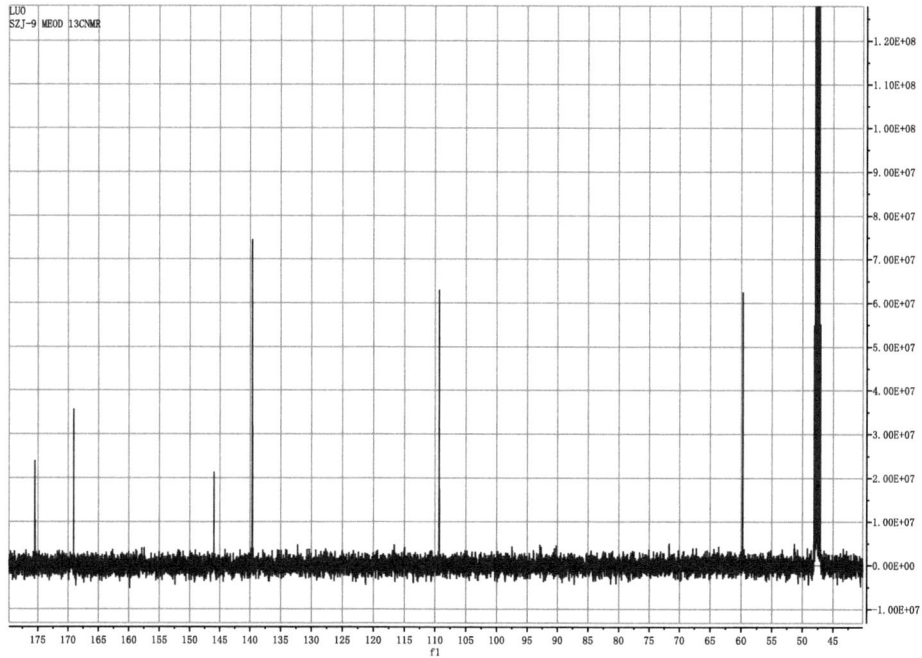

化合物8的^{13}C NMR(500MHZ,CDCl$_3$)谱

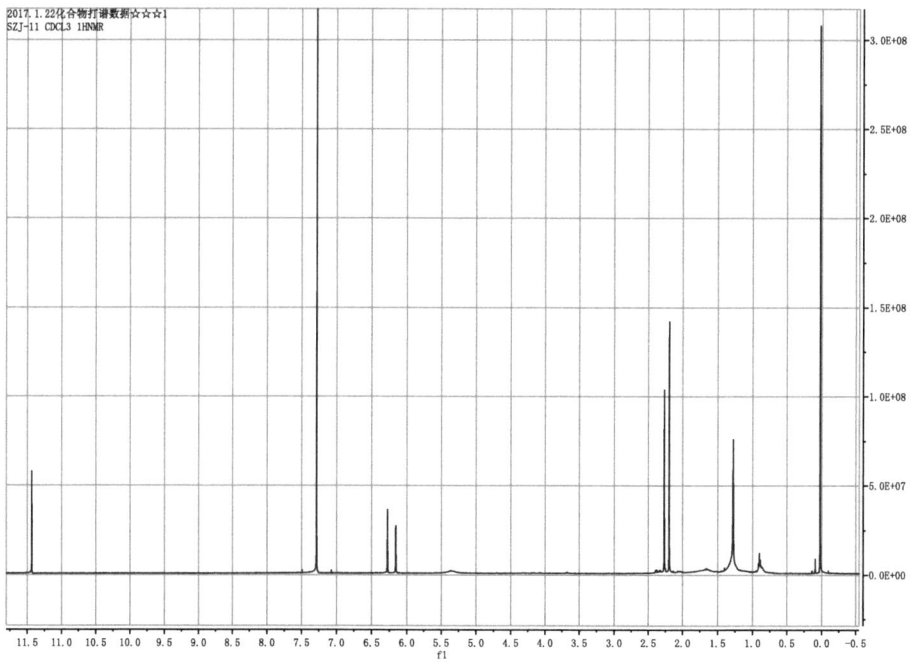

化合物9的^{1}H NMR(500MHz,CDCl$_3$)谱

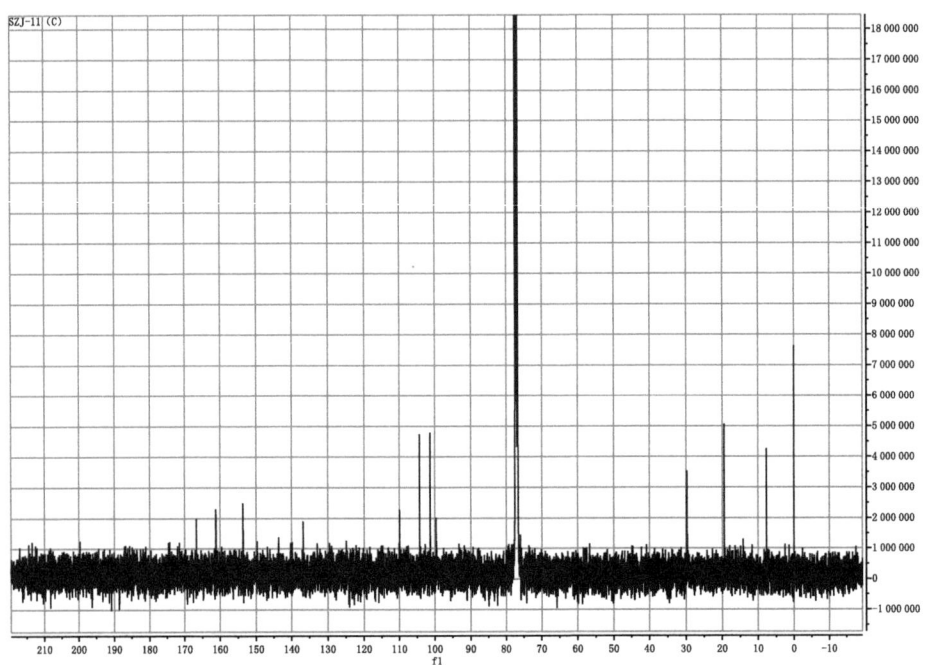

化合物9的^{13}C NMR（500MHZ，CDCl$_3$）谱

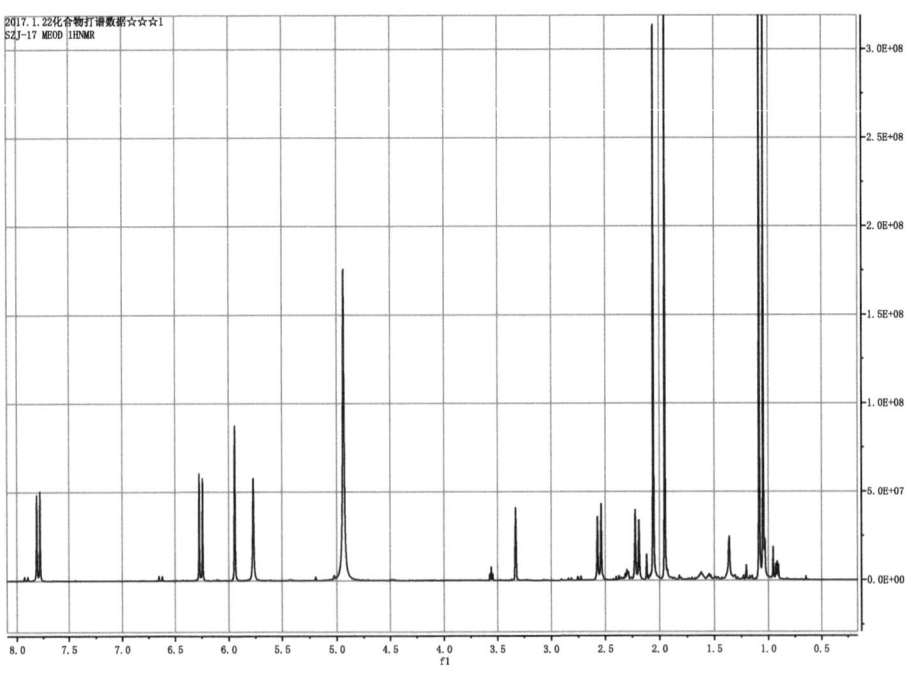

化合物11的^{1}H NMR（500MHz，CDCl$_3$）谱

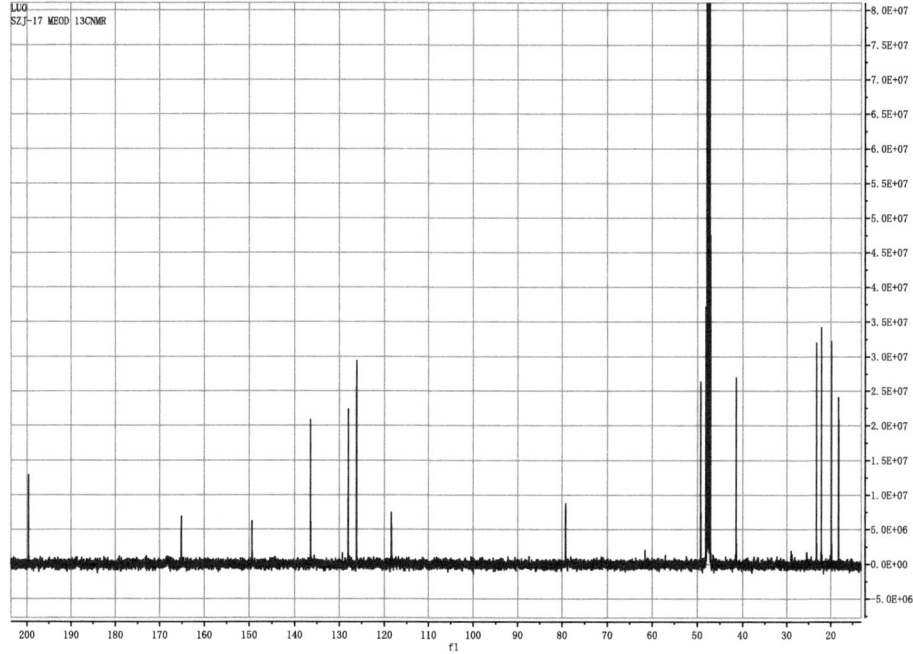

化合物11的 ^{13}C NMR（500MHZ，CDCl$_3$）谱

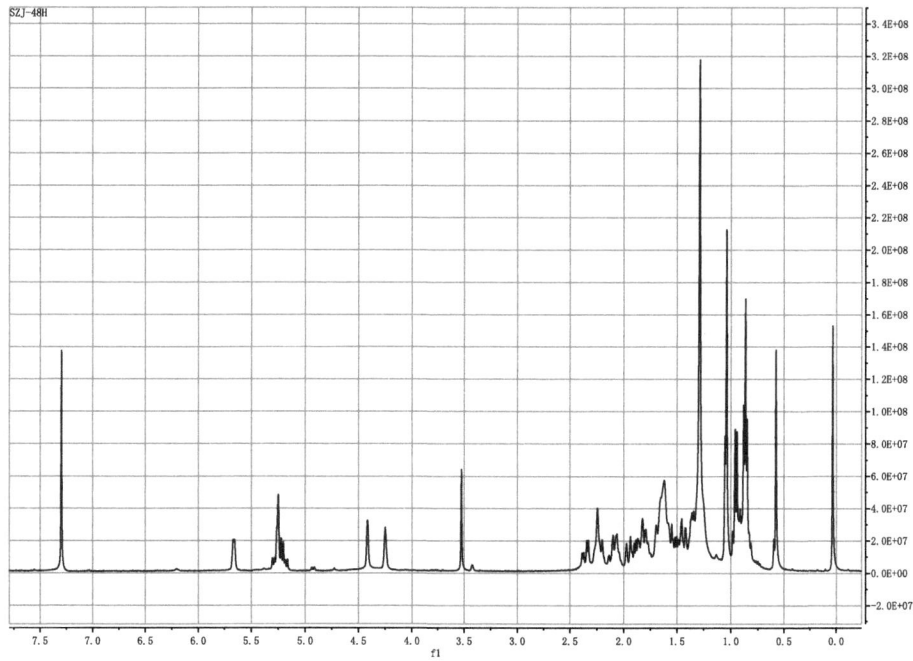

化合物12的 ^{1}H NMR（500MHz，CDCl$_3$）谱

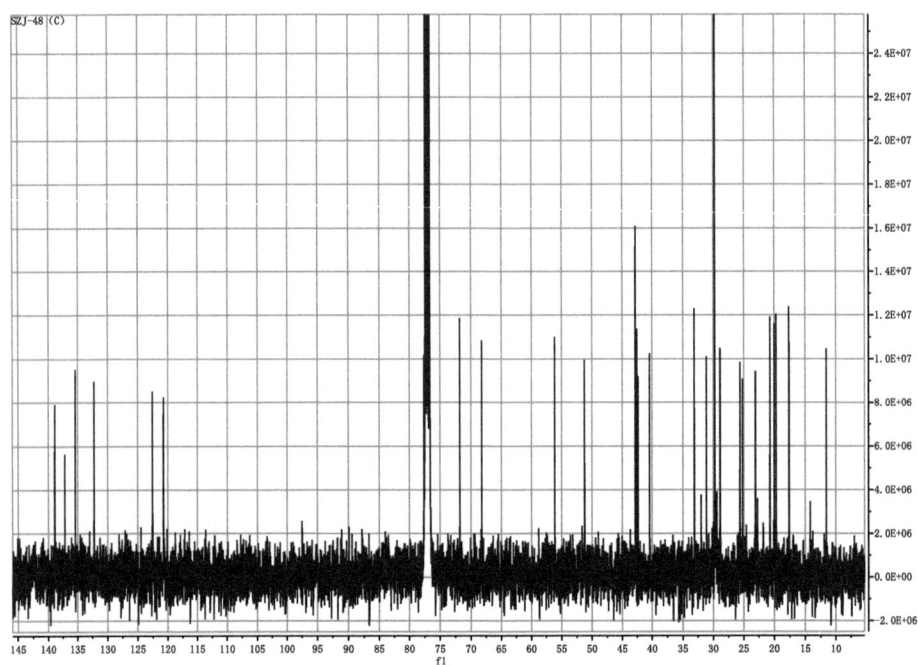

化合物12的 ^{13}C NMR（500MHZ，CDCl$_3$）谱

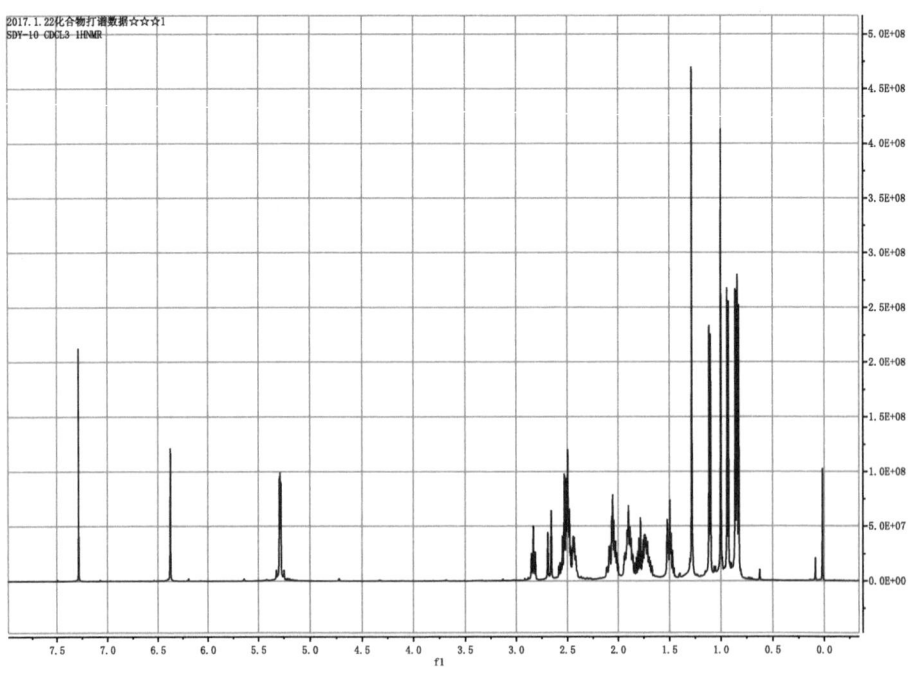

化合物13的 ^{1}H NMR（500MHz，CDCl$_3$）谱

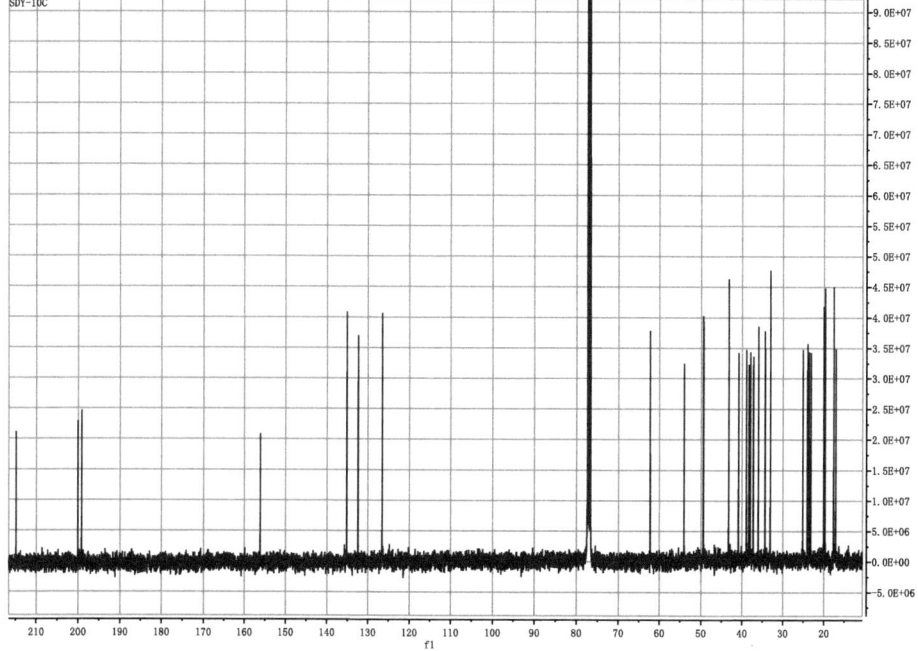

化合物13的^{13}C NMR(500MHZ,CDCl$_3$)谱

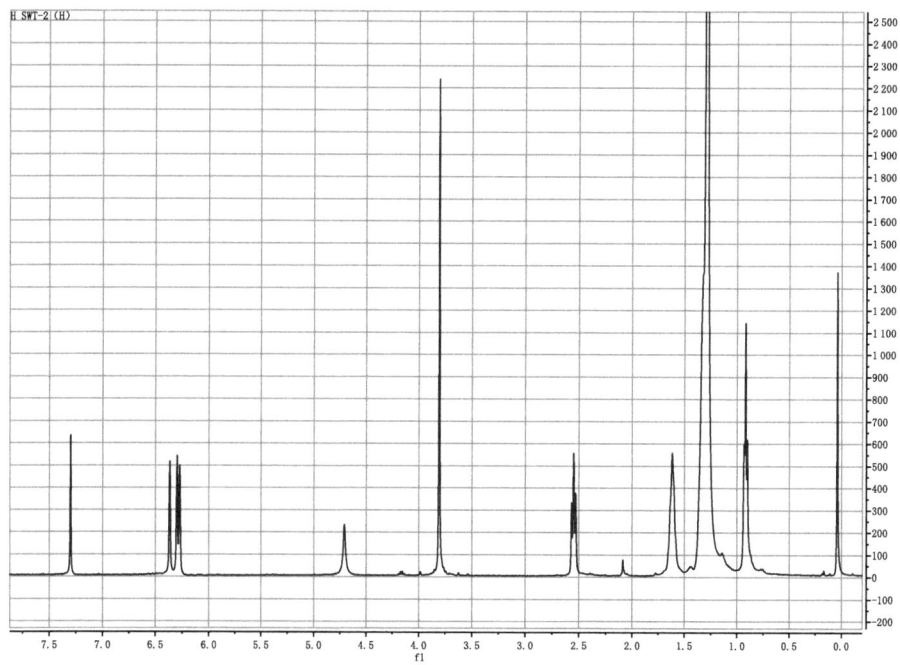

化合物14的^{1}H NMR(500MHz,CDCl$_3$)谱

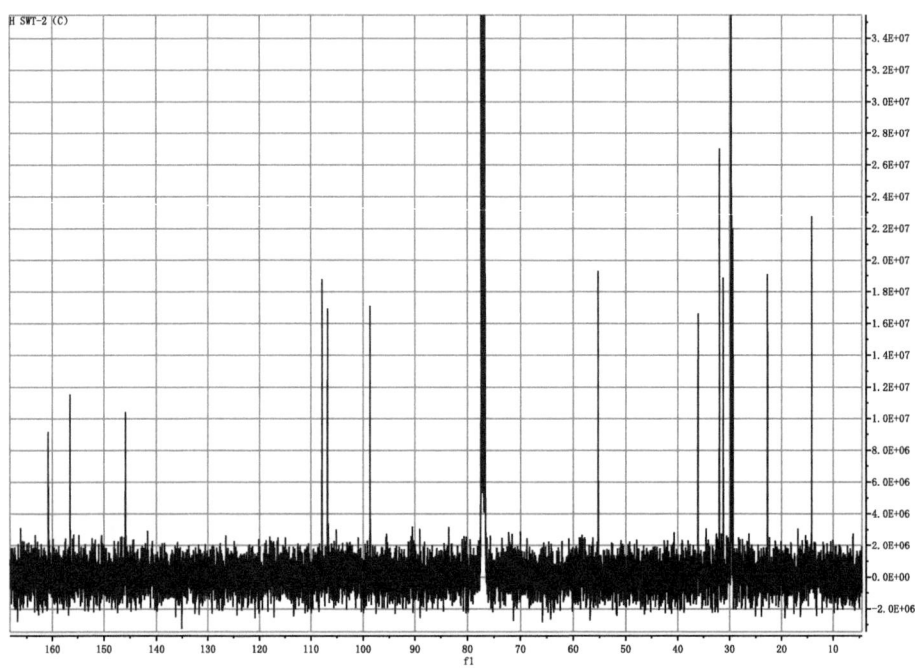

化合物14的^{13}C NMR（500MHZ，CDCl$_3$）谱

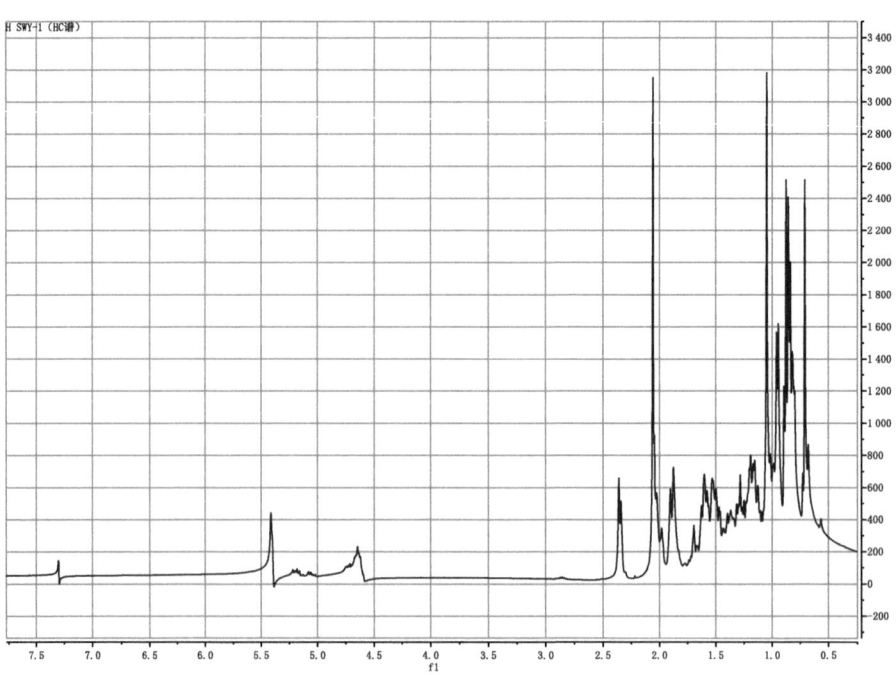

化合物15的^{1}H NMR（500MHz，CDCl$_3$）谱

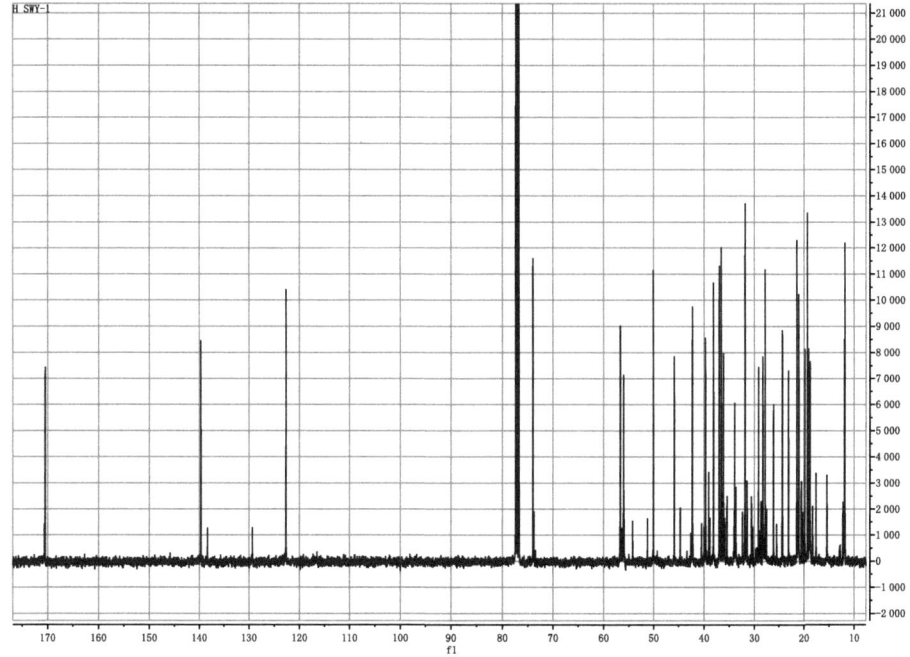

化合物15的^{13}C NMR（500MHZ，CDCl$_3$）谱

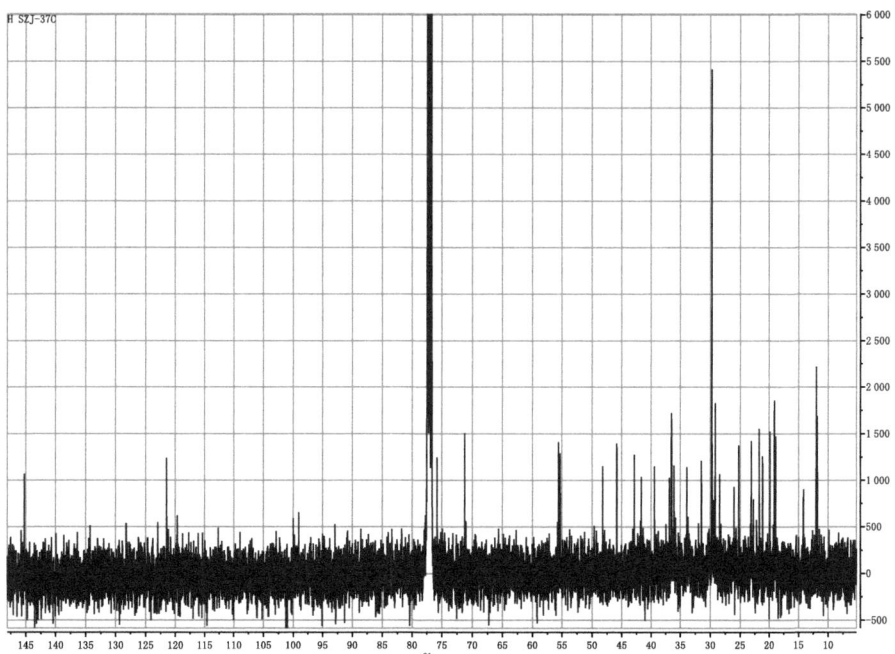

化合物16的^{13}C NMR（500MHZ，CDCl$_3$）谱

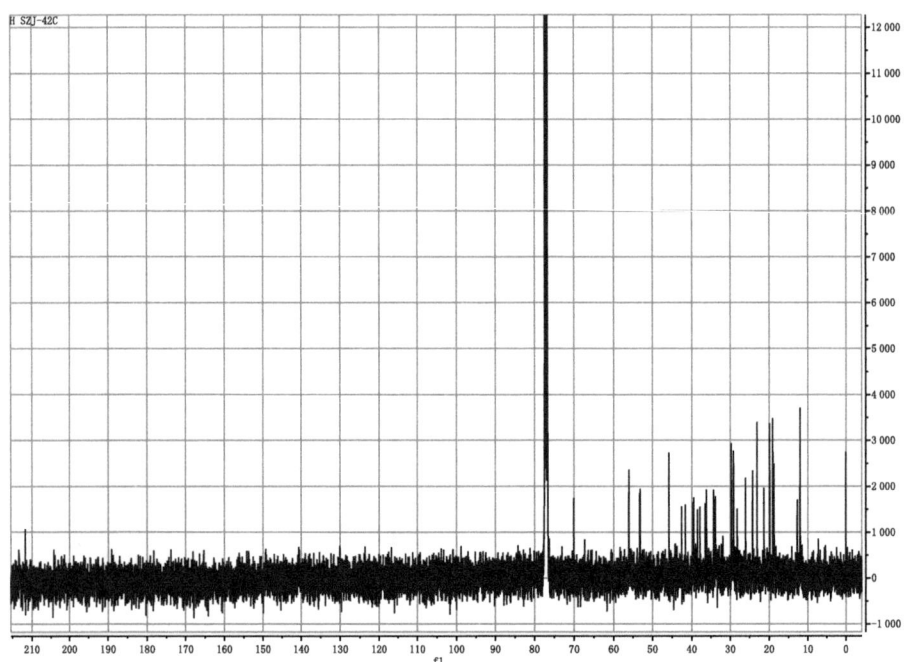

化合物17的^{13}C NMR（500MHZ，CDCl$_3$）谱

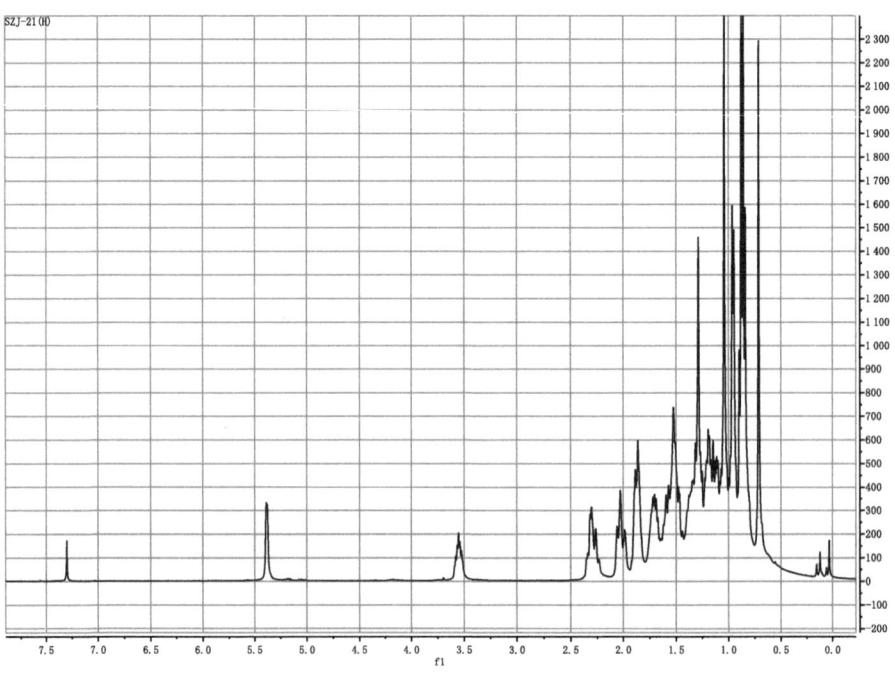

化合物18的^{1}H NMR（500MHz，CDCl$_3$）谱

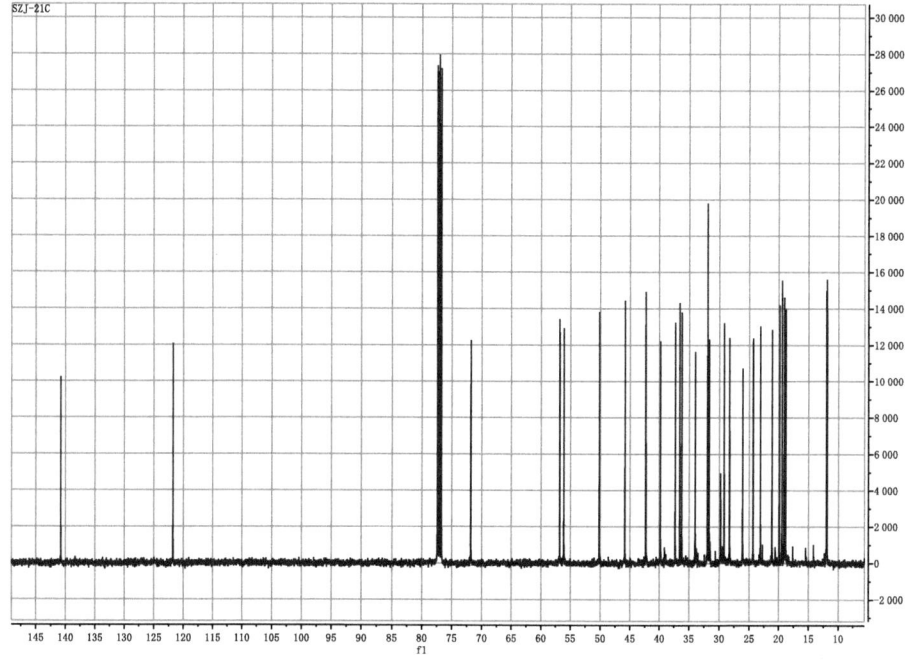

化合物18的^{13}C NMR（500MHZ，CDCl$_3$）谱

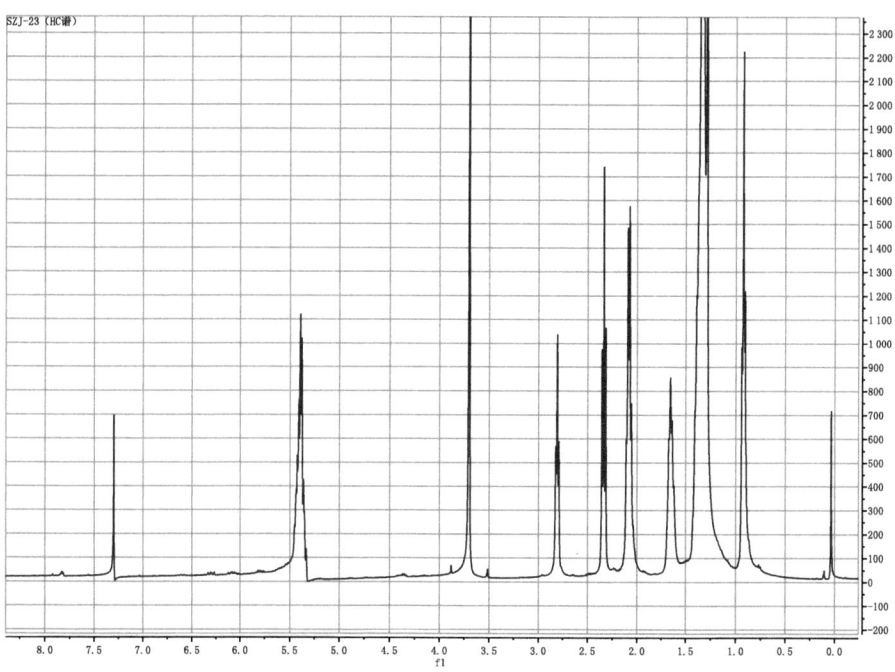

化合物19的^{1}H NMR（500MHz，CDCl$_3$）谱

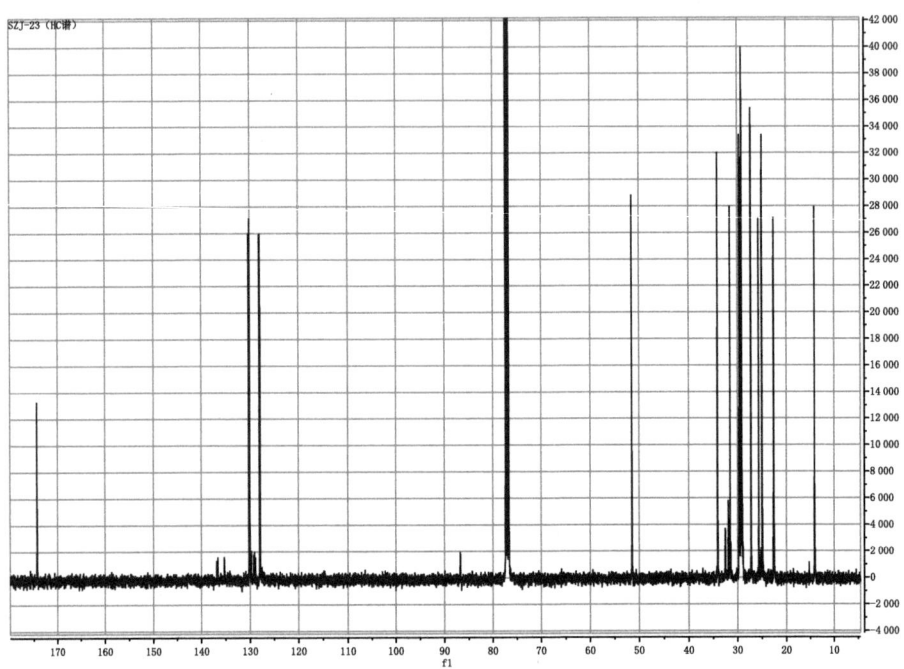

化合物19的 ^{13}C NMR（500MHZ，CDCl$_3$）谱

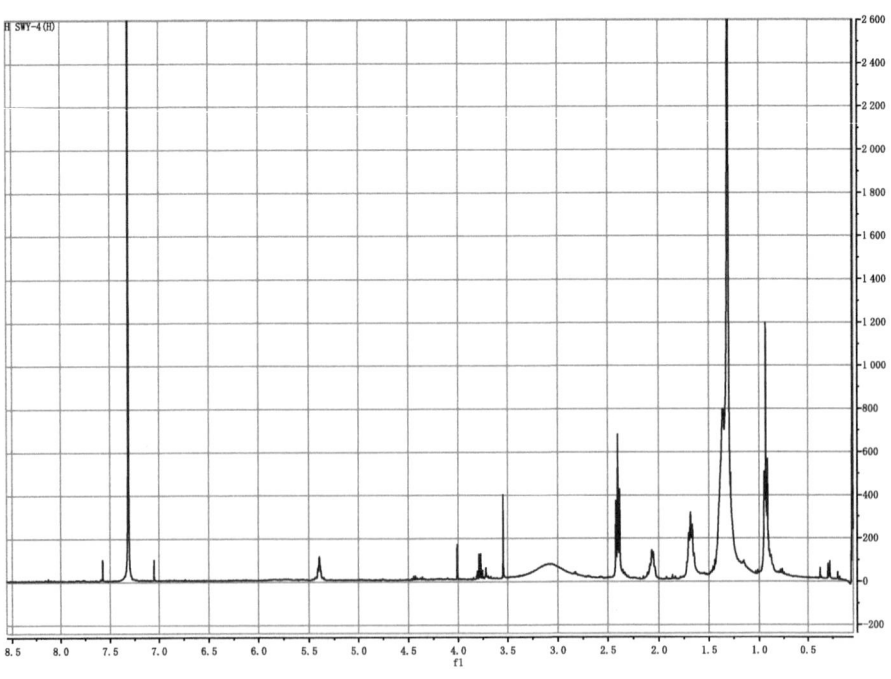

化合物21的 ^{1}H NMR（500MHZ，CDCl$_3$）谱

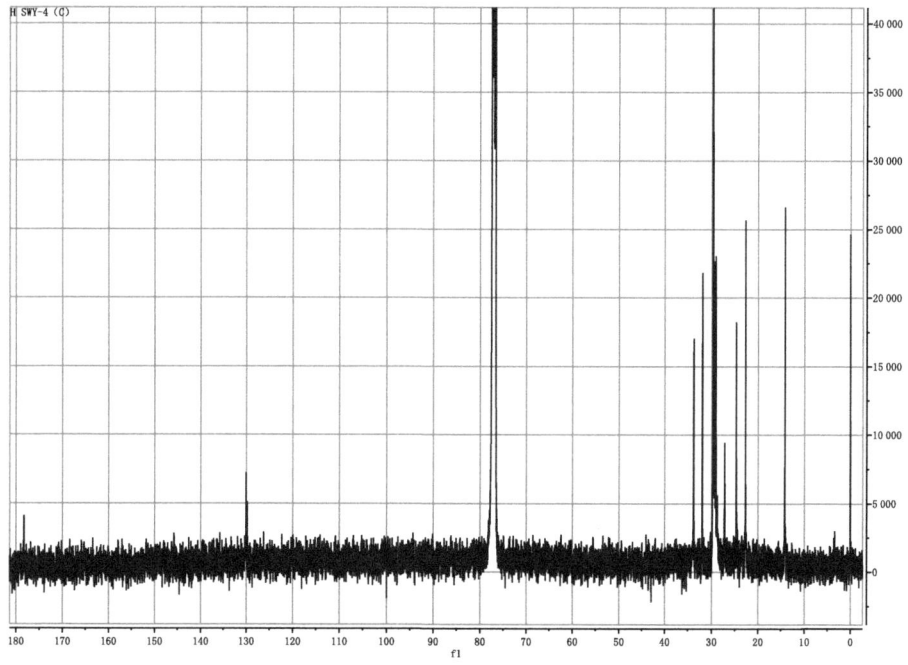

化合物21的 ^{13}C NMR（500MHZ，CDCl$_3$）谱

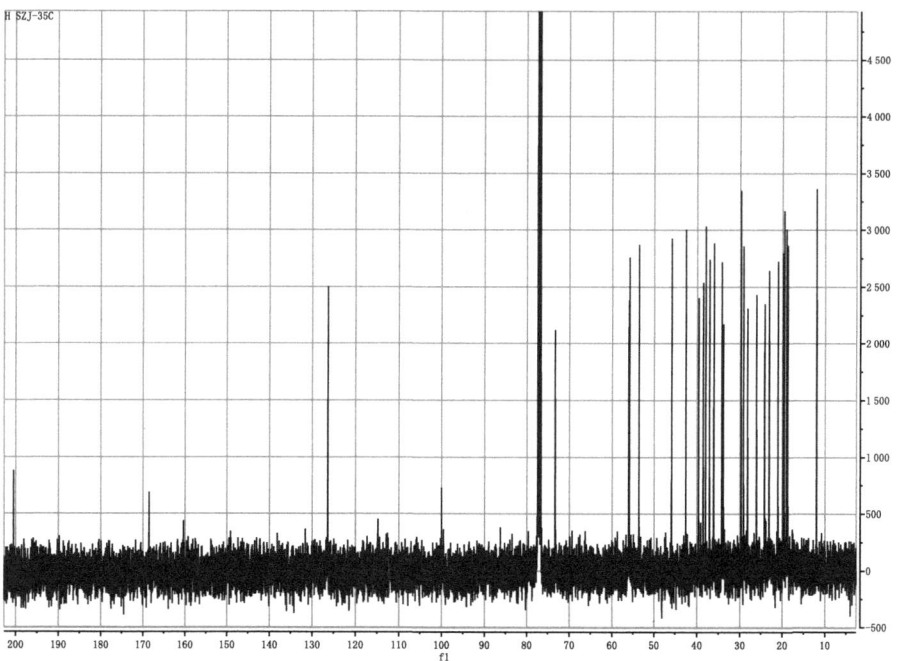

化合物22的 ^{13}C NMR（500MHZ，CDCl$_3$）谱

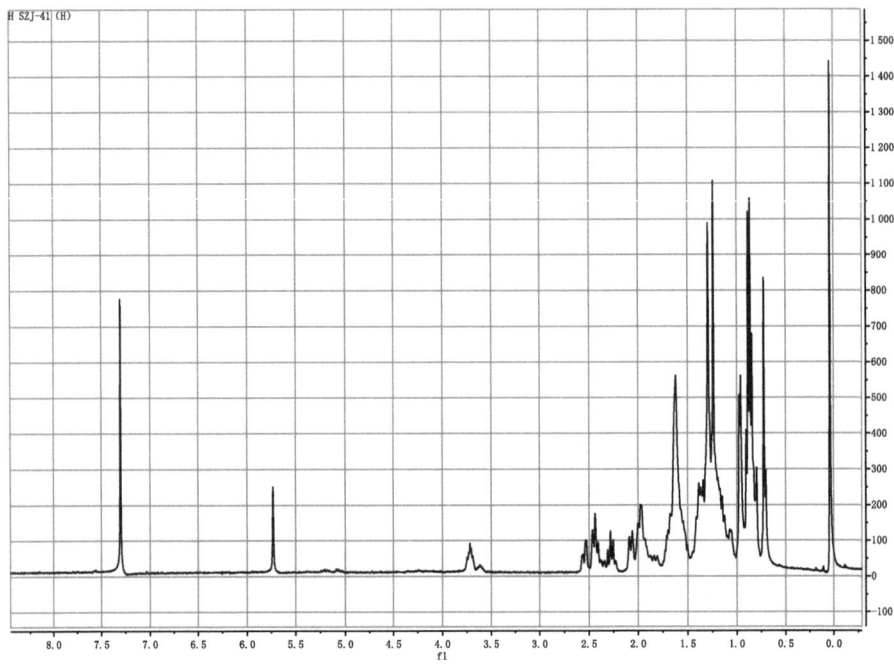

化合物23的 ^{1}H NMR（500MHZ，CDCl$_3$）谱

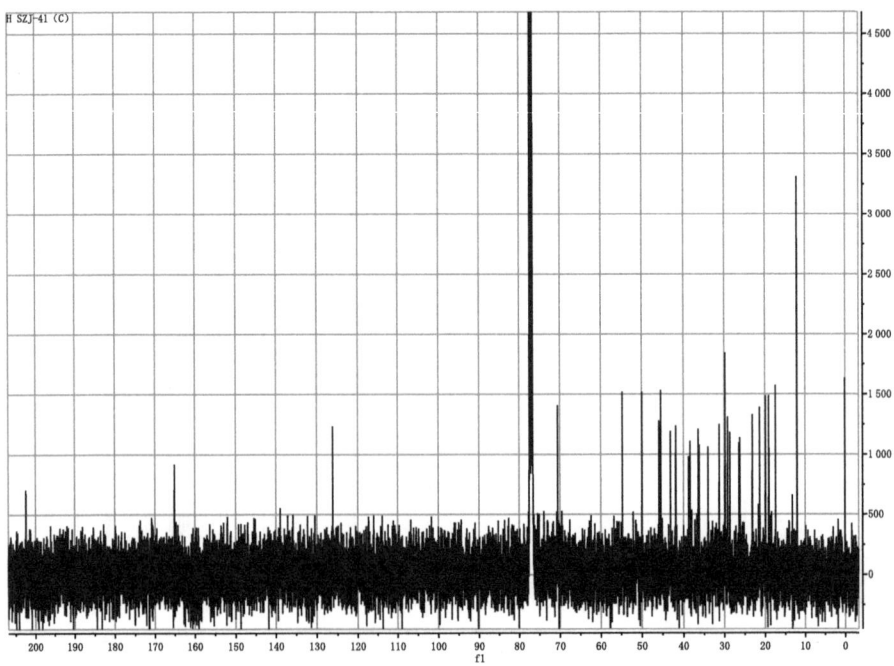

化合物23的 ^{13}C NMR（500MHZ，CDCl$_3$）谱

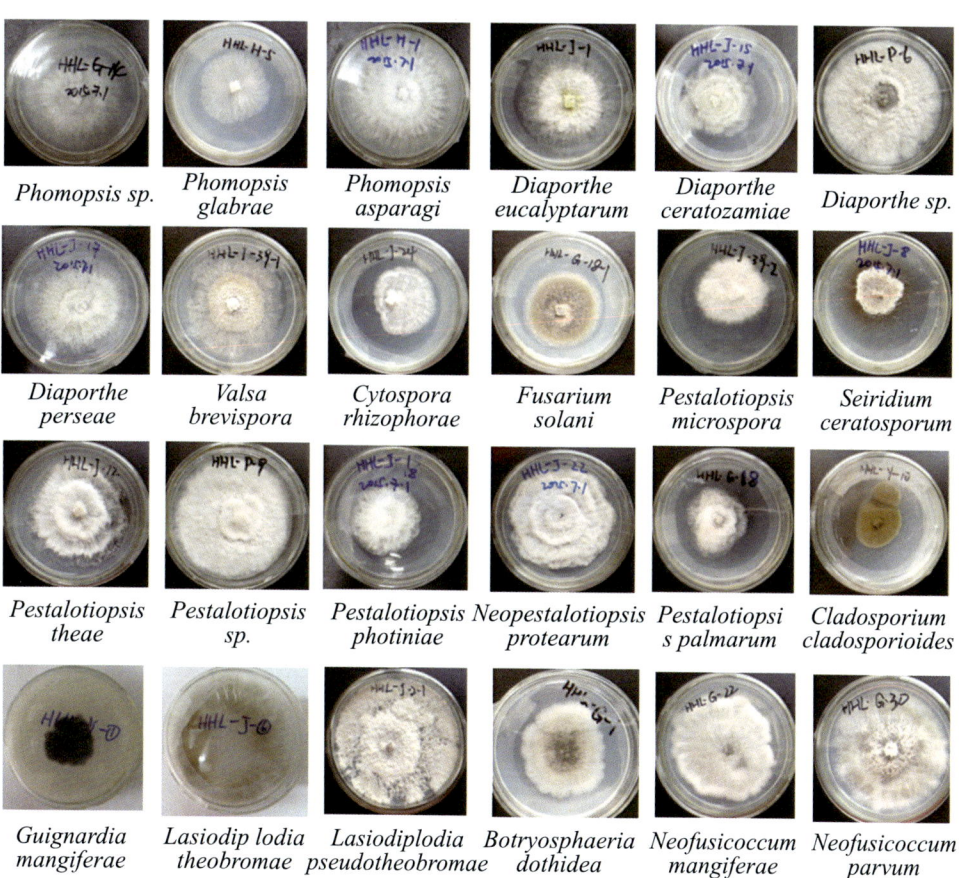

红海榄中部分内生真菌

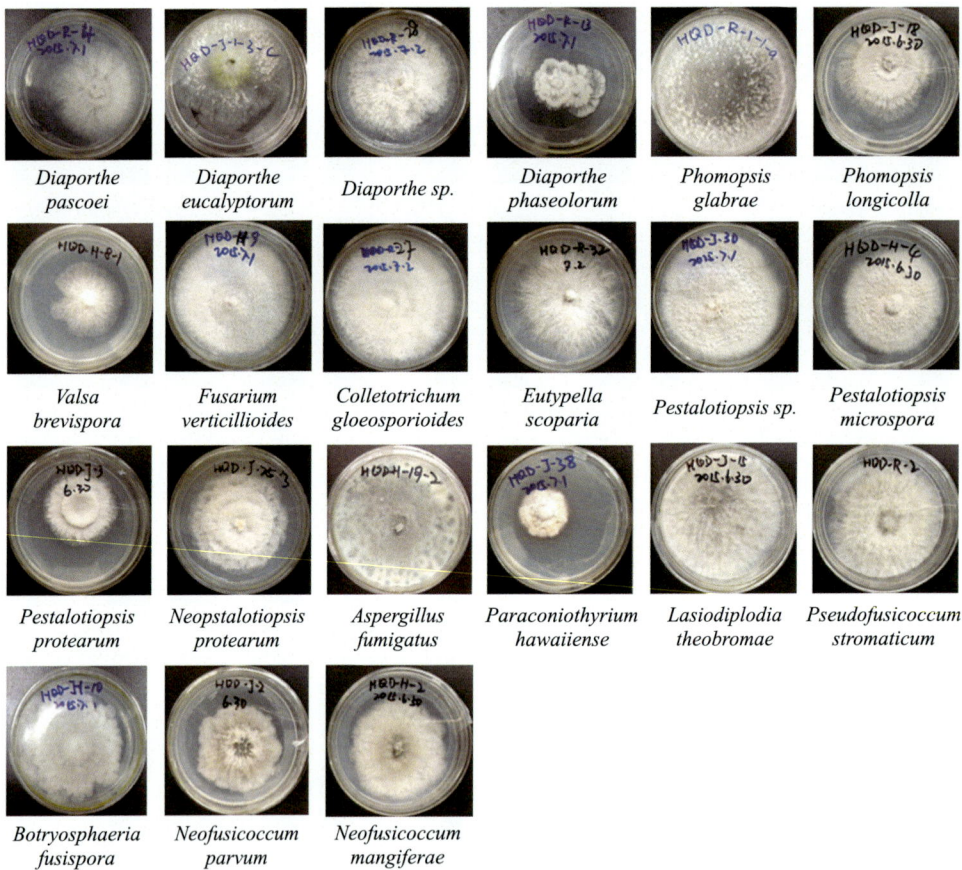

红茄苳中部分内生真菌

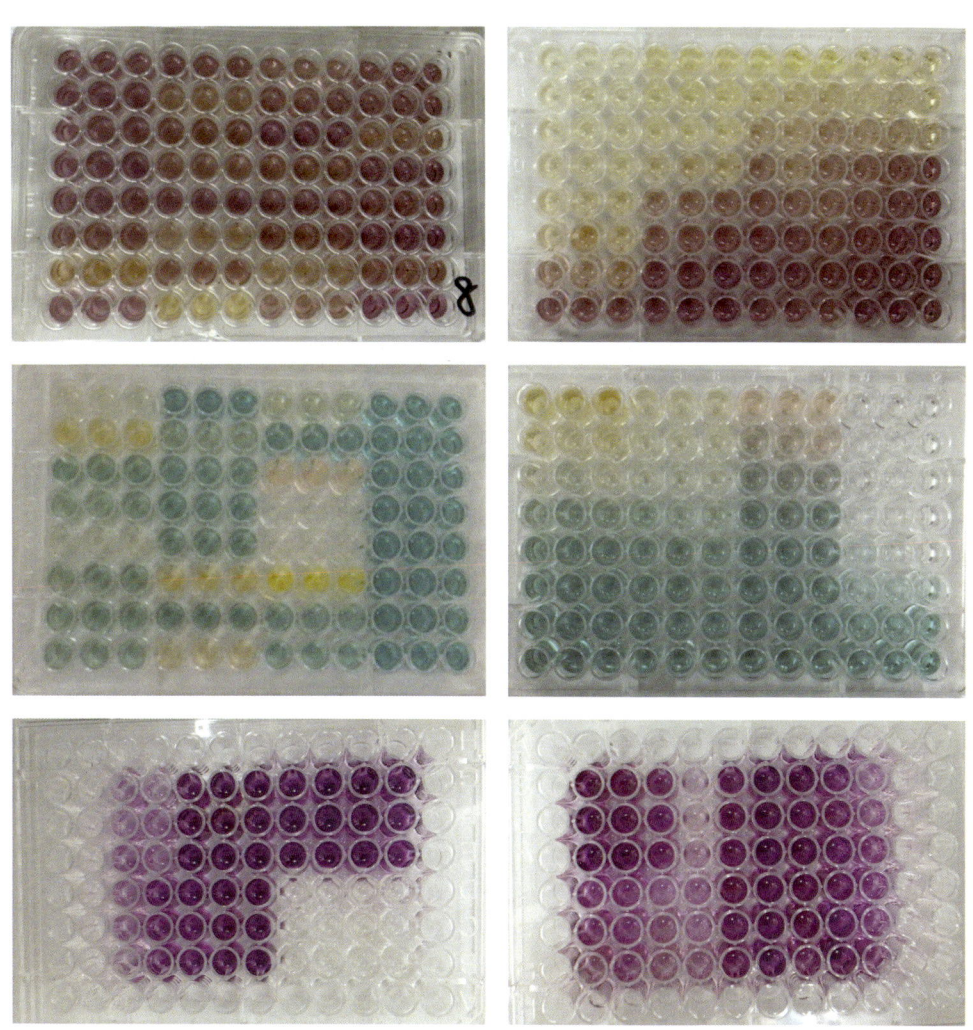

多生物活性模型筛选红海榄和红茄苳中活性菌株

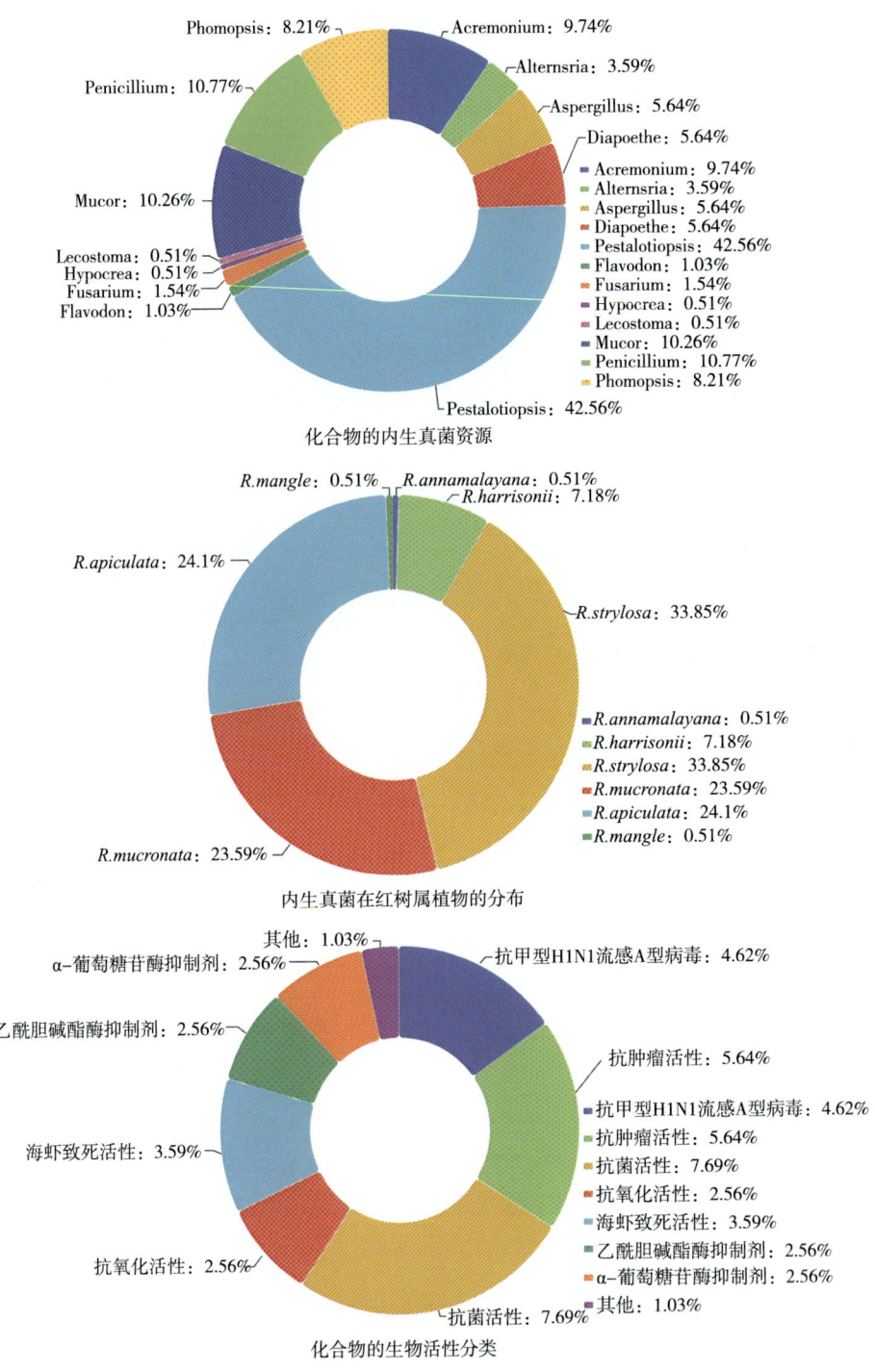

彩图1-1 红树属植物内生真菌的代谢产物

Fig. 1-1 The secondary metabolites of Rhizophora Endophytic fungal

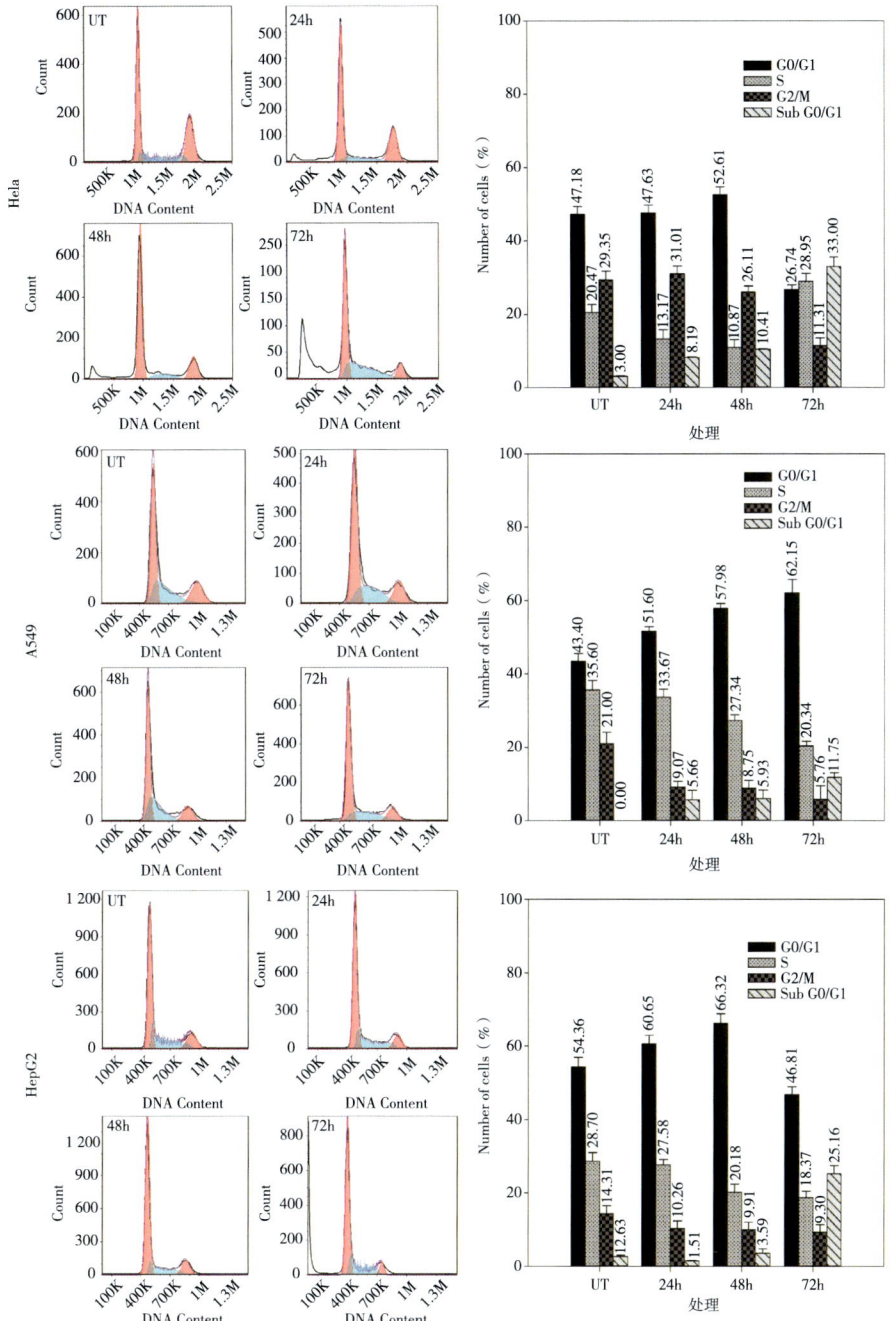

彩图5-1 demethylincisterol A₃处理的Hela、A549和HepG2细胞后通过流式细胞仪分析细胞的周期变化

Fig. 5-1 Cell-cycle distribution analysised by flow cytometry in Hela、A549 and HepG2 cell lines treated with demethylincisterol A₃

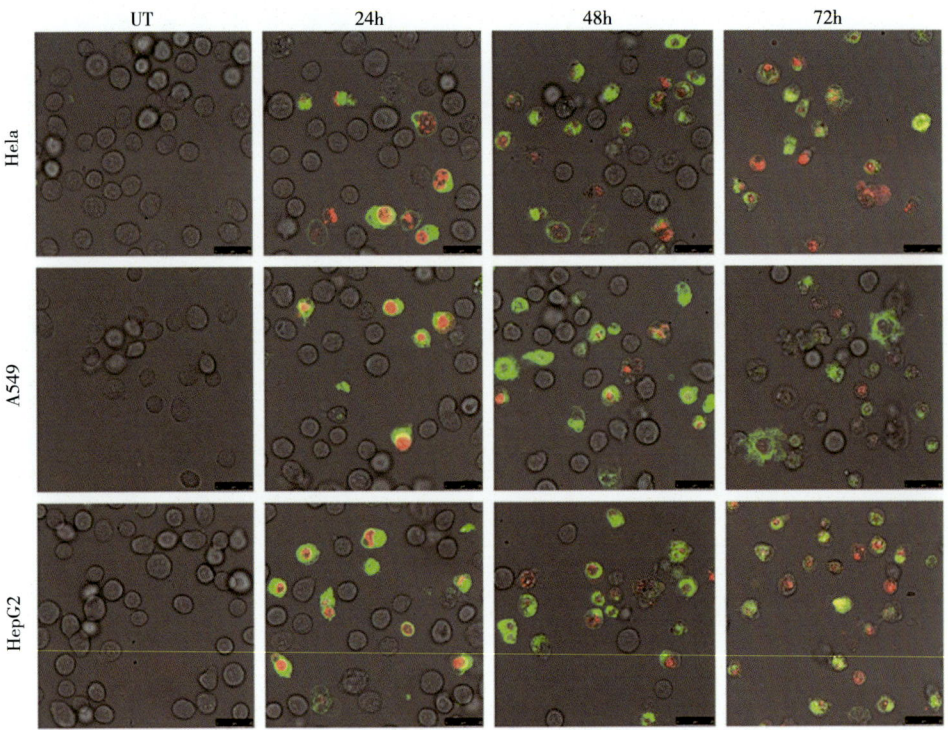

彩图5-2 demethylincisterol A$_3$不同时间处理Hela、A549和HepG2细胞后,被FITC/PI染色后在激光共聚焦显微镜观察细胞形态(扩大倍数200×)

Fig. 5-2 Cofocal laser-scanning microscope of Annexin V-FITC/PI double-stained Hela、A549 and HepG2 cells treated with the IC50 concentrations of demethylincisterol A$_3$ (200× magnification)

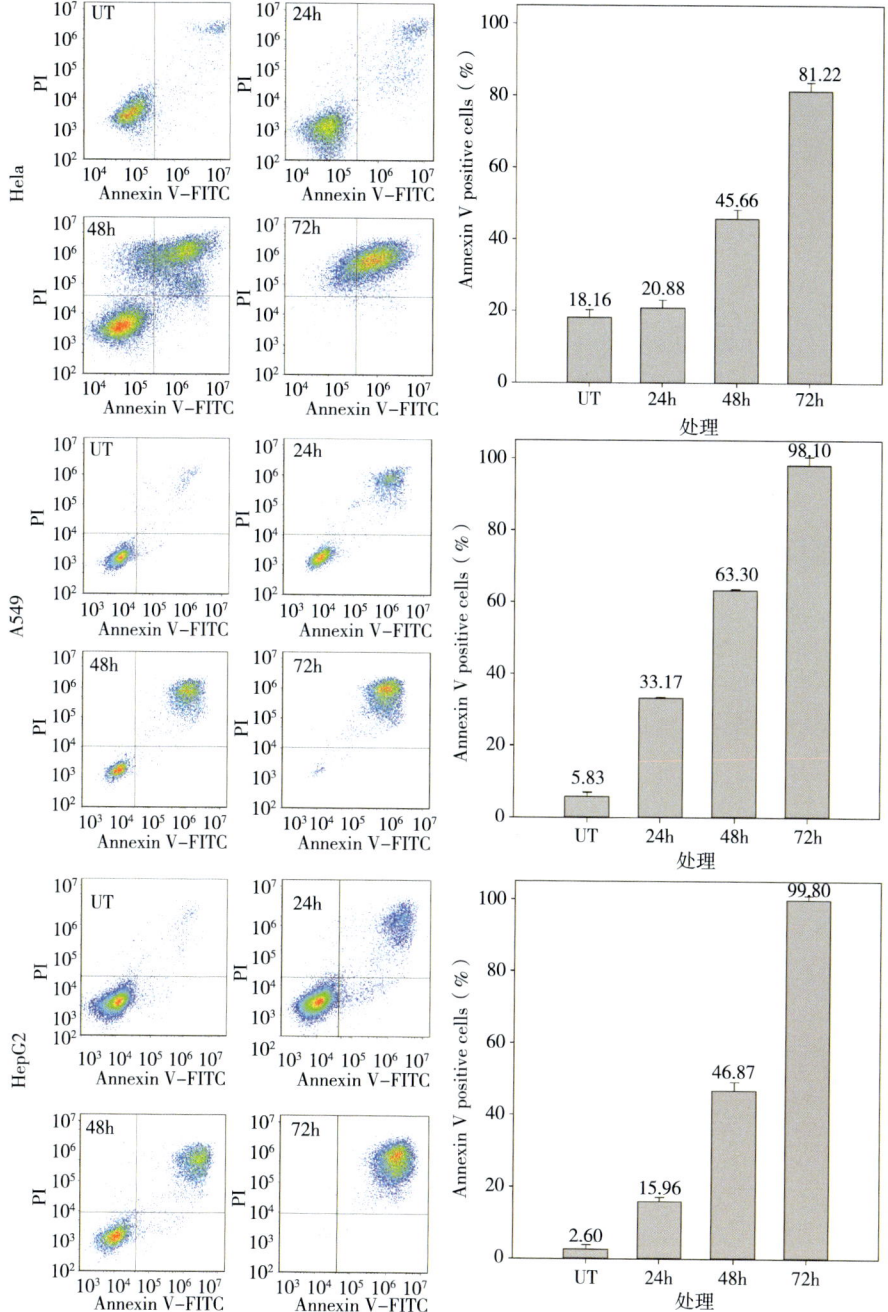

彩图5-3 Demethylincisterol A₃不同时间处理Hela、A549和HepG2细胞后，被FITC/PI染色后在流式细胞仪器上测得Annexin V-FITV阳性细胞的比例

Fig. 5-3 Percentage of Annexin-V positive cells in Hela、A549 and HepG2 cells treated with the IC_{50} concentration of demethylincisterol A_3

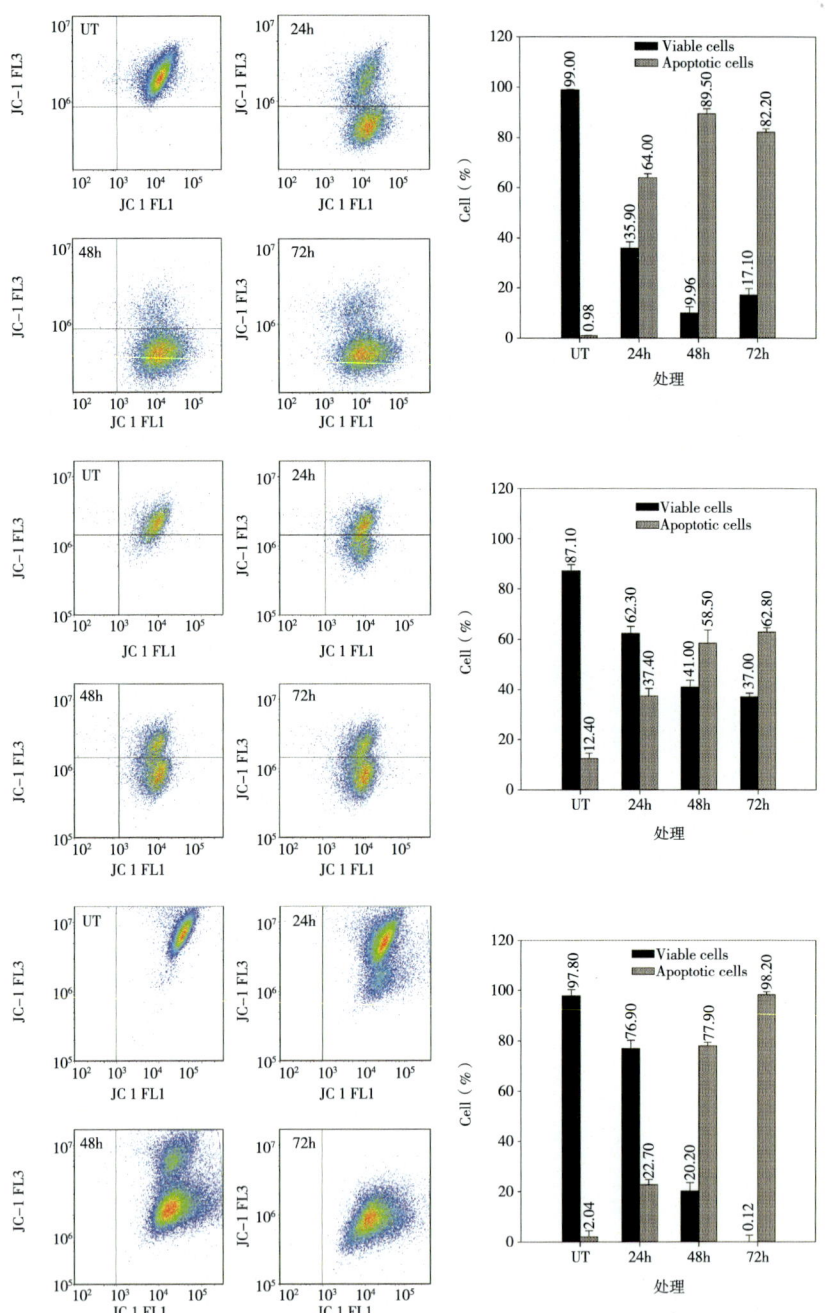

彩图5-4 Demethylincisterol A₃处理Hela、A549和HepG2细胞后通过流式细胞仪分析细胞线粒体膜电位的变化

Fig. 5-4 Viability of Hela、A549 and HepG2 cells treated with the IC50 concentration of demethylincisterol A₃